页岩气田排水采气及优化决策技术

何祖清　编著

中国石化出版社

图书在版编目(CIP)数据

页岩气田排水采气及优化决策技术/何祖清编著.—北京：中国石化出版社，2022.6

ISBN 978-7-5114-6726-3

Ⅰ.①页…　Ⅱ.①何…　Ⅲ.①油页岩-气田开发-排水采气-研究　Ⅳ.①TE375

中国版本图书馆 CIP 数据核字(2022)第 090310 号

中国石化出版社出版发行

地址：北京市东城区安定门外大街 58 号

邮编：100011　电话：(010)57512500

发行部电话：(010)57512575

http://www.sinopec-press.com

E-mail：press@sinopec.com

北京富泰印刷有限责任公司印刷

全国各地新华书店经销

*

787×1092 毫米 16 开本 13.75 印张 304 千字

2022 年 12 月第 1 版　2022 年 12 月第 1 次印刷

定价：98.00 元

前　　言

页岩气开发不仅是国家能源安全的重要保障，还是加速清洁能源开发、推进我国实现“双碳”目标的重要举措。页岩气是指赋存于富有机质泥页岩及其夹层中，以吸附态和游离态为主要存在方式的非常规天然气，成分以甲烷为主，是一种清洁、高效的能源资源和化工原料，其勘探开发周期一般为30～50年，具有较高的工业价值。全球页岩气资源量约为$457\times10^{12}m^3$，中国页岩气可采资源量约为$36.1\times10^{12}m^3$，其中涪陵已累计生产页岩气$400\times10^{8}m^3$，目前日产量已近$2000\times10^{4}m^3$。可见，页岩气资源开发潜力巨大。

近十年矿场实践表明，中国石化已在涪陵页岩气田实现3500m以浅超压页岩气藏高效开发、3500～4000m页岩气藏有效开发。常压页岩气井可划分为控压生产、提产携液、间歇生产、增压开采和低压低产5个生产阶段。在控压生产阶段，按照“保压＋排液”原则，采用井下油嘴生产方式提高自喷生产周期；在提产携液阶段，取出井下油嘴提产携液，防止气井积液；在间歇生产阶段，采用气举、泡排等措施提高气井携液能力；在增压开采阶段，采用压缩机地面增压，降低管输压力的影响；在低压低产阶段，采用射流泵等低成本排水采气工艺。随着涪陵页岩气田开发的深入，逐渐形成页岩气田全生命周期开发的排水采气技术，分阶段探索实施了优选管柱、泡排、膜制氮气举、井间气举、柱塞气举、平台增压等排水采气措施，共形成理论方法、工具载体、现场应用3个方面4项创新成果：建立了页岩气全井筒多相流和携液模型，发现了涪陵页岩气井全生命周期的井筒积液规律。揭示了气液旋流降耗和柱塞增能原理，研制了喷射旋流复合排液工具和大斜度井智能柱塞工具，新型智能排水采气工具耐温为135℃，耐压为50MPa，工具的平均提液效果为21.2%（喷射旋流复合排液工具为21.1%，大斜度井智能柱塞工具为21.3%）；现场应用153口井，工艺施工成功率100%，措施有效率100%，措施后平均单井日产气量增加25.9%（喷射旋流复合排液工具为27.1%，大斜度井智能柱塞工具为24.9%，两种利用多参数定量化排水采气工艺评价体系进行优化的积液井为25.8%，气田年综合递减率由36.4%下降到21.7%）。发明了压力供给和携液能力评价准则，创立了页岩气井不同开发阶段排水采气理论和工艺优化方法，其中多参数定量化排水采气工艺评价体系在涪陵页岩气田的253口井中进行了应用，在该地区取得了良好的排液增产效果，为页岩气田高效排水采气提供了技术示范。

本书涉及油气田勘探、完井工程及采油工程等领域，系统地论述了中国石化近十年来伴随着我国页岩气勘探开发进程形成的排水采气工艺技术体系与支撑油气田开发发挥的效果。本书共分五章，包括理论方法、工艺方案、井下工具、机械电子、模型软件、测试评估、配套综合与示范应用等新型技术体系近百种实用技术。第一章为国内外页岩气开发现状及对排水采气工艺的挑战；第二章为页岩气水平井井筒积液规律及携液预测方法；第三章为页岩气水平井排水采气新技术及关键工具开发；第四章为页岩气水平井排水采气工艺适应性评价及优化决策；第五章为排水采气增产技术工程应用与跟踪评价。主要读者对象涵盖油气田勘探开发工作者、石油工程技术服务人员、完井工程及油田开发研究人员与管理工作者、石油院校师生等。本书在编写过程中，中石化石油工程技术研究院刘欢乐、周朝、范杰及中国石化江汉油田孙志扬等同志付出了大量心血，给予了大力支持，在此深表感谢！

由于笔者水平有限，不足之处在所难免，敬请批评指正！

目　　录

第一章　国内外页岩气开发现状及对排水采气工艺的挑战

对于页岩气的开发，美国毫无疑问一直走在全球前沿，通过近50年勘探开发与技术攻关，实现了页岩气规模化开采，在全球范围内引发了一场能源革命。

美国面对低油价带来的挑战，通过创新管理模式，在完井方式、生产制度、排水采气工艺措施等方面进行了优化，取得了非常好的页岩气开发效果。

第一节　国外页岩气开发现状

本次调研选择了具有代表性的 Haynesville 页岩气区块，内容包括储层地质及完井特征、区块生产特征、排水采气工艺应用等方面。

一、储层地质及完井特征

(一)气藏基本地质特征

Haynesville 页岩气区域面积大约 $1.84\times10^4km^2$，埋藏深度 3400～4400m，温度 170～180℃，压力系数 2～2.1，优质页岩厚度 45～90m，有机碳含量 2%～5%，孔隙度 8%～15%，有机质热成熟度高，以生成干气为主，泥岩含量约 30%，作业井数超过 5000 口。

本次调研区块作业井数为 450 口，日产气量约 $2200\times10^4m^3$，单井平均日产气量约 $5\times10^4m^3$，单井平均可采储量$(3\sim6)\times10^4m^3$，初始年递减率约 20%。

(二)完井特征

1. 完井设计

Haynesville 区块的完井设计优化发展大概分为三个阶段(表 1－1－1)：

第一阶段：2008—2011 年，主要使用滑溜水和石英砂。压裂规模、施工排量和压裂段数都是目前的 1/3 左右。代表井初期日产气量 $28\times10^4m^3$，首年递减率约 25%。

第二阶段：2012—2014 年，开始尝试冻胶混合液和陶粒，以达到增加裂缝宽度和高度，以及防止裂缝闭合的目的。代表井初期日产气量 $22\times10^4m^3$，首年递减率约 40%。

第三阶段：2015—2018 年，恢复使用滑溜水和石英砂，增大压裂规模，降低成本。代表井初期日产气量 $47\times10^4m^3$，首年递减率约 35%。

由于 2014 年以后完井质量大幅提高，气井累计产量也大幅提高。

表 1－1－1　代表井完井数据表

完井参数	压裂段数	水平段长度/m	压裂段长度/m	总射孔数	射孔丛间距/m	总砂量/t	总液量/m^3	滑溜水比例/%
第一阶段代表井	13	1372	105	534	15.5	2701	26705	—
第二阶段代表井	11	1384	125	390	26	2502	27301	55
第三阶段代表井	40	1600	40	1200	8.3	6600	54252	100

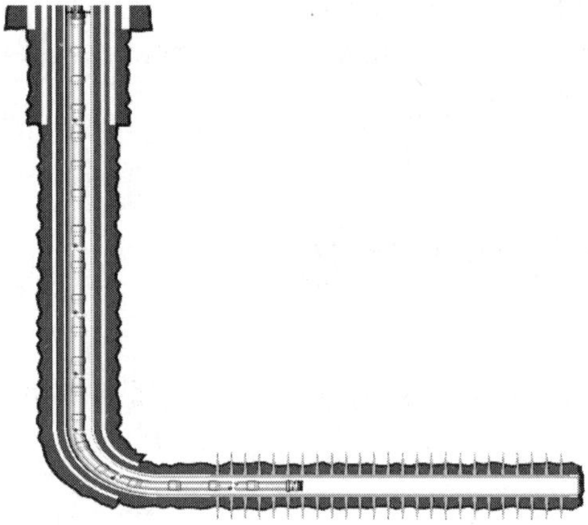

图 1－1－1　Haynesville 典型完井管柱图

2. 完井管柱设计

井身结构一般为三层套管，油层套管外径尺寸为 5½in 或 4½in。油管外径一般为2⅜in或2⅞in，具体使用尺寸须经过模型测试、摩阻模拟及腐蚀计算后确定。油管尺寸大小与完井规模成正比，压裂规模越大，油管尺寸则越大。油管下至井斜角 80°附近，以保证裂缝完整度(图 1－1－1)。

3. 完井方式

早期(2012 年前)作业因对高压页岩气地层的认知不够，为增加初始产量，大多数公司会采取钻完桥塞后直接套管放喷的方式生产。经过后期评估，这种做法的优势和劣势如下：

1)优势

(1)初始产量高。

(2)排液量大，导致井口温度较高，井口/地面不会结冰。

2)劣势

(1)排液量大，出砂严重，地面设备负荷增加。

(2)产量递减快。

(3)裂缝闭合速度快，单井可采储量受到明显影响。

(4)受二氧化碳和硫化氢气体的影响，套管腐蚀程度加大，后期大部分井出现表层套管压力升高的现象，造成生产安全隐患。

由于产量递减过快，自 2012 年开始就停止直接套管生产的方式，改为钻完桥塞后带压下油管，使用 5～8mm 油嘴生产。

根据岩石应力研究，发现准确地控制油管压力递减是保护地层能量的最好办法，钻完桥塞后立刻带压下油管并通过油嘴灵活控制产量和油管压力递减，才能在保护地层能量的前提下获得最大产量。由于区块的二氧化碳含量较高，酸性环境会极大地缩短套管的使用寿命，所以前期套管放喷的井在生产后期都遇到了技术套管或表层套管压力升高的安全问题，从而增加了后期的运行、修井费用。

二、区块生产特征

Haynesville 区块从最早的套管放喷，到带压下油管，再到后期的灵活运用油嘴控产，在生产制度上不断地进行着优化。随着对油藏及产层岩性认知的不断深入，生产制度的优化从一开始的控产改变为控压。作业公司通过灵活调控油嘴，以达到产量最大化。其中以 Chesapeake 公司为例，其放弃了使用传统的固定油嘴和针阀，开始使用电控可调式油嘴，并根据每天的压力递减不断改变油嘴大小，从而实现产量最大化。

根据不同的完井设计制定气井油嘴管理机制进行生产，再根据压力递减，及时地调整油嘴大小。合理的生产制度可以带来较高的单井可采储量及更高的收益率。

三、排水采气工艺应用

针对排水采气工艺的应用，该区块主要考虑"如何解决造斜段排液，如何及时调整排液周期应对段塞流，如何确定合理的安装时间，以及如何降低后期的维护成本"。

经预测，页岩气井生产时间多数为 30 ~ 50 年，而多数井在生产 3 ~ 5 年后就需要排水采气工艺介入(图 1 – 1 – 2)，其中超过 40% 的单井可采储量都来自排水采气工艺的贡献。

Haynesville 区块从 2012—2013 年开始就对井口增压、速度管柱、泡排、柱塞气举 4 种排水采气工艺方案进行了评估与对比。

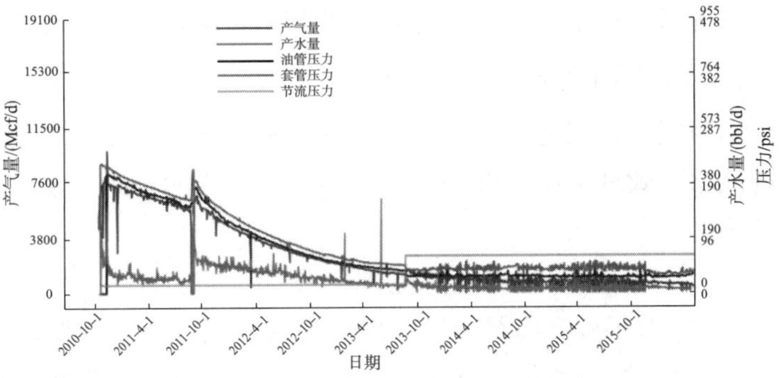

图 1 – 1 – 2 采用排水采气工艺措施的页岩气井生产曲线

(一)井口增压工艺

采用单井井口或平台增压的方式，降低油管压力，使油管压力低于管线回压。增压可以减小携液临界值，暂时缓解积液情况，降低井底流压，增加产量，从而达到稳产与增产的目的。但是，井口增压的成本在所有排水采气工艺中是最高的，且只是暂时减缓积液情况，当日产气量递减至 $2 \times 10^4 m^3$ 时，仍然需要采用其他的排水采气工艺措施(图 1 – 1 – 3)。

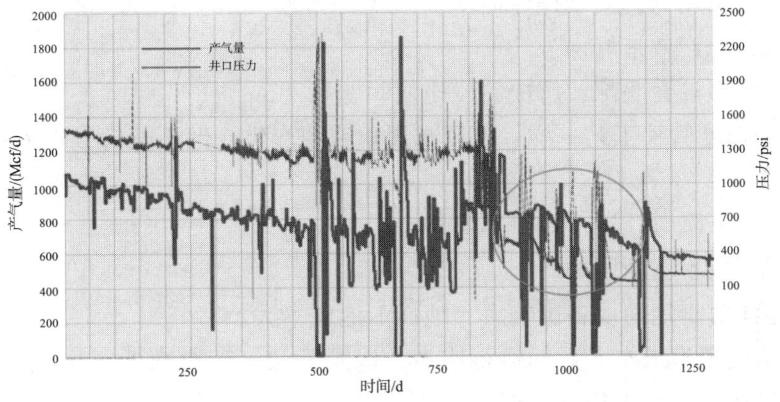

图 1 – 1 – 3 井口增压页岩气井生产曲线

通过井口增压页岩气井生产曲线可以看出，对于高压页岩气井，生产后期产能低，降低井底流压 3 ~5MPa 后增产效果并不明显；对于系统增压(在集气站安装大型压缩机)也做过详细的经济预算，显示成本仍然过高，增产效果仍不明显，且经济效益低(图 1-1-4 和图1-1-5)。

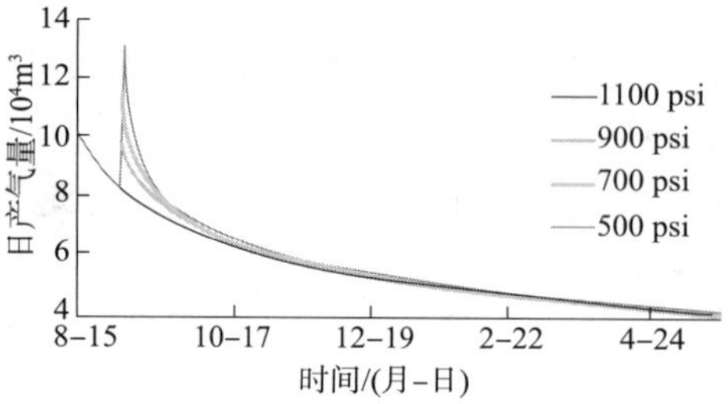

图 1-1-4　井口增压措施页岩气井产量递减曲线

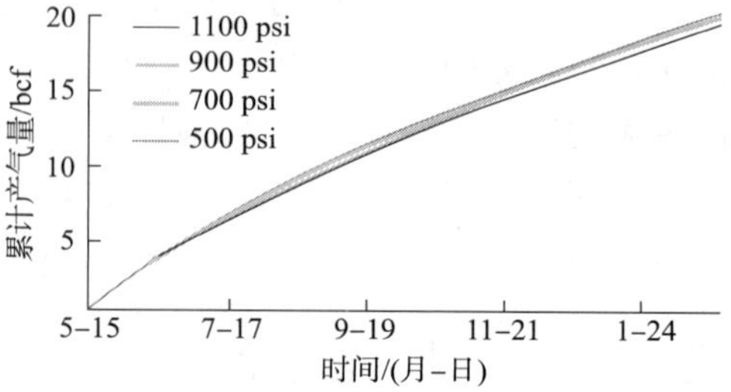

图 1-1-5　井口增压措施页岩气井累计产量曲线

($1bcf = 10^9 ft^3 = 2831.7 \times 10^4 m^3$)

井口增压措施仅限于页岩气井临时排液或复产，并未在本区块得到大规模推广。

(二)速度管柱工艺

速度管柱工艺的原理为减小气体流动面积，增大气体流速，降低携液临界值。速度管柱能够有效地减缓积液的产生，但不能一劳永逸地解决积液问题。并且，速度管柱存在以下问题：

(1)安装成本相对于其他排水采气工艺较高。

(2)由于生产内径减小，发生管内结垢、堵塞的概率增大。

(3)安装后增加了钢丝作业的难度，以及后期修井的难度。

(4)后期仍然需要重新安装其他排水采气工艺设备($<1130m^3/d$ 时)。

综合以上原因，速度管柱工艺并未在本区块成功推广应用。

(三)泡排工艺

泡排(泡沫排水)工艺的原理是使用泡沫降低生产水的表面张力，从而降低液体的密度，减小携液临界值。

泡排工艺主要有以下优势：

(1)前期投入费用低，安装操作简单。

(2)见效快，稳产效果好。

(3)可以下降至油管底部，解决斜段排液问题。

泡排工艺和速度管柱工艺一样，可以减缓积液的产生，但不能持续有效排液。泡排工艺还有以下劣势：

(1)后期产量下降时，增产效果不明显。

(2)后期维护成本不断增加。

(3)生产泡沫对于地面设备影响大，地面消泡成本大。

综合考虑地面消泡成本、后期运行成本，以及无法一劳永逸地解决积液问题等因素，泡排工艺在本区块未得到大规模推广。

（四）柱塞气举工艺

柱塞气举工艺的工作原理是利用井本身的能量把井下的液体利用柱塞高效地带至井口。对于高产井，可以使用连续型柱塞，在不关井的状态下高效排液。对于低产井，可以使用传统柱塞，通过间歇作业的方式，也能够有效地解决积液问题。柱塞气举工艺主要有以下优势：

(1)使用寿命长，只要气液比满足运行条件，柱塞就可以持续工作。

(2)可以下降至60°斜段，有效解决斜段排液问题。

(3)后期维护成本低，不需任何外界能量维持人工举升。

(4)可有效防止油管结垢。

(5)可及时更改柱塞运行周期，应对水平段段塞流出液。

(6)井口与井下设备简单，安装成本低。

但也存在以下劣势：

(1)柱塞选择与运行周期设置需要具备专业技术。

(2)柱塞的成功运行需要精细化管理，对于人员素质要求高。

(3)传统柱塞需要间歇式作业，因而需要关井。

通过对5口泡排工艺页岩气井和19口柱塞气举工艺页岩气井进行对比，得到如图1－1－6～图1－1－8所示的结果。

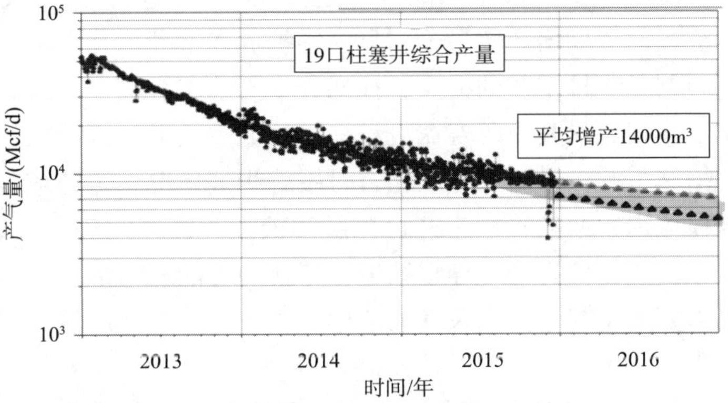

图1－1－6　柱塞气举工艺页岩气井生产曲线

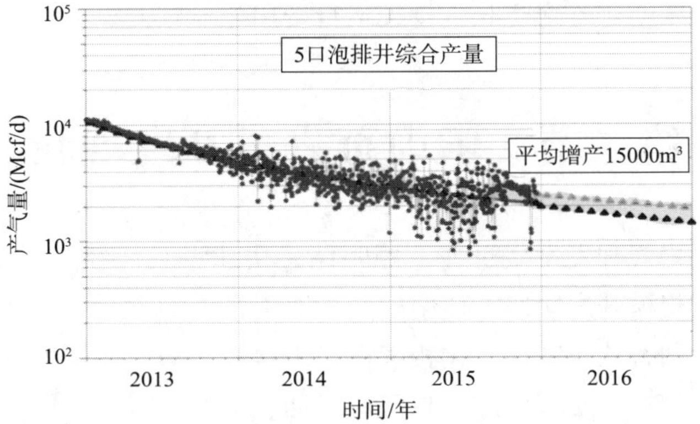

图1－1－7　泡排工艺页岩气井生产曲线

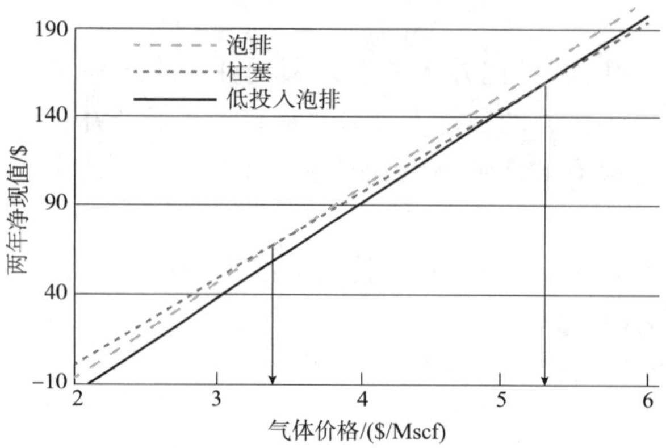

图 1－1－8　柱塞气举工艺与泡排工艺措施效益分析图

通过试验证明，在增产效果上，泡排工艺在前期有微弱优势，但是考虑到泡排工艺的使用寿命及后期的维护成本，Haynesville 区块首选的排水采气工艺措施为柱塞气举工艺，并进行了大规模推广应用。

四、小结

(1)北美页岩气井在生产早期就需要排水采气工艺介入，其中超过 40% 的单井可采储量都来自排水采气工艺的贡献，因此排水采气工艺对于页岩气开发至关重要。

(2)北美页岩气开发采用大液量、大砂量的体积压裂改造模式，为更好地保护地层能量及避免套管受酸性气体腐蚀，通常在钻完桥塞后即下入油管，油管尺寸一般为 $2\frac{3}{8}$in 或 $2\frac{7}{8}$in，下入深度在井斜角 80°附近。气井投产后通过油嘴控产、控压，不断优化生产制度。

(3)北美页岩气开发进行了泡排、柱塞气举、井口增压、速度管柱等排水采气工艺现场试验，并评估了各项工艺试验效果。泡排工艺安装操作简单、前期投入低、稳产效果好、可解决斜段积液，但后期增产效果不明显、维护成本不断增加、泡沫对地面设备影响大、消泡成本高，限制了泡排工艺的推广；柱塞气举工艺安装简单、成本低、可有效解决积液问题，与泡排工艺相比，其使用寿命更长、维护成本更低，因此柱塞气举工艺成为首选的排水采气工艺措施。井口增压工艺只能暂时缓解积液情况，工艺成本过高，经济效益低，并未得到大规模应用；速度管柱工艺可减缓积液发生，但无法永久地解决积液问题，而且设备安装成本较高，管柱内径小导致结垢、堵塞的可能性增加，钢丝作业及修井作业难度上升，后期仍需要采用其他排水采气工艺作为接替，因此速度管柱工艺也没有得到推广应用。

(4)柱塞气举工艺是目前国外页岩气井首选的排水采气工艺措施，并得到大规模的推广应用。柱塞气举工艺相对于其他采气工艺，其最明显的优势是可以永久地解决水平井的排水采气问题，且柱塞使用寿命更长，持续运行费用相对较低。

第二节　国内页岩气开发现状

近年来，中国页岩气开发发展迅速，探明储量快速增长。经过近 10 年的努力，中国页岩气开发已经进入规模开发阶段，使中国成为继美国、加拿大之后第 3 个实现页岩气商业化开发的国家。中国石油、中国石化相继在四川盆地、鄂尔多斯盆地的长宁、威远、昭通、涪陵等地取得突破，并建成涪陵、长宁—威远、昭通等国家级页岩气示范区。

页岩气开发规模日益增大，年新增投产井超 300 口。页岩气井全生命周期都伴有压裂液的返排，投产后压力、产量递减较快，井下积液会影响页岩气井自喷甚至导致停喷。排水采气工艺是排除井下积液、实现气井连续生产最重要的手段，对于提高页岩气井最终采收率至关重要。

一、中国石油西南油气田长宁区块页岩气开发

为加快页岩气产业发展，中国政府于 2012 年 3 月批准设立长宁和威远区块为国家级页岩气示范区。

(一)储层地质及完井特征

1. 气藏基本地质特征

长宁页岩气田位于四川盆地西南部，地处四川省宜宾市长宁县、珙县、兴文县、筠连县境内，构造位于川南古坳中隆低陡构造带和娄山褶皱带(图 1－2－1)。

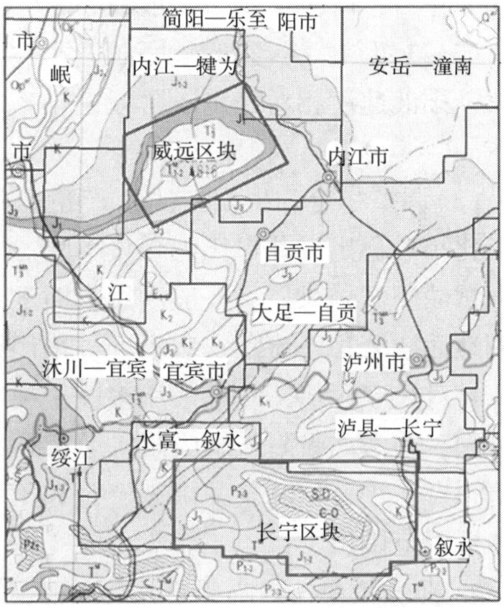

图 1－2－1　“长宁—威远国家级页岩气示范区”位置图

长宁页岩气田目的层位为奥陶系五峰组—志留系龙马溪组，主要埋藏深度 2000～3500m，储层厚度 20.0～46.4m，大部分地区储层厚度大于 30m。页岩储层有机碳含量3%～5%，单井有机碳含量 3.2%～4.3%，孔隙度 4%～7.3%，甲烷含量 97% 以上，不含硫化氢、二氧化碳含量 0.22%～0.59%，总含气量 3.5～7.5m^3/t，脆性矿物含量65%～75%，地层温度 87～110.6℃，地层压力系数 1.2～2.03，为超压区，大部分区域地层压力系数超过 1.6。

2. 完井特征

长宁区块页岩气井完井方式为套管射孔完井，该完井方式能够满足后期压裂及采气工作的需要，具有普遍的适应性；原则上采用“三开三完”井身结构，而当表层存在较大井漏风险时，增下一层 Φ508mm 套管。

从平台轨迹实施情况来看，长宁区块平台三维井组以“双二维”轨迹为主，配合使用预增斜五段制和底部集中增扭轨迹的井眼轨迹技术。在井型和井眼轨迹设计上，采用丛式井组部署水平井，实施双排和单排布井，水平段轨迹方位仅南北向，水平巷道间距 300～400m，水平段长度 1500～2000m。

针对完井井口装置，一般采用 KQ65－70/105 型采气井口，材质 EE 级；针对油层套管，采用 Φ139.7mm×Q125×12.7mm 气密封扣套管。

压裂上普遍采用拉链式压裂模式，采用电缆泵送桥塞分簇射孔分段压裂工艺，主体采用速钻桥塞、可溶桥塞作为分段工具；液体上采用低黏滑溜水，支撑剂上采用 70/140 目粉砂(30%～40%)＋40/70 目陶粒(60%～70%)，单段液量 1800m^3左右，单段支撑剂用量 80～120t，加砂强度 2～2.5t/m，施工排量 12～14m^3/min。通过地质工程一体化精细压裂设计技术，优化压裂段长及射孔位置，保证大排量、大液量、大砂量的体积压裂改造模式

满足有效改造需要，同时形成井筒清洁、高应力差暂堵转向、天然裂缝发育段压裂、套变段压裂、压裂施工实时调整等配套技术，确保压裂施工的顺利实施和改造效果。

(二)生产特征

1. 页岩气井排液测试特征

长宁页岩气生产井在体积压裂施工结束后、正式投产前，一般都要对其进行焖井。返排初期普遍采取先小油嘴控制排液，然后逐级放大油嘴，最后调整油嘴、获得稳定的排水采气制度，并进行单井产能测试。页岩气生产井排水采气阶段主要分为三个部分：

(1)控制排液。焖井后用2~4mm油嘴控制排液速度、压力下降速率，至井口压力30MPa左右；阶段返排率一般在5%左右，见气返排率在2%以内。

(2)逐级放大。逐级放大油嘴至7~10mm排液，保持井口压力缓慢下降，产气量持续增大，排液速度相对稳定。阶段返排率10%~15%，气井最高产量一般出现在返排率12%左右。

(3)调整稳定。根据压力、产量变化情况逐步调整油嘴大小，使产气量、排液速度、液气比相对稳定，井口压力缓慢下降。

试油测试结束后，一般利用临时测试流程生产，油嘴不变或根据需要放大油嘴生产，直到地面撬装采气流程安装投产，采用针形阀控制生产。

针对长宁区块，一般采用多段压裂水平井解析模型法计算气井可采储量，通过建立解析模型，并考虑吸附气解吸附效应，调整储层参数，对气井全生命周期的产量和压力历史进行拟合，进而预测气井未来产量和压力。该方法适用于不同流态和各种生产制度下的气井，适用范围广。

2. 页岩气井投产阶段生产特征

长宁区块地层压力系数较高，初期压力高、排液量大，压力、产量递减较快，后期较长时间处于低压、低产阶段，产液量小。针对以上特点，将页岩气井分为以下四个生产阶段：

(1)套管生产阶段。初期采用套管自喷生产，当放压生产时，页岩气井产量、压力下降较快，及早开展控压生产可延缓产量递减速度，提高开采效果。

(2)油管生产阶段。针对套管生产出现波动的页岩气井，应在其井口压力降至10MPa前，采用不压井作业方式下入小直径油管(推荐2⅜in油管)生产，油管生产时的递减率较套管生产期间递减率明显减缓，生产更加平稳。

(3)井筒排水采气工艺生产阶段。当油管生产出现波动时，可实施泡排或者柱塞气举工艺，及时带出井筒积液、恢复气井稳定生产；若井筒积液严重如出现水淹停产情况，可临时采用气举工艺助排复产。

(4)增压生产阶段。后期井口压力平输压或者低于输压时，采用单井或者平台增压来维持或提高页岩气井产量。

利用多段压裂水平井解析模型法预测长宁区块页岩气井可采储量，2015—2018年，井均可采储量高于$1.2\times10^8m^3$，单井可采储量主要分布在$(0.9\sim1.5)\times10^8m^3$，投产井井均可采储量为$1.15\times10^8m^3$。

宁201井区页岩气井平均可采储量为$1.12\times10^8m^3$，其中Ⅰ类井第一年井均日产气量

$13.33\times10^4m^3$、井均可采储量$1.26\times10^8m^3$，Ⅱ类井第一年井均日产气量$9.08\times10^4m^3$、井均可采储量$0.88\times10^8m^3$，Ⅲ类井第一年井均日产气量$3.98\times10^4m^3$、井均可采储量$0.42\times10^8m^3$。

(三)排水采气工艺应用

截至2021年6月，长宁区块累计实施优选管柱、柱塞气举、泡排等排水采气工艺600余井次，实施车载式气举9000余井次，形成以优选管柱、柱塞气举、泡排、气举为主体的页岩气排水采气工艺技术。

1. 优选管柱工艺

1)管柱下入时机

长宁区块页岩气井在前期采用套管生产，产量、压力递减较快，生产一段时间后很快出现波动，为保持气井平稳生产，一般要求在井口压力降至10MPa前采用不压井方式下入油管，若条件具备则应尽早下入油管。长宁区块11口井于2016年下入油管，大多在套管生产20个月左右时下入；40口井于2017年下入油管，大多在套管生产12个月左右时下入；33口井于2018年下入油管，大多在套管生产3～6个月时下入，随着认识水平的不断提升，下入油管时间越来越早。自2018年起，64%的井在投产半年内下入油管生产，优选管柱工艺应用呈逐年增长的趋势。截至目前，长宁区块累计下油管305口井，下入油管时间由最初的投产一年，逐步向早期油管完井转变。

2)工艺做法

带压下油管作业设备耐压级别分为35MPa和70MPa，能够满足带压下油管作业要求。一般通过不压井方式下入2⅜in油管，下油管时推荐预置回音标和柱塞工作筒。管柱下入位置：上倾井油管管鞋垂深为A点、B点中间位置的垂深(A点、B点为井眼轨迹目标点，下同)。距最大垂深10～15m；下倾井油管下至射孔段顶部10m左右；蛇形井以上翘井为主参考，兼顾第一倾长度；管鞋处井斜70°～80°，以减少滑脱损失，降低井筒流压损失。实施工艺时，要求统一生产通道通径，将采气树生产侧翼预置三通，便于后期柱塞气举、泡排工艺流程装置的快速安装。

3)工艺应用情况

截至2021年6月，长宁区块油管生产井有356口(表1－2－1)，累计增产$3.85\times10^8m^3$。在气井实施优选管柱工艺后，携液能力提高，产量递减速度减小。尽早下入生产油管，不但利于自喷带液，实现生产稳定性更高，而且便于生产管控，降低地面节流及保温需求。

表1－2－1　长宁区块历年下油管情况统计

年　份	下油管/口	平均套管生产时间/月	2⅞in油管/口	2⅜in油管/口
2014	3	0	0	3
2015	1	33	0	1
2016	11	14	3	8
2017	41	17.6	5	36

续表

年份	下油管/口	平均套管生产时间/月	$2\frac{7}{8}$in 油管/口	$2\frac{3}{8}$in 油管/口
2018	28	5.5	0	28
2019	84	5	0	84
2020	117	5.5	0	117
2021	71	5	0	71
合计	356	—	8	348

4)技术管理方法

实施优选管柱工艺时，应将采气树生产翼一侧油套连通，若条件允许则可双翼连通，便于临时气举消除积液时倒换正、反举流程。预置柱塞工作筒的气井，还须预留柱塞气举三通于生产闸阀与井口紧急切断阀之间，以节约工艺施工时间。

2. 柱塞气举工艺

1)选井原则

柱塞气举工艺主要针对井筒存在积液，且靠自身能量不足以将井筒积液带出实现连续自喷生产的气井，可利用柱塞在举升气和采出液之间形成一个机械界面，减少滑脱损失，达到助排的效果。

柱塞气举工艺选井原则：套压不低于5MPa，产水量宜小于$20m^3/d$，气水比不低于$250m^3/m^3$，载荷系数不大于0.5，油管通畅且内径一致和无泄漏及无腐蚀穿孔。

2)工艺介入时机

气井产量低于或接近临界携液流量，或油套压差发生明显变化，井筒有积液征兆时，作为柱塞投运的介入时机。

3)工艺做法

柱塞主要包括柱状柱塞、刷式柱塞、衬垫柱塞等，井下卡定器包括带缓冲弹簧柱塞工作筒、卡箍式卡定器、卡瓦式卡定器等，卡定器下入深度一般在井斜角40°~65°处，最大坐放井斜用66.88°，最大通井井斜角72°。

柱塞运行制度可通过时间、压力、瞬时产量等多种模式进行优化，智能控制器具备远程控制功能，可实现井旁无人值守。目前，主要采用时间优化模式，产水量大、压力恢复慢采取短开长关，产水量小、压力恢复快采取短关长开。

4)工艺应用情况

截至2021年6月，长宁区块累计实施柱塞气举工艺115口井。目前总体有效，基本解决了气井水淹问题，降低了产量递减率，减小了放喷提液频率，实现较长时间的稳产，与实施工艺前相比，单井平均产气量提高5%，平均产水量提高11%，平均套压下降10%以上，油套压差下降20%。

柱塞气举工艺实施初期，具有一定的增产效果(低于临界携液流量时)，长期表现为降低产量递减率；柱塞气举工艺介入较早(高于临界携液流量)时，增产效果不明显。不同卡定器工具的井，其工艺效果基本相当(递减率下降5%~10%)(表1-2-2)。

表 1-2-2　长宁区块部分柱塞气举工艺井运行情况

井号	工作筒处井斜角/(°)	卡定器处井斜角/(°)	工艺前情况(30/90d)				工艺后情况(30/90d)				
			产气量/($10^4m^3/d$)	产水量/($10^4m^3/d$)	递减率/%		产气量/($10^4m^3/d$)	产水量/($10^4m^3/d$)	递减率/%		增产/%
长宁 H10-3	48.89	—	5.73	4.2	50	11.8	2.63	1.13	25.1	-5.19	—
长宁 H2-4	66.88	—	1.71	2.7	23.8	26.8	2.26	2.84	12.1	3.78	32
长宁 H4-6	78.19	58	4.35	2.57	-54.8	11.1	3.07	3.06	43.1	5.5	—
长宁 H2-1	75.6	54.86	0.85	2.05	89.4	11	1.72	1.65	39.5	8.33	102
长宁 H9-1	55.05	51	1.85	2.6	38.5	11	3.15	2.9	-116	2.98	70
长宁 H9-2	51.8	48	1.93	2	26.5	11.1	2.44	2.19	1.7	0.94	26
长宁 H9-5	41.58	41	1.89	1.71	22.6	11	2.45	2.19	15.4	-4.01	29
长宁 H6-3	56.68	52.5	1.83	1..97	14.5	11.2	2.64	2.42	-102.9	1.43	44
长宁 H6-5	76.38	54.62	1.95	2.2	30.5	7.11	2.61	2.47	17.2	4.29	33
长宁 H6-6	72.8	47	1.95	2.1	35.1	12.5	2.2	2	45.4	4.5	13
长宁 H9-4	66.75	60.2	0.88	2.18	26.7	5.03	1.23	1.25	60.9	—	39

柱塞气举工艺应作为页岩气排水采气主体工艺大规模推广应用，可经济、有效维护页岩气井后期产能。当产量接近临界携液流量之前，及早开展柱塞气举工艺，保持气井产能，避免造成减产或停产。

5)技术管理方法

在实施柱塞气举工艺后，须持续跟踪气井压力、产能的变化，从而不断优化调整柱塞运行参数，达到气井排液、稳定生产的目的。在气井的不同生命周期中需要更换不同类型的柱塞，柱塞在运行过程中会遭到磨损，需要定期对其检查维护。部分气井由于采气树通径与油管内径不一致，柱塞无法到达井口捕捉器，因而在需要打捞柱塞进行维护保养时，须提前做好相关方案。通过建立统一的柱塞气举工艺井远程监控系统，动态分析柱塞气举工艺井状态，提供优化决策依据，确保柱塞运行效果。

长宁区块之前在实施柱塞气举工艺时，气井基本都不能被长期单独计量，因而不利于开展效果评价。建议在不具备单独计量条件的平台上，以平台为单位集中实施工艺，用平台产气量来评价应用效果；后期在能够单独计量的井中，及时实施柱塞气举工艺，进一步精细评价工艺效果。

3. 泡排工艺

1)选井原则

泡排工艺是通过向井内注入能够遇水产生大量泡沫的表面活性剂，借助天然气流的搅动，把水分散生成大量低密度的含水泡沫，在地层能量不变的情况下，提高气井携液能力。

泡排工艺选井原则：套压低于 9MPa、油套压差大于 1.0MPa，日产气量小于 $8\times10^4m^3$，日产水量小于 $25m^3$，水气比小于 $4.5m^3/10^4m^3$。

2)工艺介入时机

气井产量低于或接近临界携液流量，生产出现一定波动，井筒有积液征兆时，综合考虑压力、产量变化等因素，作为泡排工艺投运的介入时机。

3)工艺做法

长宁区块泡排工艺药剂为页岩气专用起泡剂 CT5－7 体系，在经过室温～200℃、常压～10MPa条件下对泡沫性能的测试后投入现场使用(表1－2－3)。

表1－2－3 页岩气专用泡排剂性能指标

平台	起泡剂型号	温度/℃	用量/(g/L)	起泡力/mm	稳泡力/mm	携液量/mL
H3	CT5－7C1	90	0.5	125.0	230.0	130.0
		90	1.0	167.0	255.0	151.0
		90	1.5	185.0	315.0	162.0
		90	2.0	195.0	325.0	167.0
H6	CT5－7C1	90	1.0	162.0	245.0	155.5
		90	1.5	182.0	287.0	164.0
		90	2.0	193.0	295.0	172.0
H10	CT5－7C1	90	1.0	167.0	228.0	149.0
		90	1.5	188.0	290.0	159.0
		90	2.0	200.0	304.0	164.0

图1－2－2 长宁泡排平台整体加注装置

起泡剂、消泡剂采用平台整体自动加注方式，在节约人力的同时便于实现加注制度优化(图1－2－2)。在消泡流程中安装雾化器，强化消泡效果。目前，已实现配液自动化、消泡工艺固定化和监控实时化。

4)工艺应用情况

截至2021年6月，长宁区块泡排工艺已应用30个平台132口井，对消除井筒积液、恢复气井产能、保证稳定生产有明显效果，工艺实施初期产量恢复达30%以上，有效减小了油套压差。

2019年，长宁区块泡排工艺运行9个平台43口井，工艺实施后总体产量变化不大，主要效果体现在减小递减率上，取工艺实施前后1个月生产数据进行统计分析，日均总产量从 $171.94\times10^4m^3$ 下降到 $162.4\times10^4m^3$；工艺实施后油套压差有所下降，9个平台的油套平均压差从2.12MPa下降到1.89MPa。2020年，采用泡排工艺累计产气 $4.67\times10^8m^3$，累计产水 $5.68\times10^4m^3$，增产气量 $2.02\times10^8m^3$。

针对长宁区块的现场情况，已形成较成熟的页岩气井平台自动泡排工艺技术及配套装置，工艺管理完善，增产、稳产效果优异，可进行大范围推广应用。

5)技术管理方法

泡排工艺实施按照《西南油气田分公司页岩气采气工艺指导意见(2020版)》及《泡沫排水采气推荐做法》相关规定执行。严格按设计的药剂加注制度进行加注，确保加量及稀释比例准确。定期对药剂加注制度进行评估，并根据气井生产情况及时调整。定期进行巡检及清管，并监控消泡情况，如发现消泡不彻底的情况，应及时按预案采取控制措施。

4. 气举工艺

1)选井原则

气举工艺在页岩气井中作为临时消除积液措施，主要应用于水淹井复活、带液困难井助排。页岩气井可适时应用移动式气举，不适合固定、长期、连续应用。

2)工艺做法

高压气源：以车载式压缩机为主。

注入方式：空套管井，连续油管注入+套管放喷生产；油管井，环空注入+油管放喷生产、油管注入+套管放喷生产、油套憋注+油管(或套管)放喷生产；采用平台轮换气举的方式。

3)工艺应用情况

在水淹井复产方面，如为本井产水所淹，可1~2d快速复活，如为疑似邻井压窜水淹，则需1~2周复活；带液困难井在气举助排后油套压差减小，正常带液稳定生产后，单井产量明显提高。长宁区块于2018年实施气举工艺1112井次；于2019年实施气举工艺3551井次，其中气举复产506井次，气举排液提产3045井次，增产天然气$3.93\times10^8m^3$，工艺效果明显；于2020年实施气举工艺3141井次。截至2021年6月，累计实施气举9000余井次，累计增产天然气$10\times10^8m^3$。

4)技术管理方法

对须长期实施间歇或连续气举的气井，考虑到工艺实施效果和经济效益，建议实施柱塞气举或泡排等经济、有效的排水采气工艺技术，以维持气井稳定生产。因页岩气井产水量小，不适宜连续气举，对平台建有增压机组的井，可根据输压与井口压力的关系，就近实施循回气举助排。

5. 平台增压

1)选井原则

当井口油压与输压持平，井口压力和产量出现明显波动时，须通过压缩机对产出气增压，以降低井口压力、增大生产压差来维持气井稳定生产。

2)应用时机

当气井油压与外输压力持平且气井通过其他工艺措施不能连续、稳定带液生产时，应实施增压工艺。增压开采适用于气井生产的后期，对于井口压力自然下降至外输压力的气井有显著的稳产效果，但过早地采用增压开采将对气井的稳产造成适得其反的效果。

3)设备概况

目前，长宁区块采用集中增压与平台增压混合的开采模式。利用宁201井区中心站两套1120kW压缩机进行集中增压，对长宁H3井组、长宁H4井组、长宁H7井组、长宁H8井组、长宁H12井组、长宁H13井组进行平台增压(表1-2-4)。经过宁201井区中心站集中增压后，中心站进气压力较增压前低 1.8MPa，增产天然气约 $90\times10^4m^3/d$。

表 1－2－4　长宁页岩气田压缩机数据表

序号	增压机位置	增压机型号	增压井数	投运时间
1	宁 201 井区中心站	2 台 1120kW	长宁 H2 井组、长宁 H3 井组、长宁 H9 井组、长宁 H6 井组、长宁 H10 井组(1 台 1120kW，共 28 口井)，长宁 H4 井组、长宁 H5 井组、长宁 H11 井组(1 台 1120kW，共 15 口井)	2018－8－1
2	宁 201－H1 井组	1 台 280kW	宁 201－H1 井组，1 口井	2015－7－16
3	长宁 H3 井组	1 台 315kW	长宁 H3 井组、长宁 H9 井组、长宁 H10 井组，共 15 口井	2016－4－25
4	长宁 H4 井组	1 台 500kW	长宁 H4 井组、长宁 H11 井组，共 9 口井	2018－4－1
5	长宁 H7 井组	1 台 221kW	共 6 口井	2019－1－23
6	长宁 H8 井组	1 台 315kW	共 6 口井	2018－11－9
7	长宁 H12 井组	1 台 220kW	共 4 口井	2018－4－21
8	长宁 H13 井组	2 台 315kW	1#压缩机对长宁 H13 井组增压，共 6 口井；2#压缩机对长宁 H26 井组增压，共 4 口井	1#压缩机 2018－11－14；2#压缩机 2018－11－21

4）增产效果评价

平台增压稳产效果显著，单井平均产气量增长 26.74%。截至 2018 年底，长宁区块共实施增压工艺 64 口井，累计增产天然气 $2.01\times10^8m^3$。

5)技术管理方法

选择合适的时机实施增压工艺，并对压缩机进行定期维护保养，避免增压运行异常影响气井特别是柱塞气举、泡排工艺井的正常生产。

二、中国石油长城钻探威远区块

(一)储层地质及完井特征

1. 气藏基本地质特征

长城钻探页岩气作业区位于四川盆地西南部，构造位置处于川西南古中斜坡低褶带，构造整体呈北西高、南东低的近单斜。作业区内目的层位为奥陶系五峰组—志留系龙马溪组，为深水陆棚相沉积，储层埋藏深度 2000～4000m。其中，威 202 井区储层埋藏深度基本在 3500m 以浅，威 204 井区、自 207 井区储层埋藏深度在 3500m 以深。威 202 井区储层总体裂缝均较发育，威 204 井区储层北部裂缝较南部发育。

页岩储层非均质性强，纵向上“目标甜点”段为龙马溪组龙$一_1{}^1$小层中下部，龙$一_1{}^1$小层厚度 2～6.9m，有机碳含量 4%～6.5%，孔隙度 5.5%～7%，总含气量 5.1～$8.0m^3/t$，脆性矿物含量60%～78%。地层温度 71.8～133.92℃，地层压力系数 1.1～2.2，地层温度和压力系数由北西向东南逐渐增大。

2. 页岩气井完井特征

长城钻探页岩气作业区采用工厂化作业模式，针对常规导向轨迹控制难、机械钻速低等问题，通过固化钻井技术模板，严格落实《川渝页岩气水平井卡钻、井漏防治工作手册》要求，同时实施“一井一策”，实现钻井提速、提效，此外坚持地质工程一体化，提高优质储层钻遇率。

在钻井设计中优化井眼轨迹，通过造斜点上移，将三维轨迹优化为二维轨迹，降低施工难度与风险。目前，采用三开井身结构，一开采用16in钻头、13⅜in表层套管，二开采用12¼in钻头、9⅝in技术套管，三开采用8½in钻头、5 ½in生产套管。在完井过程中，应用旋转下套管装置，确保套管安全、顺利下入井中。同时，通过优化驱油型前置液、双凝水泥浆体系，提高固井质量。2019年，完成53口井钻井任务，平均水平段长度1515.3m。

压裂作业中采用拉链式压裂作业模式，目前分段工具为全可溶桥塞，主体为段塞式加砂，支撑剂为100目粉砂+40/70目陶粒组合，单段用液量1800m^3左右，施工排量12~14m^3/min，单段加砂量60~80m^3，加砂强度1.5~2.0t/m。压裂过程中采用“多簇+暂堵转向+高强度支撑”工艺模式，利用连续加砂和缝间、缝内暂堵体积压裂工艺，提高加砂强度和裂缝复杂度；针对套变井，开展不同外径、不同弹型射孔枪复合射孔，探索大长段暂堵体积压裂工艺，保证井筒压裂完整性，提高改造效果；通过优化方案设计，调整施工顺序、节奏，加强过程监测，有效降低套变、丢段。

（二）生产特征

1. 气井排液测试特征

页岩气井压裂结束后，先进行焖井（一般3~5d）。当井口压降速率趋于平缓时，使用2~3mm油嘴开井返排。在返排过程中，按照“逐级放大油嘴，保持排液连续，控制支撑剂回流”原则，结合井口压降速率变化对返排制度进行优化调整，最大油嘴尺寸一般为10mm。

返排初期，通过油嘴控制排液速度，避免发生支撑剂回流。随着油嘴尺寸增大，排液速度加大，返排率快速增加。随着气相渗流通道逐渐建立和产气量增加，排液速度逐渐下降。返排阶段结束时，返排率一般为30%~50%。

在返排过程中，使用连续油管进行钻塞作业。钻塞结束后，依据《页岩气井排液试气作业规范》要求，进行测试求产。截至2019年，对103口井求取了测试产量，依据测试产量和动态分类标准，得Ⅰ+Ⅱ类井68口，占比达66%。

对于未进入边界流的气井，采用回归公式法进行单井可采储量估算。应用生产井数据、测试产量数据，建立测试产量与首年日产量的线性关系式、首年日产量与单井可采储量的线性关系式，利用测试产量估算出单井可采储量。

2. 气井投产阶段生产特征

页岩气井返排结束后，先后进入快速递减阶段和低压生产阶段。从气井返排结束到井口压力降至接近外输压力为快速递减阶段，本阶段气井井口压力、产气量、产液量均快速下降，递减率较高，需要采取下油管、泡排等工艺措施。气井井口压力降至接近外输压力后为低压生产阶段，本阶段气井井口压力较低，受井筒积液影响，井口压力和产量出现明显波动，需要采取增压、气举、泡排、柱塞气举等排水采气工艺措施。

利用投产超过1年且生产正常的井求取典型生产曲线，计算威202井区平均可采储量

$9357\times10^4m^3$，首年采出可采储量的 35%，3 年采出可采储量的 57%，5 年采出可采储量的 68%；计算威 204 井区平均可采储量 $6300\times10^4m^3$，首年采出可采储量的 33%，3 年采出可采储量的 54%，5 年采出可采储量的 66%。目前，长城钻探威远区块单井最高累计产气量 $1.16\times10^8m^3$（威 202H2 -4 井）。

（三）排水采气工艺应用

目前，主要应用了优选管柱、泡排、气举、柱塞气举和增压等排水采气措施，保障积液井连续、稳定生产。从措施应用效果来看，现有排水采气措施在应用初期增产效果明显，后期效果逐渐减弱。其中，泡排和柱塞气举持续性较好，能够使气井保持稳定生产，气举主要用于积液严重井的排液和复产，持续性较差。针对单一排水采气措施效果减弱的情况，在现场采取了气举 + 泡排、泡排 + 柱塞气举等组合措施，取得了较好的增产效果。

1. 优选管柱工艺

1）管柱下入时机

下入油管能够提高井筒携液能力，减缓气井产量递减，在确保带压作业安全的前提下，气井投产后越早下入油管越好。为避免憋破裂盘后因井内液柱回压导致不能复喷，一般在套压低于 10MPa 之前下入油管。

2）工艺做法

目前，带压下油管作业设备耐压级别分为 35MPa 和 70MPa，能够满足带压下油管作业要求。井筒下入管柱包括导锥、破裂盘、回音标和 2⅜in 油管。

管柱下入位置参照《川渝页岩气采气工艺指导意见》，上倾井管柱下至 *A* 点以上，管鞋垂深原则上应超过 *A* 点、*B* 点中间位置的垂深；下倾井管柱下至 *A* 点端第一个射孔段以上 10m 左右，为提高携液效果，根据井筒清洁程度下入位置适当加深。

3）工艺应用情况

自 2016 年以来，共 108 口井下入油管，初期采用 2in 连续油管和 2⅜in 油管两种，考虑到后期作业维护等因素，目前均采用 2⅜in 油管。下入油管后，井筒携液能力增强，产液量平均增加约 30%，减缓了产气量递减。

4）技术管理方法

下入油管生产后，如后期发现管柱腐蚀穿孔等现象，应及时进行维修或更换，避免影响后续生产测试作业，以及气举、柱塞气举等工艺措施效果。

2. 柱塞气举工艺

1）选井原则

选取自身具备一定排液能力且气液比高的气井，以及常规连续气举效率不高的气井和易结垢的井。

开井套压不低于 5MPa，产液量小于 $30m^3/d$，气水比不低于 $250m^3/10^4m^3$；载荷因子小于 50%；油管通畅且内径一致、无泄漏及无腐蚀穿孔。

2）工艺介入时机

对于高气液比气井，在由常开转入间开时，可考虑柱塞气举；对于连续气举，当达到经济极限值或连续气举效率不高时，可考虑柱塞气举。

在气井低压生产阶段，针对自身积液较严重、泡排携液困难的井，建议采取柱塞气举措施。

3）工艺做法

柱塞系统由卡定器、缓冲弹簧、柱塞、气动薄膜阀、传感器、电子控制器及井口装置等组成。在生产过程中，系统能够自动控制气井的关井和开井生产。在现场实施过程中，初期一般采用毛刷式柱塞，以适应不同油管内壁清洁程度，后期更换为叶片式柱塞，以提高柱塞携液效果。卡定器下入深度一般在井斜角40°~50°处，为防止关井期间卡定器上部积液回落，目前采用单流阀卡定器。

4）工艺应用情况

自2018年以来，共实施柱塞气举20多井次，实施后气井产气量增加且保持稳定，取得较好的增产、稳产效果，累计增产天然气$1000\times10^4m^3$。

柱塞气举措施的有效基础是足够的地层能量。措施效果好的井通常有一定的地层能量，同时积液较严重。间开生产时，关井时间较长，确保地层能量得以恢复，开井生产时，井口压力较高，一般在5MPa左右。措施效果不好的井一般地层能量不足，间开生产时，关井时间较短，地层能量不能得以及时恢复，开井生产时，井口压力较低，一般低于5MPa。

5）技术管理方法

实施柱塞气举后，应密切跟踪气井生产情况，根据压力、产量变化，及时优化柱塞气举工作制度。同时，定期对柱塞和地面装置进行检查，如不能满足生产要求，应及时进行维修或更换。针对部分柱塞气举效果不理想的井，可考虑采取柱塞气举+泡排组合工艺措施，以提高排水采气效果。

3. 泡排工艺

1）选井原则

选取具有一定自喷能力，产水量不大、已下入油管且油套连通的气井；套压出现波动，波动周期大于2d；油套压差大于3MPa；产气量大于$2\times10^4m^3/d$；水气比小于$5m^3/10^4m^3$。

2）工艺介入时机

气井在下入生产管柱后，一般当气井产量低于临界携液流量，井口压力和产量出现一定波动，且不能连续携液时，加注泡排剂。实际加注中，应结合产水量、油套压、日产气量变化情况等因素综合考虑加注时机。

3）工艺做法

以实际采出液为水样，按照相关标准对多种起泡剂的发泡能力和携液能力进行评价，在相同实验条件下，SR-3V型起泡剂的综合评价结果优于其他起泡剂。因此，选用SR-3V型起泡剂用于泡沫排水采气。同时，根据消泡剂与起泡剂不同比例的实验结果，确定消泡剂用量。

目前，起泡剂加注采用移动式人工加注设备进行，方便调整起泡剂的单井加注量。消泡装置初期采用移动式车载泵进行间歇性人工加注，加注工艺流程为一级混合消泡，消泡位置为除砂撬出口位置。后期对消泡工艺进行优化，目前采用电动隔膜泵连续加注方式，在井口和除砂撬位置进行两级消泡。

4）工艺应用情况

自2017年以来，共50多口井实施泡排工艺，实施后气井产量增加，油套压差减小，累计增产天然气大于$7000\times10^4m^3$。对处在产量递减阶段的气井，泡排措施可产生较好的增产、稳产效果。对处在低压低产阶段的气井，泡排措施产生的效果不理想。

5）技术管理方法

泡排工艺一般为辅助性措施，适当关井以复压方式排液，提高排出井筒及储层积液的速率，在泡排维护期间需要注意冬季防冻、解堵工作。

在泡排过程中，密切跟踪泡排实施效果，根据泡排井的油套压和产量变化、生产水气比等参数对起泡剂的加注制度进行优化。定期进行巡检及清管，监控消泡情况，若发现消泡不彻底的情况，应及时按预案采取控制措施，以避免泡沫液影响脱水装置运行。

4. 气举工艺

1）选井原则

气举适用于深井、斜井、井中含砂及含有腐蚀性成分而不适宜用其他排液方式等情况下的排液作业。

自身积液严重的井，套压持续升高，产量突然降低；压裂水淹井。

对于压裂水淹井，尤其是新投产井，建议在压裂施工结束且被水淹井井口压力恢复稳定后采取气举措施。

2）工艺做法

目前，气举类型有天然气气举和氮气气举两种。其中，天然气气举排量$900m^3/h$，最高举升压力23MPa。氮气气举有900型（排量$900m^3/h$，最高举升压力30MPa）和1200型（排量$1200m^3/h$，最高举升压力35MPa）两种。

气举方式有正举（油管注入）和反举（油套环空注入）两种，以反举为主。针对未下入油管的积液井，也实施过连续油管气举。

3）工艺应用情况

自2016年以来，共实施气举900多井次，在积液严重井助排和水淹井排液复产方面取得较好的效果，累计增产天然气大于$2000\times10^4m^3$。目前，现场气举均为间歇气举，措施有效期较短（一般3d左右）。

4）技术管理方法

针对积液严重井和水淹井，首先根据井筒积液情况，优选气举方式。实施气举后，跟踪分析气举措施效果，确定是否继续采取气举措施。井底积液严重井经连续气举后生产效果得到改善，可辅以泡排工艺或者间开生产恢复井底压力，延长气井稳产期。

5. 平台增压

1）选井原则

由于外输压力较高，当井口压力降至与外输压力持平时，井口压力和产量出现明显波动，影响气井正常生产，需要通过压缩机对产出气进行增压，达到降低井口压力、实现正常外输的目的。

增压措施一般选择处于低压生产阶段，气井井口压力接近外输压力，出现井口压力和产量明显波动，影响正常生产的井或平台。

2)应用时机

当气井油压与外输压力持平和气井通过其他工艺措施不能连续、稳定带液生产时，应实施增压工艺。

3)设备概况

现场增压设备包括6台固定式电驱压缩机(315kW、500kW)和5台移动式气驱压缩机。其中，1台500kW固定式电驱压缩机同时对3个平台进行增压。

4)增产效果评价

自2017年以来，共实施增压14个平台，累计增气量大于$8000\times10^4m^3$。通过采取增压措施，气井井口压力明显降低，产气量增加，增产效果显著。实施增压初期，增产效果明显，随着气井压力逐渐下降，后期增产量也逐渐降低。

5)技术管理方法

根据平台产气量和压缩机启动最低产量，及时调整压缩机的运行时间。对实施增压的平台，记录压缩机的运行参数，并定期对压缩机进行保养、维修。

三、中国石油浙江油田昭通区块

(一)储层地质及完井特征

1. 气藏基本地质特征

浙江油田滇黔北探区于2012年设立昭通国家级页岩气示范区，地理位置位于四川、云南、贵州三省，目前在四川已建成$10\times10^8m^3/a$产能。页岩气储层为志留系龙马溪组和奥陶系五峰组，岩性为黑色硅质页岩，沉积相为深水陆棚亚相，优质页岩发育，区域展布稳定(厚度35m左右)。页岩储层具有“强改造、过成熟”特征，物性表现为低孔低渗，脆性指数高、易形成体积改造的特征。镜质体反射率2.2%~3.5%，有机质演化处于过成熟干气阶段；龙马溪组下段—五峰组孔隙度3.1%~6.7%，平均4.4%；有机碳含量整体分布较为均匀，大部分在2.6%~3.6%；总含气量$2\sim5.5m^3/t$，不同区域变化较大。龙马溪组Ⅰ层页岩杨氏模量和泊松比表现为脆性特征，有利于压裂改造。

昭通黄金坝YS108区块主力勘探开发目标为志留系龙马溪组—五峰组，页岩储层厚度200~350m，其中优质页岩段厚度35m左右。紫金坝YS112井区位于建武向斜南翼正、负构造单元过渡的斜坡区。工区内五峰组底界埋藏深度2000~3000m，区内地层倾角2°~18°，平均10°，大断层不发育。五峰组—龙一$_1$亚段优质页岩发育，且优质页岩段沉积厚度大(33~35m)、有机质丰度及热演化程度高(有机碳含量：2.6%~4%，镜质体反射率：2.3%~2.6%)、含气性好($2.8\sim4.6m^3/t$，平均$3.65m^3/t$)、储集性能好(孔隙度：2.6%~5.1%)、脆性矿物含量高(脆性指数：0.46~0.56)，目的层具有超压特征(压力系数：1.6~1.8)，是有利的页岩气开发层系。

2. 完井特征

钻井工程以安全、质量、效益和进度为目标，遵循工厂化作业模式，细化和优化方案设计。布井方式采用井组平台2~3口井单排单钻机、4~8口井双排双钻机；轨迹为“直—增—稳—增—稳”五段制；采用三开井身结构($\Phi339.7mm\times\Phi244.5mm\times\Phi139.7mm$)，优化选用 P110 或 P125V 完井油层套管；采用表层清水强钻、直井段 PDC ＋螺杆复合钻进、斜井段/水平段 PDC＋旋转导向/螺杆复合钻进的提速措施；三开钻井液采用油基/水基两种钻井液体系；固井采用双凝韧性防气窜水泥浆体系，水泥返高至井口；采取分井段批量工厂化钻井模式。

压裂工程主体采用套管射孔完井，桥塞分级、分簇射孔、滑溜水加砂的体积压裂技术，大液量、大排量、低砂比、段塞式加砂、套管泵入的方式。平均射孔簇间距 20～30m，单级段长度 60～80m，每级分 2～3 簇射孔，采用 89 型枪及 89 型射孔弹、60°相位角、螺旋布孔，每簇射孔段长度 1.0m。采用滑溜水＋线性胶压裂液，采用 100 目粉砂＋40/70 目陶粒支撑剂；施工排量 10～14m^3/min，泵注限压 85MPa，施工规模 1800～2200m^3，支撑剂量 80～120t。采用连续混配液体、连续供水模式、连续输砂装置、拉链式压裂的工厂化压裂模式，以及井中微地震监测指导压裂施工。针对垂深大于 2700m 的水平井，将泵注限压提高至 90MPa，将施工排量放宽至 8～13m^3/min。

(二)排水采气工艺应用

目前，浙江油田昭通区块页岩气排水采气技术以泡沫排水采气工艺为主，并初步取得了一定效果，但该技术仍存在自动化程度低、劳动强度大、人工成本高、加药参数规律不清等问题，而柱塞气举等其他排水采气技术尚处于现场初期探索试验阶段，有待进一步系统研究和优化。浙江油田昭通区块针对工艺措施按企业标准《页岩气井排水采气措施效果评价规范(试行)》(Q/SY ZJ 0011—2019)进行评价。

1. 优选管柱工艺

目前，已有 128 口井下入油管，中、深层页岩气主要以 2⅜in 油管和 2in 连续油管为主，浅层页岩气具有低压、高产水的特征，为提高携液量，主要采用 1.5in 连续油管。上倾井油管下入深度为 A 点、B 点垂深的中点处，下倾井若 A 点、B 点垂深超过 300m，则下至 A 点、B 点垂深的中点处，若 A 点、B 点垂深小于 300m，则下至 A 点以上 10m 位置。

下入时机：中、深层页岩气井在压力低于 10MPa 前进行下油管作业，浅层页岩气井在投产初期即下入油管进行辅助排液。

2. 柱塞气举工艺

目前，柱塞气举工艺已经在 2 口井中得到实施。前期由于井口“大肚子”现象，存在柱塞无法到达井口的现象，目前通过使用厂家特制柱塞已经解决该问题。自实施该工艺以来，柱塞运行平稳，但目前气井进入低压生产阶段，受限于压缩机停机、倒换流程等造成的管线回压升高问题，柱塞的正常运行因此受到影响。

3. 泡排工艺

目前，共有 59 口井实施了泡排工艺，加注工艺包括人工加注(45 口)、自动化加注(14 口)两种模式。药剂以成都欣明 XM－3 型起泡剂、XM－1 型消泡剂为主。

泡排工艺选井原则：积液导致气井产量下降；气井具有一定的自喷能力且日产气大于 3000m^3，日产水小于 100m^3。

4. 气举工艺

目前，气举工艺主要以氮气车气举为主，主要针对井底积液严重无法连续生产或由于其他异常情况导致停喷的气井。氮气气举作业复产成功率高，但作业成本高，因而不将其作为常规积液井的采气工艺，只作为应急复产工艺。

5. 平台增压

目前，区块内主要以集中增压为主，平台内压缩机启动次数较少。在用压缩机均为电机驱动的往复式压缩机，集中增压型号：DTY2240 机组、DTY800 机组；平台增压型号：DTY220 机组、DTY315 机组。

四、中国石化江汉油田涪陵区块

（一）储层地质及完井特征

1. 气藏基本地质特征

涪陵页岩气田位于四川盆地川东地区川东—雪峰褶皱—冲断带内，是典型的“侏罗山式褶皱”，发育晚中生代多层次滑脱构造，具有显著的南东向变形强、北西向变形弱，以及南东向变形早、北西向变形晚的递进变形特征。齐岳山断裂将湘鄂西—川东构造带分为湘鄂西断褶带和川东断褶带两个不同的构造区。其中，湘鄂西断褶带以厚皮“隔槽式”结构为主，川东断褶带为薄皮“隔挡式”结构（图 1－2－3）。

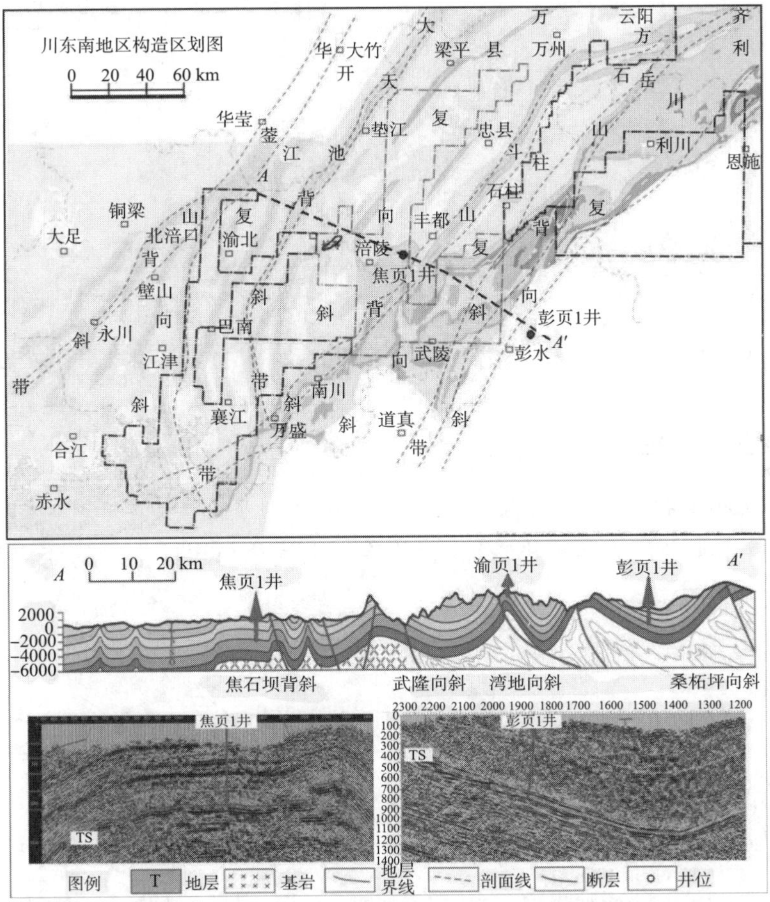

图 1－2－3　川东南地区涪陵页岩气田构造区划图

对焦石坝地区JY1HF井、JY1－3HF井进行井底流压测试，目的层地层温度85.99℃，按照涪陵地区年平均地表温度15℃、深度2435.9m（JY1－3HF井气层中部垂深）考虑，则地温梯度为2.91℃/100m，属正常地温梯度。

利用产能测试和变流量试井理论，计算JY1HF井地层压力34～35MPa，地层压力系数1.41～1.45。根据JY1－3HF井关井最高井口压力33.10MPa，利用产能测试和变流量试井理论，计算地层压力37.69MPa，地层压力系数1.55，气藏属高压气藏。

2. 完井特征

焦石坝区块共有335口水平井进行了压裂施工，累计压裂段数6273段，共16269簇，平均试气长度1423.89m。平均压裂施工规模如图1－2－4～图1－2－6所示。从图中数据可知，该区块整体压裂规模大，单段用液量1849.52m^3，单井用液量35443.84m^3，单段用砂量52.66m^3，单井用砂量988.57m^3。

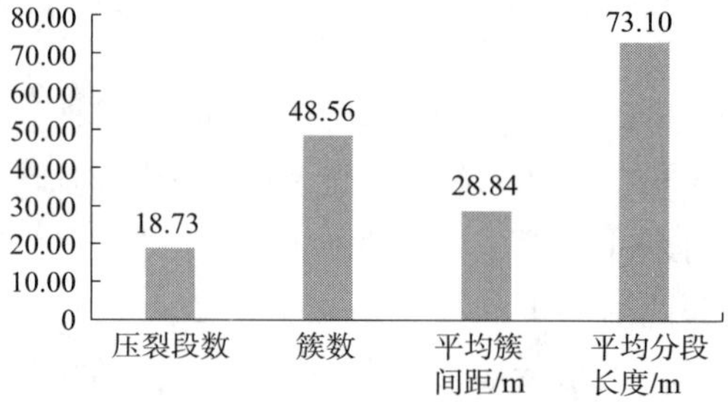

图1－2－4　焦石坝水平井压裂平均段簇

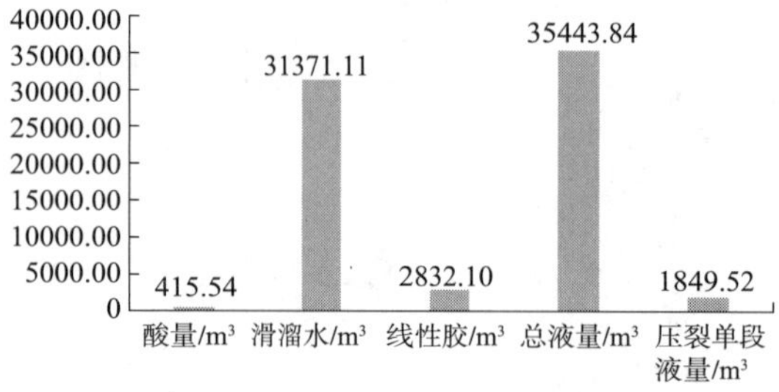

图1－2－5　焦石坝水平井压裂平均液体用量

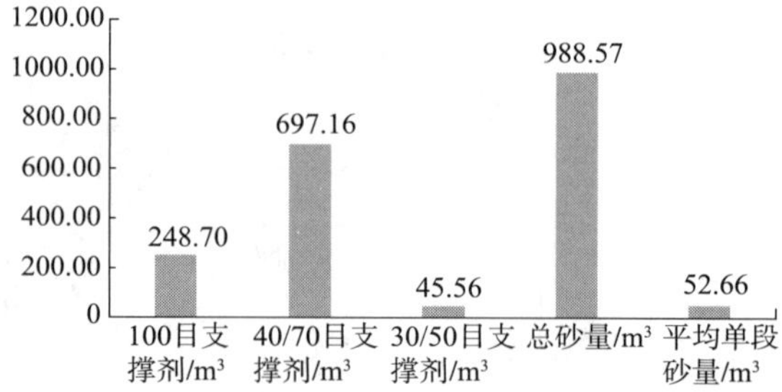

图1－2－6　焦石坝水平井压裂支撑剂平均用量

（二）区块生产特征

1. 气井排液测试特征

涪陵页岩气水平井压裂后返排特征（返排率、水气比与累计产量的变化关系）如图1－2－7和图1－2－8所示。

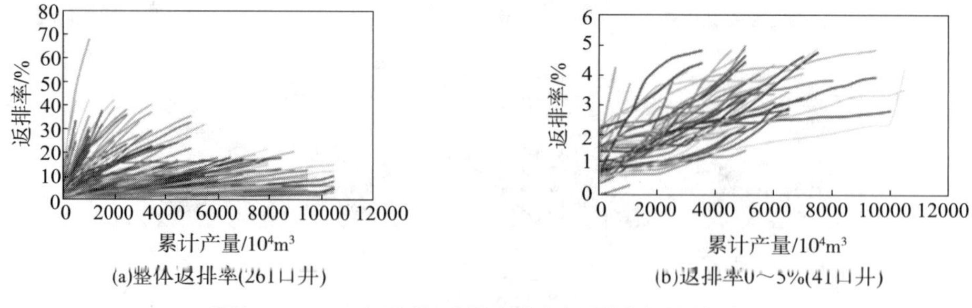

图1－2－7　水平井压裂返排率与累计产量关系图

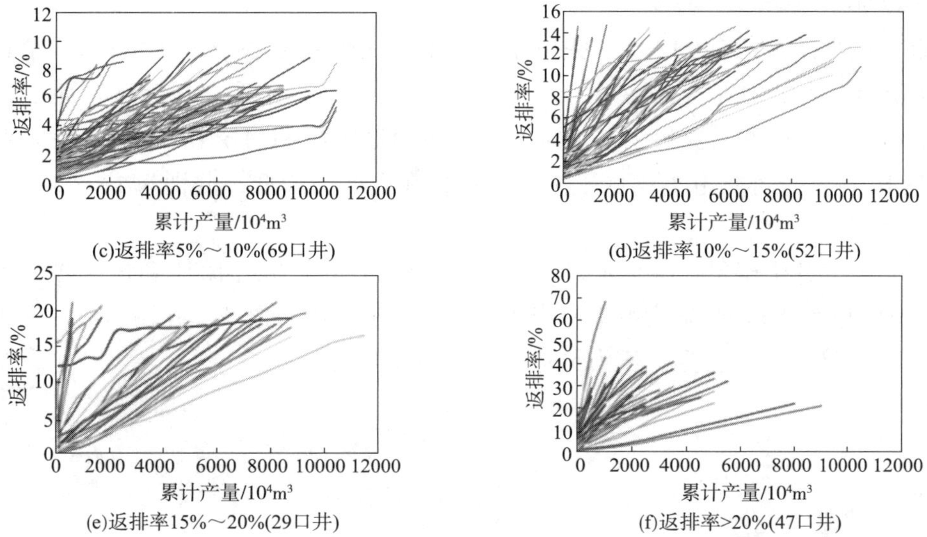

图 1－2－7　水平井压裂返排率与累计产量关系图(续)

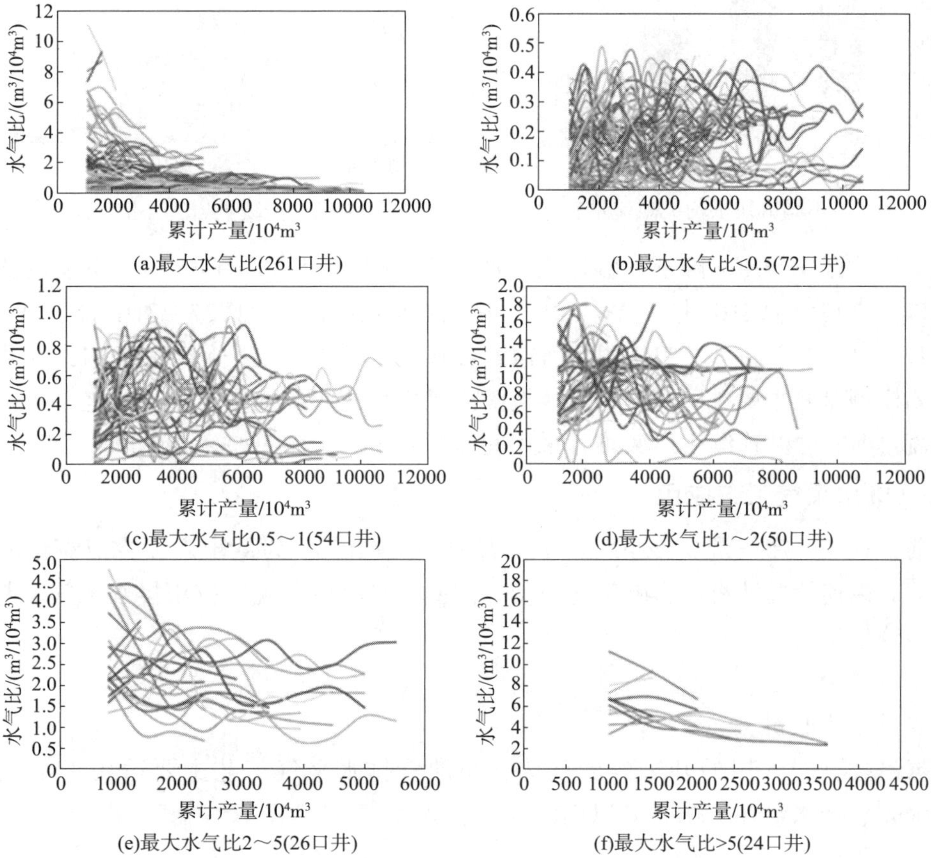

图 1－2－8　水平井压裂最大水气比与累计产量关系图

从图 1－2－7、图 1－2－8 变化趋势可知，无论从整体趋势还是小类趋势看，返排率、水气比与累计产量的变化关系不明显，无规律可循。因此，为了寻求规律性认识，需采用统计学分析理论进行分析。

2. 气井投产阶段生产特征

目前，一期产建区有252口井完成试气，平均无阻流量$38.5\times10^4m^3/d$。无阻流量最高$155.8\times10^4m^3/d$（JY8－2HF井）。平面分布呈“北高南低、中部高东西低”的特征（图1－2－9）。高产井主要集中在主体区，平均无阻流量$51.1\times10^4m^3/d$。西区平均无阻流量$45\times10^4m^3/d$。东区和西南区平均无阻流量在全区中最低，分别为$19.3\times10^4m^3/d$和$8.1\times10^4m^3/d$。

涪陵页岩气井生产包括两个阶段（图1－2－10）：定产降压阶段和定压降产阶段。定产降压阶段（稳产期）：产量为恒定配产或变配产；生产压力递减至外输压力。定压降产阶段（递减期）：产量递减；生产压力恒定不变，为外输压力。

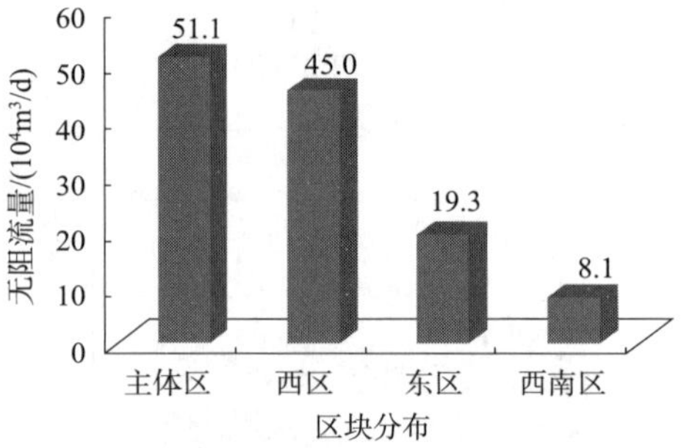

图1－2－9 不同区块平均无阻流量直方图

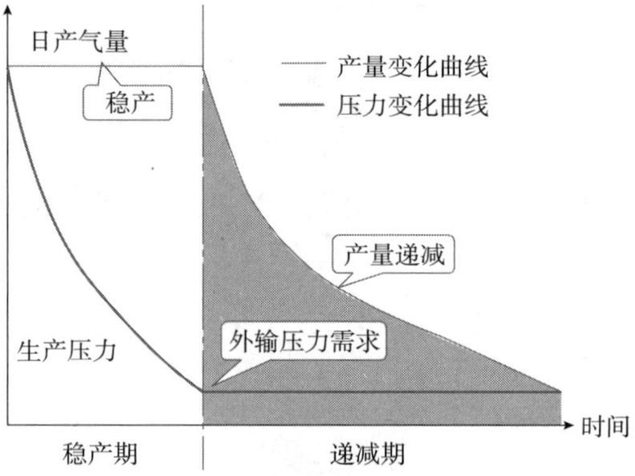

图1－2－10 涪陵页岩气井生产曲线模型图

一期产建区生产压力降至外输压力、产量进入递减期的井有45口。递减趋势明显的井有8口，分别为JY3HF井、JY6－2HF井、JY26－3HF井、JY27－3HF井、JY27－4HF井、JY21－1HF井、JY49－1HF井和JY49－2HF井。同时，因受产水影响，气井实际生产与预测模型差异主要在后期低于连续携液流量之后的产量递减阶段，当老井产量低于连续携液流量时，气井连续生产较难，采用间歇开井生产影响30%～40%的生产时率。

（三）排水采气工艺应用

目前，在老井产气量$37\times10^8m^3$中，有$11.18\times10^8m^3$为低于连续携液流量的气井产量，老井难以连续携液将会影响年总产量。因此，应尽快大规模应用排水采气工艺，以维持气井连续生产。

1. 优选管柱工艺

1）管柱下入时机

根据涪陵页岩气田的开采经验认为，小油管排水采气工艺主要适用于水气比小于$40m^3/10^4m^3$，产水量在$100m^3/d$以内的井。

2）工艺做法

带压下油管作业设备耐压级别分为35MPa和70MPa，井筒下入管柱包括导锥、破裂盘、回音标和油管。生产完井管柱下入深度主要依据排水采气及抗拉强度两个因素，下入点以井斜角70°（水平段下倾）处和A点（水平段上翘）为主。连续油管主要下至井斜角60°处。

3）工艺应用情况

截至本书完稿时，涪陵气田共下入2⅞in油管206口井，2⅜in油管174口井，2in连续油管39口井，其中8口井在原油管中下入2in和1.5in速度管柱（同心管）后，井筒携液能力增强，产液量明显增加，单井日均增气$2.4\times10^4m^3$，平均生产时率提升56.7%，8口同心管气井累计措施产气达$8159\times10^4m^3$，减缓了气井气量递减。

4）技术管理方法

下入速度管柱较早的气井，后期可根据生产情况、携液能力等因素，综合考虑是否加大管柱深度。

2. 柱塞气举工艺

1）选井原则

气井具有一定的产能，能自喷或间喷生产。日产水小于$25m^3$，一般井深小于4000m，井底流动压力大于7MPa，生产水气比小于$7m^3/10^4m^3$，关井油压恢复速率大于0.6MPa/h。

2）工艺介入时机

由常开转入间开时；泡排携液困难时；连续气举达到经济极限值或连续气举效率不高时。

3）工艺做法

初期一般采用毛刷式柱塞，以适应不同油管内壁清洁程度，后期更换为叶片式柱塞，以提高柱塞携液效果。卡定器一般下至井斜角小于45°的位置。

4）工艺应用情况

截至本书完稿时，柱塞气举排水采气技术在涪陵气田成功开展现场应用37口井。所有井均实现了智能控制生产。通过柱塞气举，29口间开生产气井实现了连续稳定生产。20口井应用柱塞气举排水采气后实现了显著增产，目前累计增产天然气$1679\times10^4m^3$。

5）技术管理方法

在实施柱塞气举工艺后，应及时跟踪分析气井压力、产量变化情况，不断优化工作制度。针对柱塞气举工艺效果不佳的气井，可考虑实施泡排工艺辅助柱塞气举工艺排液生产。定期检查柱塞、薄膜阀、控制器等工具设备，及时做好维护和保养。

3. 泡排工艺

1）选井原则

气井具有一定的自喷能力，已下入油管且油套连通；套压出现波动情况，周期大于2d，油套压差大于3MPa；产水量不大，产气量大于$2\times10^4m^3/d$，水气比小于$5m^3/10^4m^3$。

2）工艺介入时机

下油管后，气井产量低于临界携液流量，井口压力和产量出现波动，连续带液生产困难时，开始加注泡排剂。

3）工艺做法

中产水（水气比$1\sim5m^3/10^4m^3$）气井3d加注1次，起泡药剂浓度0.3%。高产水（水气比大于$5m^3/10^4m^3$）气井实施连续泡排，起泡剂浓度0.1%～0.15%，消泡剂浓度0.5%。

起泡剂加注通过移动式人工加注设备进行，消泡剂加注通过电动隔膜泵连续加注，在井口和除砂撬位置进行两级泡沫加注。

4)工艺应用情况

通过加装雾化器、聚结过滤器，改进消泡装置，有效解决了消泡问题；JY62－1HF井在加热炉出口处截断原 *DN*65 管线，加装改进消泡装置(长 500mm、*DN*100)后，消泡效果较好。

自2017年以来，共实施泡排工艺50井次，实施后气井产量增加，油套压差减小，单井日均增气 $0.9\times10^4m^3$，平均稳产时长提高20d，平均生产时率提升27%，累计增产天然气 $9758\times10^4m^3$。对处在产量递减阶段的气井，泡排措施具有较好的增产、稳产效果。

5)技术管理方法

在泡排过程中，跟踪分析气井压力、产量、水气比等参数的变化，不断优化起泡剂加注制度；定期巡检清管，监控消泡情况，避免泡沫液影响脱水装置运行。

4. 气举工艺

1)选井原则

气举适用于自身积液严重井和压裂水淹井。

2)工艺做法

气举类型有天然气气举(排量 $900m^3/h$，最高举升压力 23MPa)和氮气气举(排量 $900m^3/h/1200m^3/h$，最高举升压力 30MPa/35MPa)两种。气举方式有正举(油管注入)和反举(油套环空注入)两种，以反举为主。

3)工艺应用情况

自2016年以来，共实施气举600多井次，在积液严重井助排和水淹井复产方面取得较好的效果，累计增产天然气 $63374\times10^4m^3$。现场气举为间歇气举，措施灵活，排液快，但有效时间普遍较短(平均有效时间20d)。

4)技术管理方法

优选气举方式，跟踪分析气举措施效果，生产效果改善后可辅以泡排工艺或间歇开井生产保持气井稳产。

5. 平台增压

1)选井原则

当井口油压与外输压力持平，且井口压力和产量出现明显波动时，须通过压缩机对产出气增压，以降低井口压力、增大生产压差来维持气井稳定生产。

2)应用时机

当气井油压与外输压力持平，且气井通过其他工艺措施不能连续、稳定带液生产时，应实施增压工艺。

3)设备概况

综合考虑可靠性、经济性及后期维护成本，在考虑余量的情况下，推荐压缩机为出口压力4.0～6.3MPa、排量 $5\times10^4m^3/d$ 的电驱往复式压缩机。

4)增产效果评价

在涪陵页岩气田平桥南区块共开展3口井的增压开采试验，平均单井日增气 $1.4\times10^4m^3$，累计增气 $363.7\times10^4m^3$。

5)技术管理方法

根据平台产气量和压缩机启动最低产量，及时调整压缩机的运行时间。对实施增压的平台，记录压缩机的运行参数，定期对压缩机进行保养和维修。

五、国内页岩气排水采气工艺认识总结

(一)生产特征认识

在储层压裂改造工艺方面，长宁区块、威远区块、昭通区块及涪陵区块普遍采用拉链式压裂工作模式及桥塞分段、分簇射孔、滑溜水加砂的体积压裂改造技术，具有大排量、大液量、大砂量的特点。在使用工具、工艺参数、配套技术等方面，各区块具有一定的差异性。

长宁区块、威远区块生产井在压裂结束后，一般先进行焖井。在返排初期，普遍采取先小油嘴控制排液，后逐级放大油嘴，最后调整油嘴并获得稳定的排水采气制度，进行单井产能测试。

长宁区块页岩气井一般经历套管生产、油管生产、井筒排水采气工艺生产和增压生产4个生产阶段；威远区块页岩气井返排结束后，先后进入快速递减阶段和低压生产阶段；涪陵区块页岩气井生产包括定产降压和定压降产两个阶段。无论是哪个区块的页岩气井，都普遍具有投产初期压力高、排液量大，压力、产量递减较快，后期较长时间处于低压、低产阶段的生产特征。

(二)排水采气工艺认识

长宁区块、威远区块、涪陵区块以优选管柱、柱塞气举、泡排、气举为主体排水采气工艺技术，昭通区块则主要应用优选管柱及泡排工艺技术。另外，长宁区块、威远区块实施增压工艺相对较多。

1. 优选管柱工艺

管柱下入时机：各区块一般要求在井口压力不低于10MPa时，尽早通过不压井方式下入油管，昭通区块浅层井在投产初期即下入油管。

管柱尺寸选择：长宁区块、威远区块主要采用2⅜in油管；昭通区块中、深层井以2⅜in油管及2in连续油管为主，浅层井以1½in连续油管为主；涪陵区块则采用2⅞in油管、2⅜in油管及2in连续油管。

管柱下入深度：各区块管柱下入深度具有相似之处，长宁区块上倾井管柱管鞋垂深为*A*点、*B*点垂深的中点处，距最大垂深10~15m，下倾井油管下至射孔段顶部10m左右；威远区块上倾井管柱下至*A*点以上，管鞋垂深原则上应超过*A*点、*B*点垂深的中点处，下倾井管柱下至*A*点第一个射孔段以上10m左右；昭通区块上倾井管柱下深为*A*点、*B*点垂深的中点处，下倾井若*A*点、*B*点垂深超过300m，则管柱下至*A*点、*B*点垂深的中点处；若*A*点、*B*点垂深小于300m，则下至*A*点以上10m位置。涪陵区块生产管柱下入深度以井斜角70°(水平段下倾)处和*A*点(水平段上翘)为主，连续油管主要下至井斜角60°处。

井下工具选择：各区块下油管时皆推荐预置回音标。对长宁区块推荐预置柱塞工作筒，同时在采气树生产侧翼预置三通，以便于后期工艺流程改造。

2. 柱塞气举工艺

选井原则：长宁区块、威远区块选井原则基本一致，即套压不低于5MPa，产水量宜小于20～30m^3/d，气水比不低于250m^3/10^4m^3，载荷系数不大于0.5，油管通畅且内径一致、无泄漏及无腐蚀穿孔。涪陵区块选井原则为日产水小于25m^3，一般井深小于4000m，井底流动压力大于7MPa，生产水气比小于7m^3/10^4m^3，关井油压恢复速率大于0.6MPa/h。

工艺介入时机：各区块基本一致，在气井产量低于或接近临界携液流量，或油套压差发生明显变化，以及井筒有积液征兆时，作为柱塞投运时机。

工艺做法：各区块卡定器下入深度基本一致，一般在井斜角40°～60°处，威远区块一般采用单流阀卡定器。各区块均选择柱塞控制器，要求具备多种优化模式和远传控制功能。在柱塞类型选择上，长宁区块主要为刷式柱塞、柱状柱塞、旋转柱塞、衬垫柱塞等，威远区块、涪陵区块一般采用刷式柱塞、叶片式柱塞。

技术管理方法：各区块基本一致，在柱塞气举工艺实施后，须持续跟踪气井压力、产能的变化，不断优化调整柱塞运行参数；在气井的不同生命周期中，需要更换不同类型的柱塞，柱塞在运行过程中会产生磨损，需要对其定期检查和维护。

柱塞气举工艺应作为页岩气排水采气主体工艺大规模推广应用，经济、有效维持页岩气后期产能。当产量接近临界携液流量时，及早开展柱塞气举工艺，保持气井产能，避免气井减产或停产。

3. 泡排工艺

选井原则：各区块具有一定的差异，长宁区块为套压低于9MPa、油套压差大于1.0MPa，日产气低于8×10^4m^3，日产水小于25m^3，水气比低于4.5m^3/10^4m^3。威远区块、涪陵区块为套压出现波动，波动周期大于2d，油套压差大于3MPa，产气量大于2×10^4m^3/d，水气比小于5m^3/10^4m^3。昭通区块为积液影响产量，日产气大于3000m^3，日产水小于100m^3。

工艺介入时机：各区块基本一致，当气井产量低于或接近临界携液流量，生产出现一定波动，以及井筒有积液征兆时，综合考虑压力、产量变化等因素，作为泡排投运的介入时机。

工艺做法：各区块药剂加注方式有差异，但一般采用自动化加注或人工加注模式。针对消泡流程各区块皆有一定规定，或要求消泡流程中安装雾化器，或要求在井口和除砂撬位置进行两级泡沫加注。

技术管理方法：各区块基本一致，定期对药剂加注制度进行评估，根据气井生产情况及时作出调整；定期巡检及清管，监控消泡情况，若发现消泡不彻底的情况，应及时按预案采取控制措施。

目前，已经形成较成熟的页岩气泡排工艺技术及配套装置，工艺管理完善，增产、稳产效果非常理想，可进行大范围推广应用。

4. 气举工艺

选井原则：各区块基本一致，气举作为临时排液措施，主要应用于水淹井复活、带液困难井助排。

工艺做法：各区块基本一致，高压气源以车载式压缩机为主，包括天然气气举和氮气气举，注入方式有正举(油管注入)和反举(油套环空注入)两种，针对未下油管的井，可实施连续油管气举。

技术管理方法：各区块基本一致，优选气举方式，跟踪分析措施效果，待生产改善后可辅以泡排工艺或间歇开井生产以维持稳产；对平台建有增压机组的气井，可根据外输压力与井口压力的关系，就近实施循环气举助排。

5. 平台增压

选井原则：各区块基本一致，当井口油压与外输压力持平，以及井口压力和产量出现明显波动时，须通过压缩机对产出气增压，以降低井口压力、增大生产压差，维持气井稳定生产。

应用时机：各区块基本一致，当气井油压与外输压力持平，且气井通过其他工艺措施不能连续、稳定带液生产时，作为应用时机。

技术管理方法：各区块基本一致，选择合适的时机实施增压工艺，对压缩机进行定期维护和保养，避免增压运行异常影响气井特别是柱塞气举、泡排工艺井的正常生产。

第二章　页岩气水平井井筒积液规律及携液预测方法

页岩气作为一种清洁、高效的非常规天然气资源，在我国气藏开发中占有愈发重要的地位。页岩气采用多段压裂长水平井进行开发，井身结构复杂，同时生产早期有大量的压裂液返排到井筒，页岩气井长期带液生产，井筒积液问题不容忽视，需要开展井筒积液规律与携液预测方法研究。

气井积液是指气井中由于气体不能有效携带出液体而使液体在井筒中聚积的现象，目前常用的井筒积液规律分析方法包括现场生产动态判别法、临界携液流量法和动能因子法等，通过合理的积液规律与携液预测，可以为排水采气工艺的介入时机和工艺优选提供指导。本章主要介绍了井筒积液机理、页岩气水平井多相流动模型、页岩气水平井积液规律分析方法，以及适用于页岩气水平井全井筒积液预测的临界携液流量预测模型，从而有效指导页岩气水平井积液判断与排水采气工艺选择。

第一节　井筒积液机理与积液规律分析

一、积液机理

气井产出水若不能及时排出，就会聚积在井底，严重时会造成气井水淹停产。长时间的积液浸泡还会对地层造成污染和伤害。为有效排除井底积液，需要认识含水气井积液机理和积液情况。

气井产液来源主要有两种：一是地层中的游离水或烃类凝析液与气体一起渗流入井筒，液体的存在会影响气井的流动特性；二是地层中含有水蒸气或气态重烃的天然气流入井筒，由于压力、温度降低，出现凝析液。

根据产水气井在流动断面上气相和液相的流速及气相与液相含量的不同，可将井筒内的流型划分为泡状流、段塞流、环膜流和雾状流。

气井投产初期，井筒内气体流速较高，油管内的流型主要为雾状流；生产一段时间后，产量下降，从储层到井口的流型会随着气体流速的降低而变化，井口附近一般为雾状流，下部为过渡流；而后产量继续降低，导致产量不稳定，过渡流会成为段塞流；随着产量的持续降低，气体无法将液体携带至地面，段塞流形成泡状流，若采取措施不当，气井产量会持续降低。

图 2－1－1 描述了气井的积液过程。由该图可见，多数气井在正常生产时的流态为环膜流，液体以液滴的形式由气体携带到地面，气体呈连续相而液体呈非连续相。当气相流

速太低，不能提供足够的能量使井筒中的液体连续流出井口时，液体将与气体呈反方向流动并积存于井底，气井将存在积液。

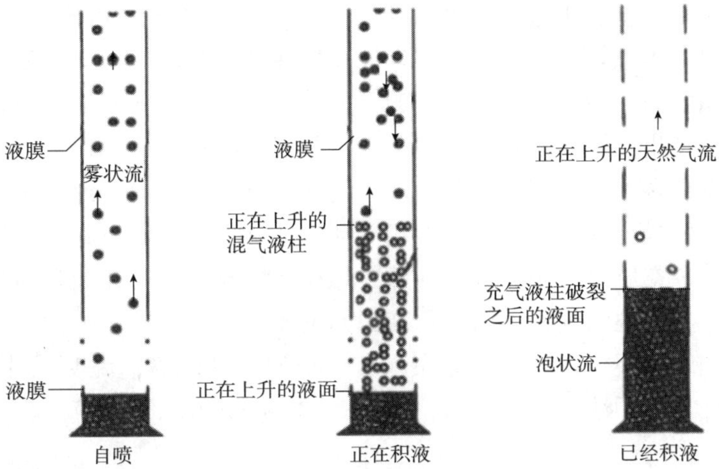

图 2－1－1　气井积液过程示意图

对于积液来自凝析水的气井，在积液过程中，由于天然气通常在井筒上部达到露点，液体开始滞留在井筒上部。当气井流量降低到不能再将液体滞留在井筒上部时，液体泡沫随之崩溃，落入井底，井筒下部压力梯度急剧增高。一般来说，只需少量积液就会使低压气井停喷。

井筒积液将增加对气层的回压，限制气井的生产能力，甚至使气井完全停喷。另外，井筒内的液柱会使井筒附近地层受到伤害，造成含液饱和度增大，气相渗透率降低，产能降低。

二、页岩气水平井积液规律

根据生产数据、压力梯度测试数据，结合携液气井临界产量计算方法，建立页岩气井井筒积液判别模式。从三个方面综合判断气井的积液状况，并进行积液规律分析，指导积液气井的有效管理，判断流程如图 2－1－2 所示。

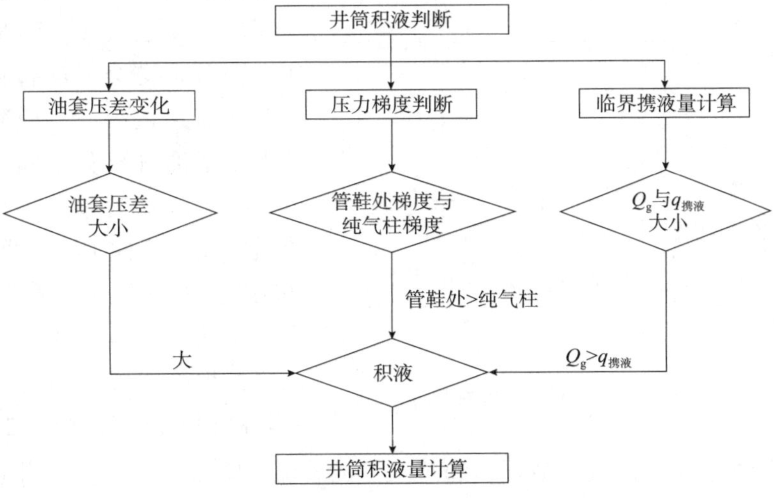

图 2－1－2　页岩气井井筒积液判断流程

(一)井口油套压差判断法

页岩气井井筒积液后，由于液柱密度较大，会对井底造成较大的回压，此时通过井口可以观察到生产油套压差越来越大、产气量波动或降低、产水量不稳定、井口温度降低、产液量降低等现象。当气井关井以后，如果油套压在较长的时间内不平衡，而套管又无泄漏等现象，则表明井筒、油管鞋处有积液的可能性。开井后，如有大量液体产出，或放空提喷有液体从井内产出，表明油套压差不平衡由井底积液所致。

对于下入油管或者连续油管的气井，使用气井实测油套压力、产气量、产水量等生产参数，考虑气井油管或者连续油管内为多相流动，计算气井油管压力分布；考虑气井环空内为静气柱，计算环空压力分布，分析气井实际积液情况。若气井油管与环空内的压力分布交会于油管鞋位置，说明气井井筒无积液，如图 2－1－3 所示。

反之，气井油管与环空内的压力分布未交会于油管鞋位置，说明气井井筒存在积液，积液所形成的液柱占据了油管部分空间，如图 2－1－4 所示。

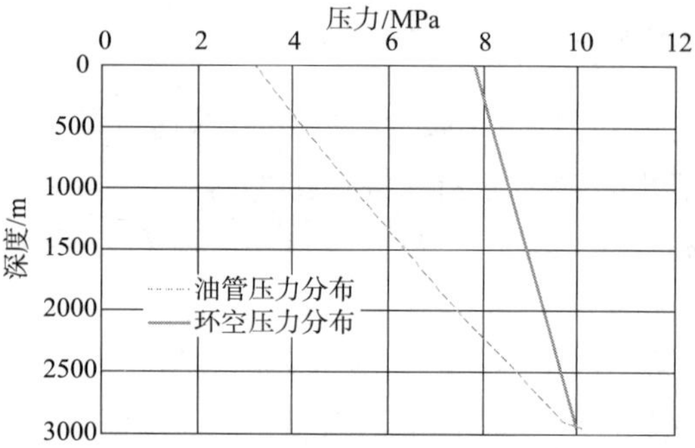

图 2－1－3　井口油套压差判断法：气井未积液

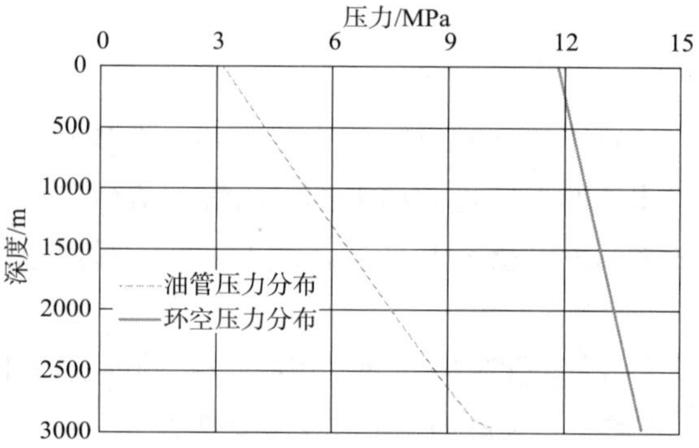

图 2－1－4　井口油套压差判断法：气井积液

对于下入油管或者连续油管的气井，使用气井实测油套压力、产气量、产水量等生产参数，考虑气井油管或者连续油管内为多相流动，计算气井油管压力分布；考虑气井环空内为静气柱，计算环空压力分布，分析气井实际积液情况。若气井油管与环空内的压力分布交会于油管鞋位置，说明气井井筒无积液。反之，气井油管与环空内的压力分布未交会于油管鞋位置，说明气井井筒存在积液，积液所形成的液柱占据了油管部分空间。以环空压力分布线的底端为起点，画出液柱压力分布（取液柱压力梯度 1.0MPa/100m），液柱压力分布与气井油管压力分布的交会点，即为气井井筒积液位置，积液位置与油管口的距离为气井井筒积液高度，如图 2－1－5 所示。

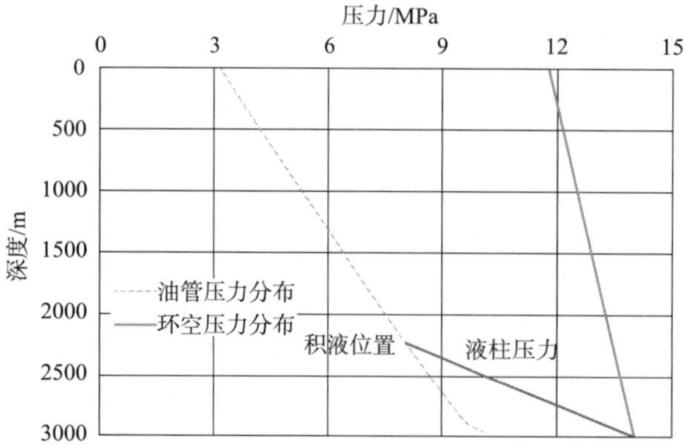

图2　1　5　页岩气井积液高度预测图

利用生产气井油压及产气量数据，通过气井的管流压降模型，计算气井正常生产情况下的井筒理论套压，求取生产气井合理生产油套压差。对比气井实际生产油套压差与合理生产油套压差。若气井实际生产油套压差小于或等于合理生产油套压差，说明气井油套压差较小，气井未积液；若气井实际生产油套压差大于合理生产油套压差，说明气井油套压差较大，气井发生积液现象。根据气井实际生产油套压差与合理生产油套压差的差值，则可折算出气井井筒积液高度。

以 JY190－1HF 井为例，根据实测压力数据绘制井筒压力梯度曲线，如图 2－1－6 所示。

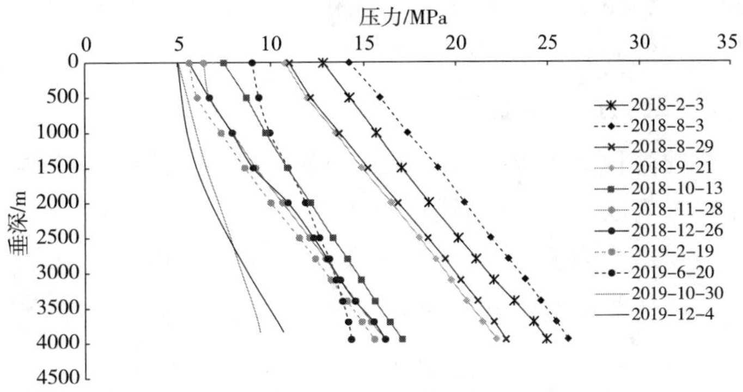

图 2－1－6　JY190－1HF 井实测压力梯度

由图 2－1－6 可知，JY190－1HF 井于 2019－10－30 和 2019－12－4 测试井筒压力梯度出现弯折，表现出井筒积液现象。根据油套压差法，计算井筒积液高度，如图 2－1－7 所示。JY190－1HF 井于 2019－6—2020－1 出现气井积液，积液高度 200m 左右，2020－1 以后，积液高度减小，积液不明显。

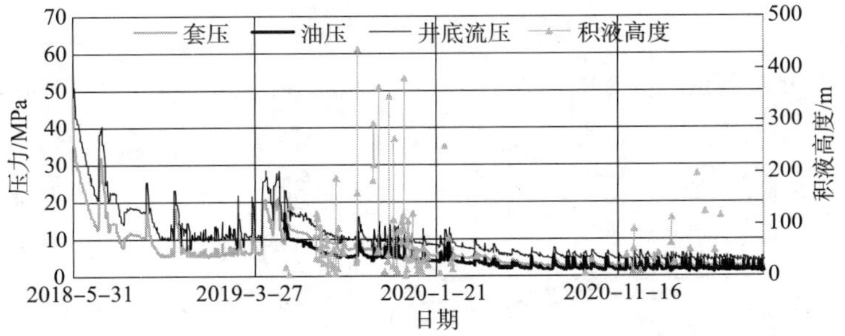

图 2－1－7　JY190－1HF 井油套压差法计算积液高度

以 JY3HF 井为例，该井于 2014－1－10 开始投产，初期使用套管生产，气井井口压力、产气量与产水量波动明显。2014－11－2，该井下入连续油管后，生产方式改为连续油管生产，气井油套压力、产气量与产水量变化趋势平稳，油套压差稳定在 1～2MPa，气井生产状况得到明显改善，如图 2－1－8 所示。

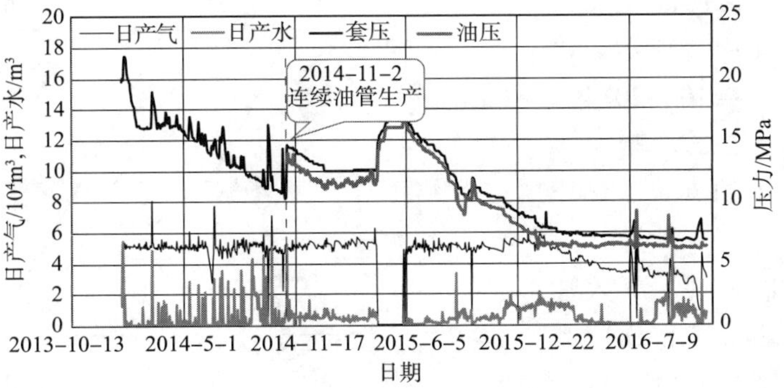

图 2－1－8　JY3HF 井生产曲线

由图2－1－8可以发现，下入连续油管后，气井油管与环空内的压力分布交会于油管鞋位置，说明连续油管生产方式改善了该井携液条件，进而逐步改善了该井带液生产状况，使气井井筒积液问题得到解决。

(二)压力梯度判别法

井筒积液可以通过实测井筒流压或静压梯度进行判断，绘制 $p-h$(压力—深度)关系曲线，当 $p-h$ 关系曲线为一条直线时，气井未积液，如图2－1－9所示。

反之，当 $p-h$ 关系曲线在某一深度出现突然增加(出现拐点)时，如图2－1－10所示，即认为出现了井底积液，出现的拐点深度即为积液对应的深度。

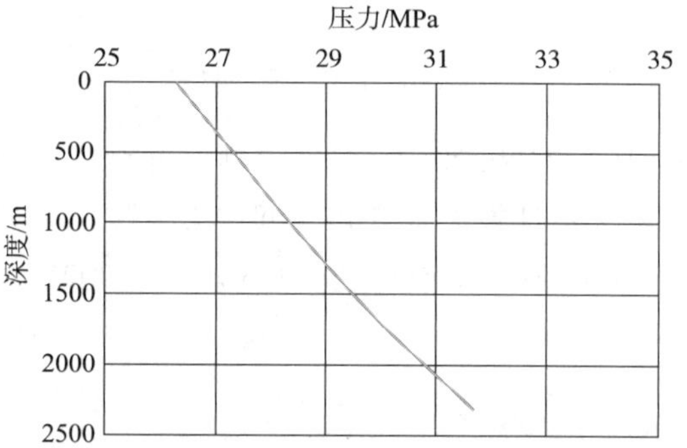

图2－1－9　压力梯度判别法：气井未积液

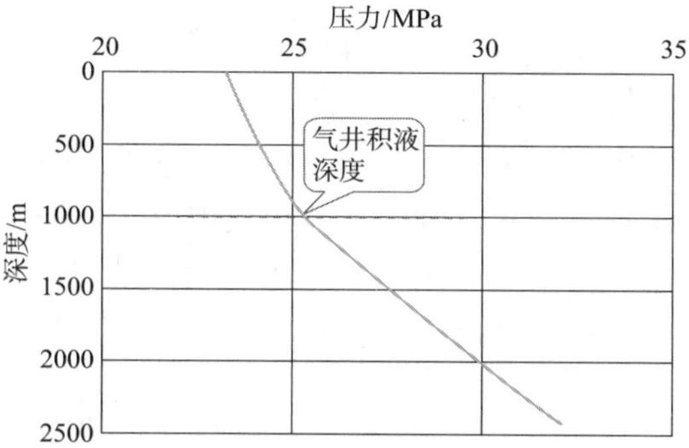

图2－1－10　压力梯度判别法：气井积液

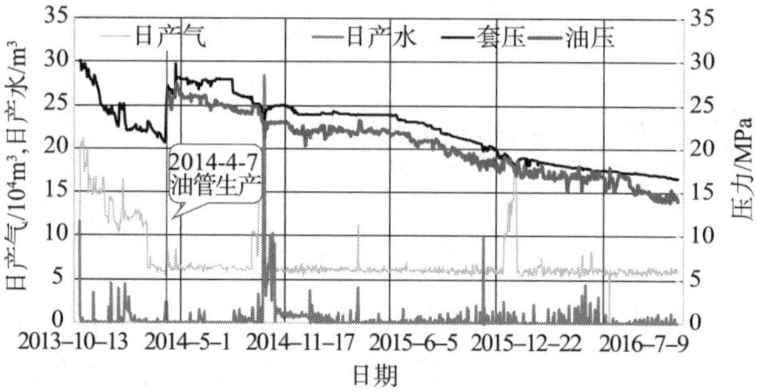

图2－1－11　JY1－2HF井生产曲线

以JY1－2HF井为例，该井于2013－10－25开始投产，初期使用套管生产，气井井口压力、产气量与产水量波动明显。2014－4－7，该井下入油管后，生产方式改为油管生产，气井油套压力、产气量与产水量变化趋势平稳，气井生产状况得到明显改善，如图2－1－11所示。

绘制JY1－2HF井下入油管前后(2014－4－7)的流压测试压力梯度图，如图2－1－12所示。该图绘制了2013－11－10、2014－2－28、2014－4－28及2014－7－19四个时间节点的流压测试压力梯度。

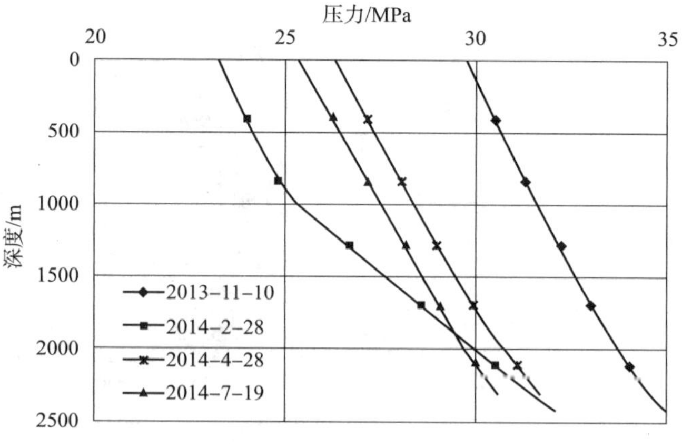

图2－1－12　JY1－2HF井流压测试梯度变化

通过比较可以发现，下入油管前的两条流压测试压力梯度存在明显的拐点，其中2013－11－10流压测试压力梯度拐点对应积液深度2000m左右，2014－2－28

流压测试压力梯度拐点对应积液深度 1000m 左右，说明该井在使用油管生产方式之前，气井井筒存在积液，且积液问题不断恶化。下入油管后的两条流压测试压力梯度均不存在拐点，且 2014－4－28 流压测试压力梯度略大于 2014－7－19 流压测试压力梯度，说明油管生产方式改善了该井携液条件，进而逐步改善了该井带液生产状况，使气井井筒积液问题得到解决。

(三) 临界携液公式法

根据临界携液产量判断气井是否可以连续携液及井底是否存在积液是目前比较普遍的现场方法之一，其理论主要依据临界携液模型的动力学模型。这类模型主要有 Turner 模型、Coleman 模型、李闽模型等。针对页岩气井井筒特殊结构，分别研究垂直段与倾斜段气井积液机理，并分别针对两种井筒状况进行气井临界携液模型的优选，随后建立页岩气井全井筒临界携液模型。

基于页岩气井多相流动模型与页岩气井临界携液模型，结合页岩气井井身结构与生产数据，计算页岩气井沿井筒压力、温度分布，分析沿井筒流型变化与临界携液流量变化，确定页岩气井筒积液位置。通过预测不同生产时期的页岩气井沿井筒临界携液流量变化与页岩气井筒积液，分析井筒积液位置随生产时间的变化规律。页岩气井筒积液位置分析方法具体步骤为：

(1) 录入页岩气井静态参数。主要包括气井井身结构参数(如井深、油套尺寸、井眼轨迹等)与流体物性参数(如气体相对密度、液体相对密度等)。

(2) 录入页岩气井动态数据。主要为气井生产数据，如气井油压、套压、产气量、产水量等。

(3) 计算气井不同生产时期的沿井筒压力、温度分布。以井口压力为起点，按井身取单位长度；根据温度初值公式预测每段出口温度；根据压力初值公式预测每段出口压力；计算该段内的平均压力和平均温度，计算气、水的基本物性参数；根据井身结构和计算井深，利用页岩气井多相流模型计算持液率、压降等；判断井口压力是否达到精度要求；利用温度预测模型计算每段出口温度，判断出口温度是否达到精度要求；对下一段进行计算，直至井底。

(4) 分析气井积液状况。将计算获得的气井不同生产时期沿井筒压力、温度分布代入页岩气井临界携液模型，计算气井不同生产时期沿井筒临界携液流量，通过对比气井实际流量与临界携液流量，判断气井积液情况与积液位置。

利用该方法对涪陵页岩气田各深层常压气井进行分析，得到各井的积液情况。

(四) 动能因子法

以气井自身的能量排水采气是最经济、最方便的采气方式，目前常用计算气井携液临界流量来判断气井是否积液，从而确定排水采气措施实施的时机。计算气井的临界流量方法，如 Turner 模型、李闽模型等都是以理想化的雾流流态模型来计算的。实验研究发现，环膜流和段塞流流态下也有一定的携液能力，特别是环膜流可以依靠气、液两相剪切力的作用，将分布在油管壁上的水环全部带出而不产生滑脱，能够使气井连续稳定排液。

气井排水的好坏或天然气带水能量，主要与气体流速和气体的相对密度有关，这些控制着气、水在井筒内的流动特性。根据室内气、水两相垂直管试验数据，它们之间的关系可用动能因子 F 表示，经恒等变化后，即伯努利方程的动能项，其物理意义是单位流体所具有的动能。

动能因子反映了气、水两相在油管内的流动特征，反映了气井的能量，从而反映了生产气井的携液能力，其公式表示为：

$$F = v_g \sqrt{\rho_g} \tag{2-1-1}$$

其中，

$$v_g = \frac{1}{1.98 \times 10^8} \times \frac{Q_g Z_{wf} T_{wf}}{D_{ti}^2 \; p_{wf}} \tag{2-1-2}$$

$$\rho_g = 3484 \times \frac{\gamma_g p_{wf}}{Z_{wf} T_{wf}} \tag{2-1-3}$$

将式(2-1-2)、式(2-1-3)代入式(2-1-1)可得：

$$F = 2.9 \times 10^{-8} \times \frac{Q_g}{D_{ti}^2} \sqrt{\frac{\gamma_g Z_{wf} T_{wf}}{p_{wf}}} \tag{2-1-4}$$

式中，F 为动能因子；v_g 为气体在油管鞋处的流速，m/s；ρ_g 为气体折算至油管鞋处的密度，kg/m^3；Q_g 为日产气量，m^3；γ_g 为气体的相对密度，无因次；T_{wf}为油管鞋处温度，K；p_{wf}为油管鞋处流动压力，MPa；D_{ti}为油管内径，m；Z_{wf}为 p_{wf}状态下气体压缩因子，无因次。

根据动能关系式和试验证明，动能沿油管自下而上递增，只要管鞋处满足携液要求整个井筒便都能携液。

三、井筒积液高度计算

在进行井筒积液规律分析时，可根据井筒出现积液前、后的井口压力差值，计算井筒液面高度。

(一)油套环空连通下的气井积液高度计算

油管内液柱高度为：

$$h_{lt} = \frac{p_{tf1} - p_{tf2}}{g\rho_l} \times 10^3 \tag{2-1-5}$$

套管环形空间内液柱高度为：

$$h_{lc} = \frac{p_{c1} - p_{c2}}{g\rho_l} \times 10^3 \tag{2-1-6}$$

油套环空的相对积液高度为：

$$\Delta h = \frac{p_{c2} - p_{tf2}}{g\rho_l} \times 10^3 \tag{2-1-7}$$

式中，h_{lt}、h_{lc}分别为油管、套管环空底部液柱高度，m；p_{tf1}、p_{tf2}分别为无积液、有积液时油管压力，MPa；p_{c1}、p_{c2}分别为无积液、有积液时套管稳定流动压力，MPa；ρ_l 为井下液体密度，kg/m^3；Δh 为油套底部液柱高度差，m；g 为重力加速度，m/s^2。

环空积液高度的变化对相对积液的影响极小，井口油套压差是反映井底积液相对高度的最敏感因素，在给定环空积液高度的情况下，得到关井期间积液相对高度。

关井期间积液相对高度为：

$$\Delta h = \frac{p_{\mathrm{c}} + p_{\mathrm{cg}} - p_{\mathrm{tf}} - p_{\mathrm{tg}}}{g\rho_1} \times 10^3 \qquad (2-1-8)$$

式中，p_{tf}为关井时井口油压，MPa；p_{c}为关井时井口套压，MPa；p_{tg}、p_{cg}分别为油管、套管内静气柱的压力(应用平均温度和平均压缩系数法计算)，MPa。

(二)油套环空不连通下的气井积液高度计算

出于安全考虑，气井采用井下安装封隔器、油管下端安装固定测压装置的完井方式，由于油套之间的环空不连通，套压不能反映真实的井下情况。当气井发生积液时，计算得到的井底流压p_{wfc}与实测井底流压p_{wfa}存在一定的差值，而这个差值正是由井底积液引起的，因此得到油管中积液高度的计算公式：

$$h = \frac{p_{\mathrm{wfa}} - p_{\mathrm{wfc}}}{g\rho_1} \times 10^3 \qquad (2-1-9)$$

$$\rho_1 = \lambda_{\mathrm{o}}\rho_{\mathrm{o}} + \lambda_{\mathrm{w}}\rho_{\mathrm{w}} \qquad (2-1-10)$$

式中，h为油管中积液的深度，m；p_{wfa}为实测井底流压，MPa；p_{wfc}为计算得到井底流压，MPa；ρ_1为井下液体的密度，kg/m³；ρ_{o}为井下液体中油的密度，kg/m³；ρ_{w}为井下液体中水的密度，kg/m³；λ_{o}为油所占的体积比；λ_{w}为水所占的体积比。

(三)油套压差积液高度图版

根据油套压差法计算积液高度的原理，利用优选出的多相管流模型和静气柱、静液柱压降计算方法，计算井口油压为4MPa时不同下入深度、不同油管尺寸、不同产水量下油套压差对应的静液高度图版，结果如图2-1-13~图2-1-42所示。

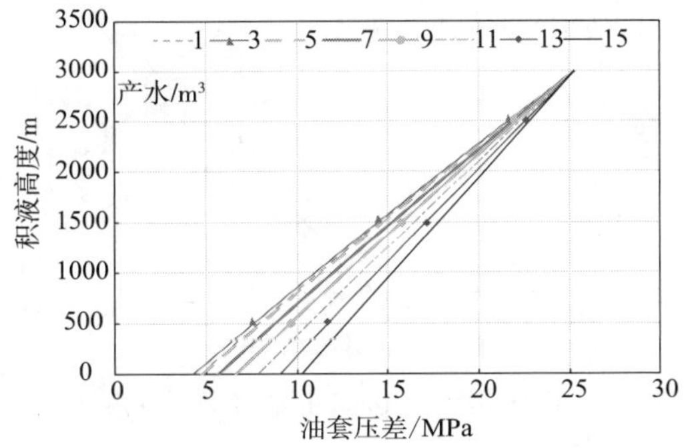

图2-1-13 产水10m³2in油管下入深度3000m

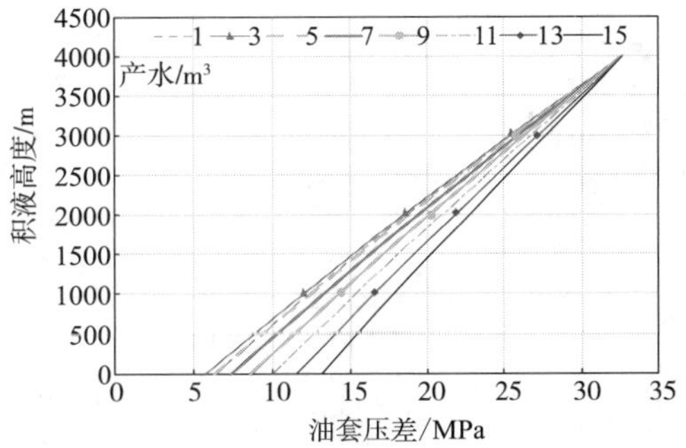

图2-1-14 产水10m³2in油管下入深度4000m

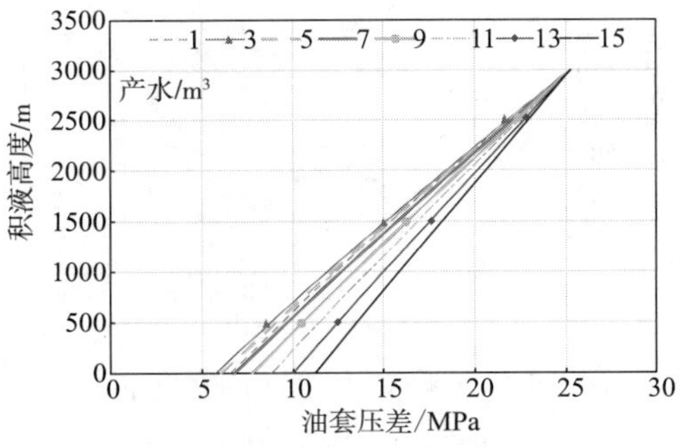

图2-1-15 产水20m³2in油管下入深度3000m

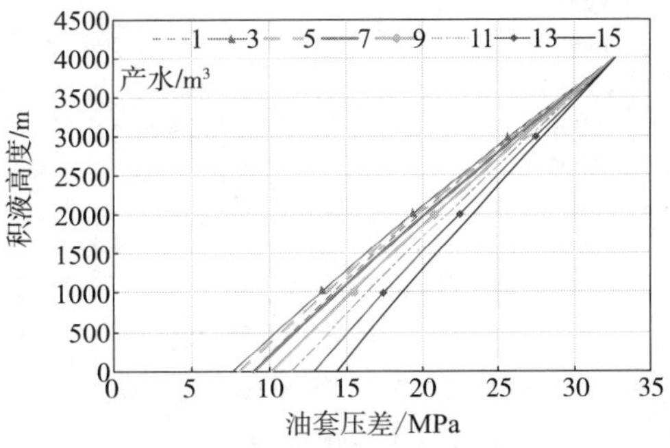

图2-1-16 产水20m³2in油管下入深度4000m

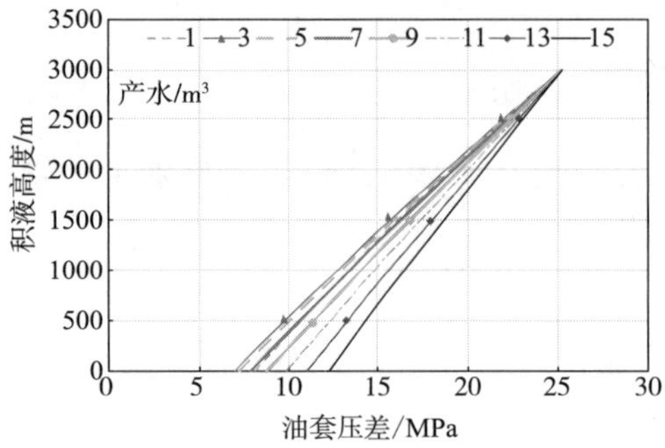

图 2－1－17　产水 $30m^3$2in 油管下入深度 3000m

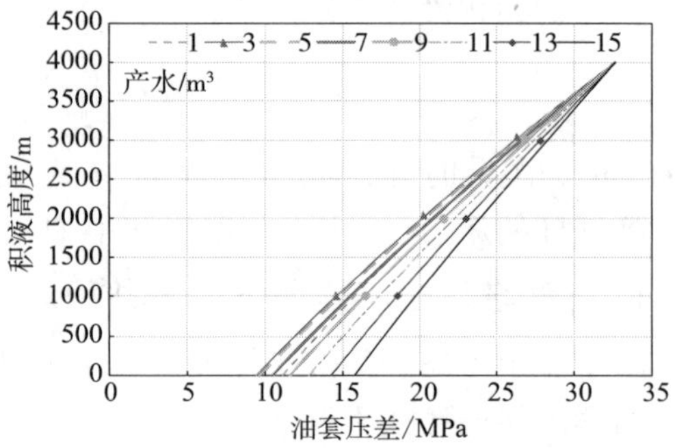

图 2－1－18　产水 $30m^3$2in 油管下入深度 4000m

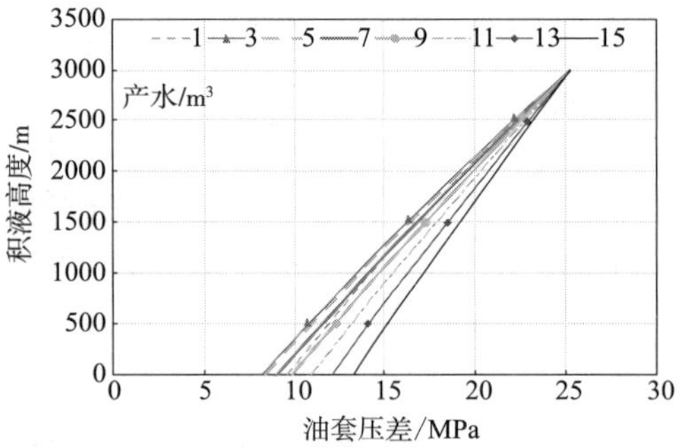

图 2－1－19　产水 $40m^3$2in 油管下入深度 3000m

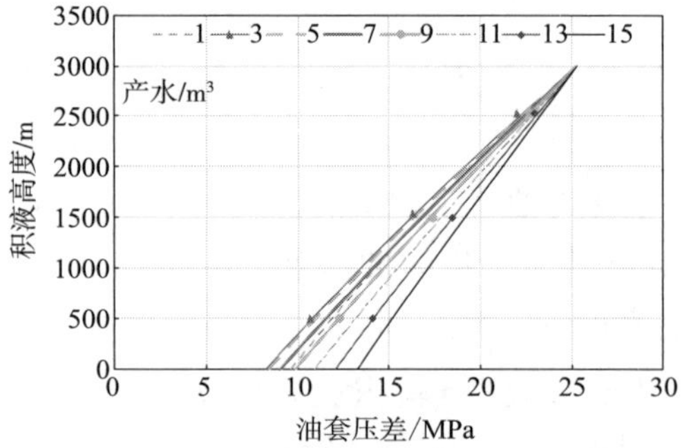

图 2－1－20　产水 $40m^3$2in 油管下入深度 4000m

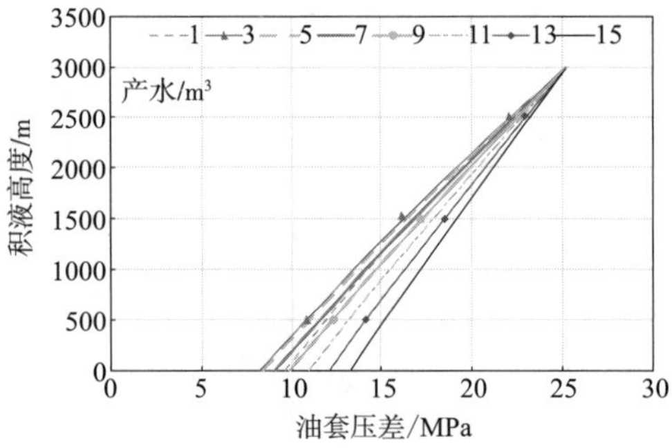

图 2－1－21　产水 $50m^3$2in 油管下入深度 3000m

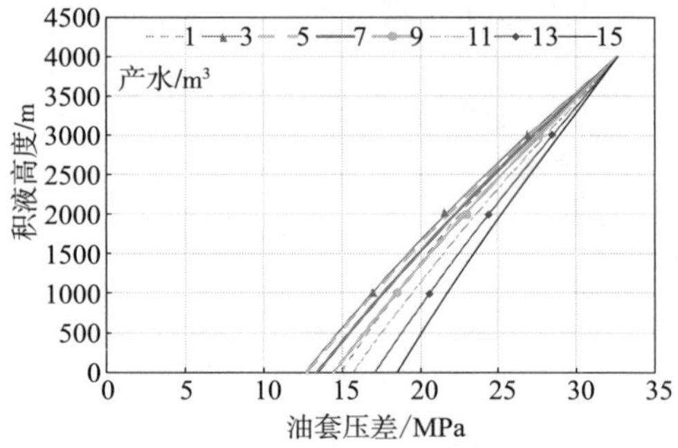

图 2－1－22　产水 $50m^3$2in 油管下入深度 4000m

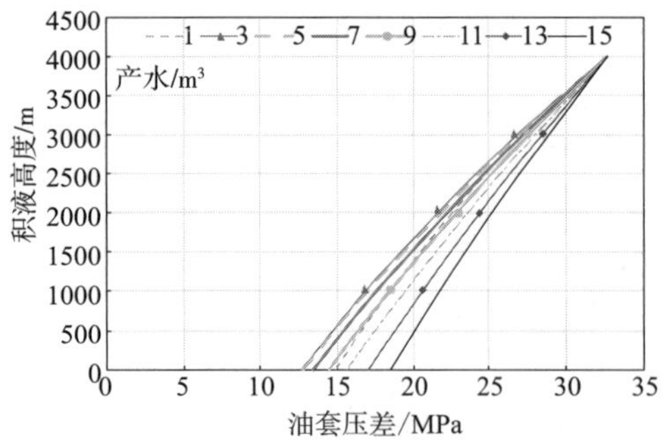

图 2－1－23　产水 $10m^3$ $2\frac{3}{8}$in 油管下入深度 3000m

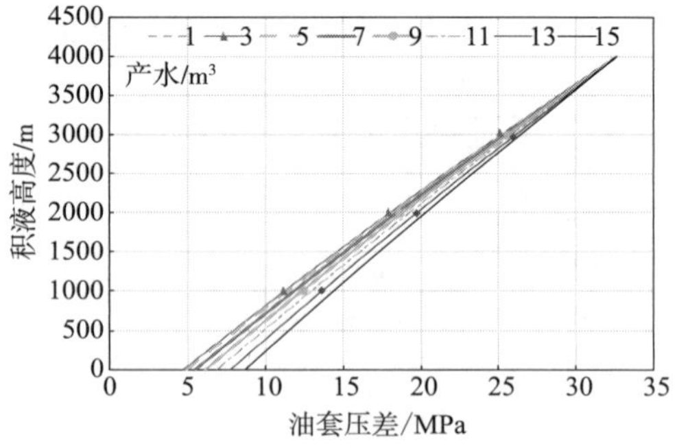

图 2－1－24　产水 $10m^3$ $2\frac{3}{8}$in 油管下入深度 4000m

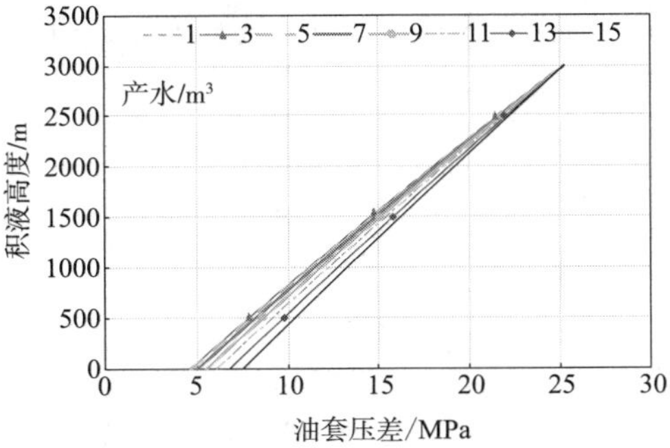

图 2－1－25　产水 20m^3 2$\frac{3}{8}$in
油管下入深度 3000m

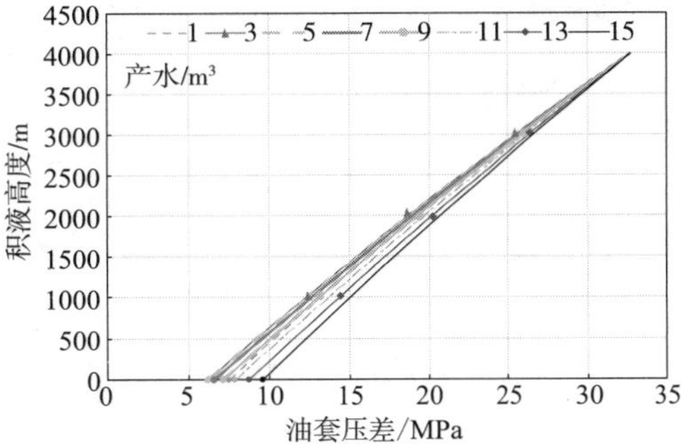

图 2－1－26　产水 20m^3 2$\frac{3}{8}$in
油管下入深度 4000m

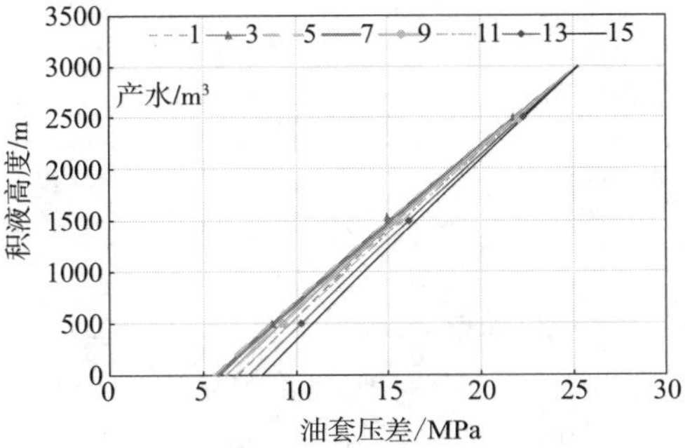

图 2－1－27　产水 30m^3 2$\frac{3}{8}$in
油管下入深度 3000m

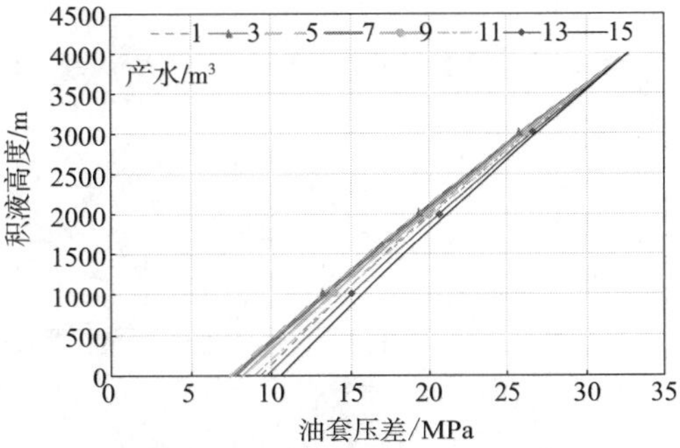

图 2－1－28　产水 30m^3 2$\frac{3}{8}$in
油管下入深度 4000m

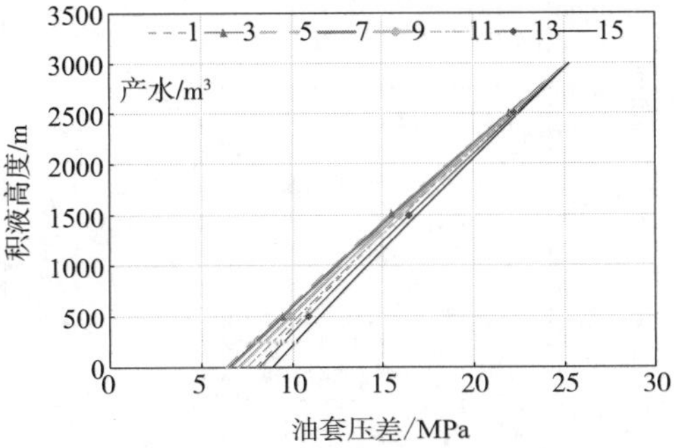

图 2－1－29　产水 40m^3 2$\frac{3}{8}$in
油管下入深度 3000m

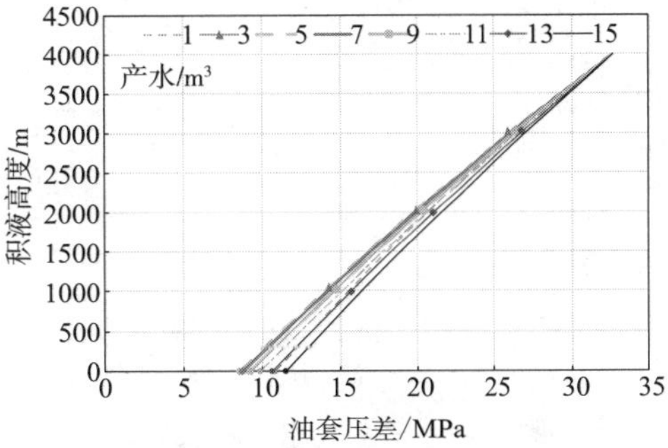

图 2－1－30　产水 40m^3 2$\frac{3}{8}$in
油管下入深度 4000m

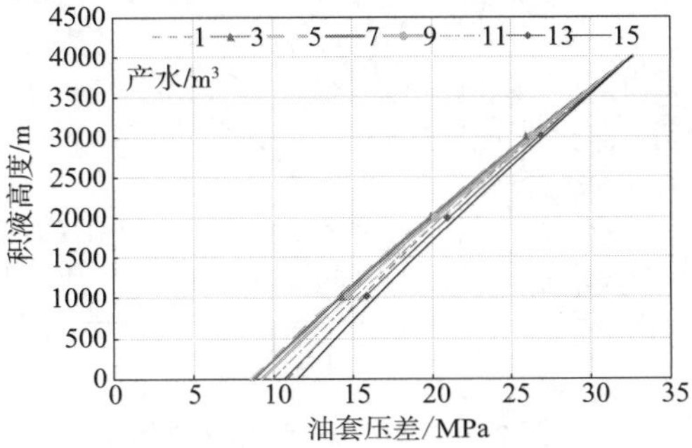

图 2－1－31　产水 50m^3 2$\frac{3}{8}$in
油管下入深度 3000m

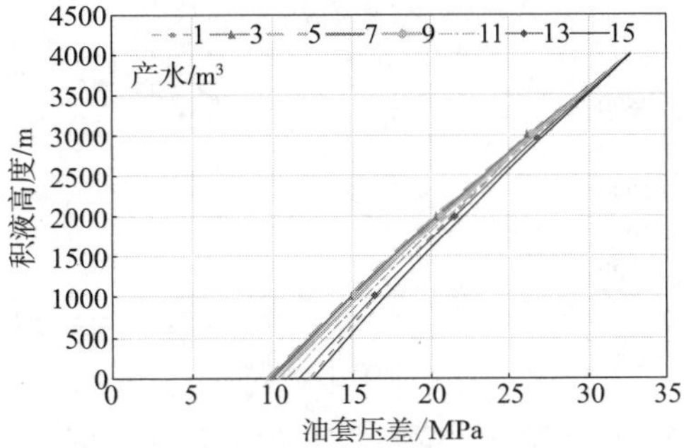

图 2－1－32　产水 50m^3 2$\frac{3}{8}$in
油管下入深度 4000m

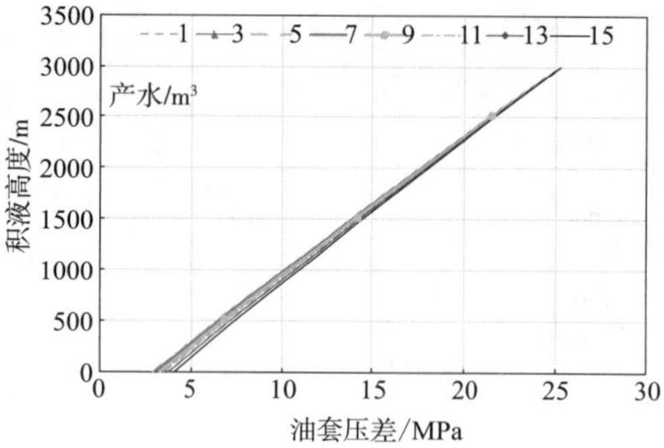

图 2-1-33　产水 10m³ $2\frac{7}{8}$in 油管下入深度 3000m

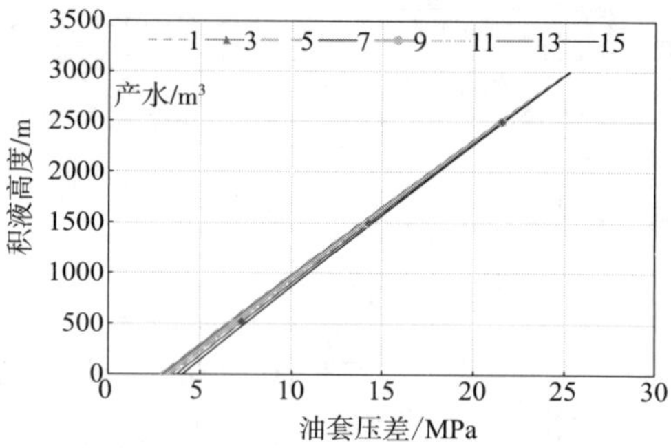

图 2-1-34　产水 10m³ $2\frac{7}{8}$in 油管下入深度 4000m

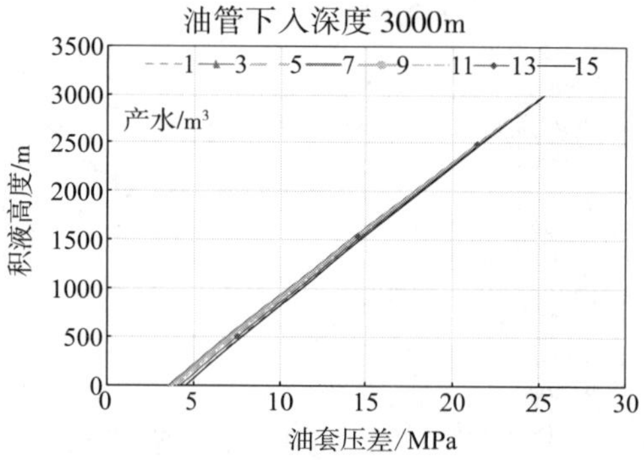

图 2-1-35　产水 20m³ $2\frac{7}{8}$in 油管下入深度 3000m

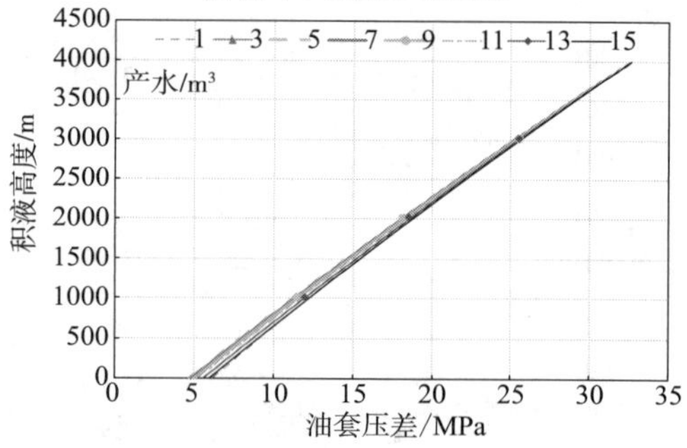

图 2-1-36　产水 20m³ $2\frac{7}{8}$in 油管下入深度 4000m

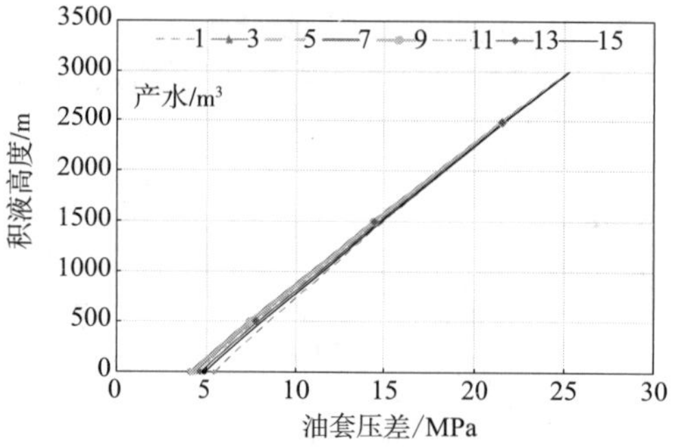

图 2-1-37　产水 30m³ $2\frac{7}{8}$in 油管下入深度 3000m

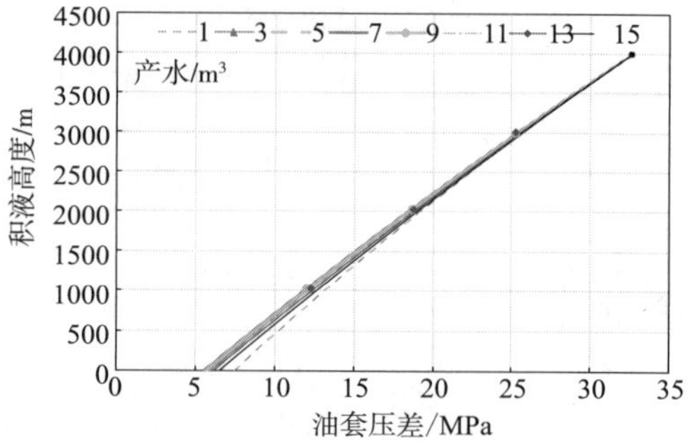

图 2-1-38　产水 30m³ $2\frac{7}{8}$in 油管下入深度 4000m

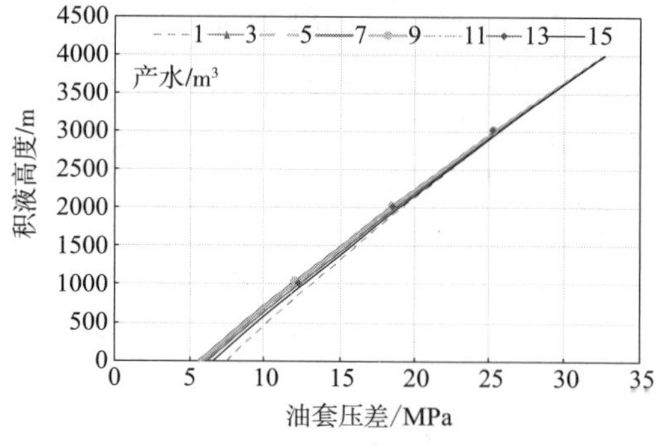

图 2-1-39　产水 40m³ $2\frac{7}{8}$in 油管下入深度 3000m

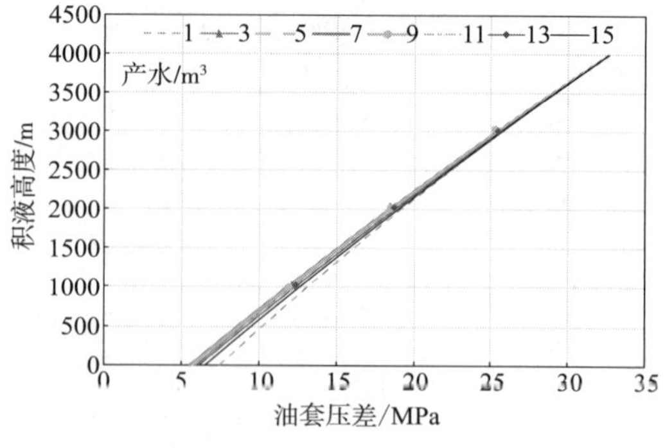

图 2-1-40　产水 40m³ $2\frac{7}{8}$in 油管下入深度 4000m

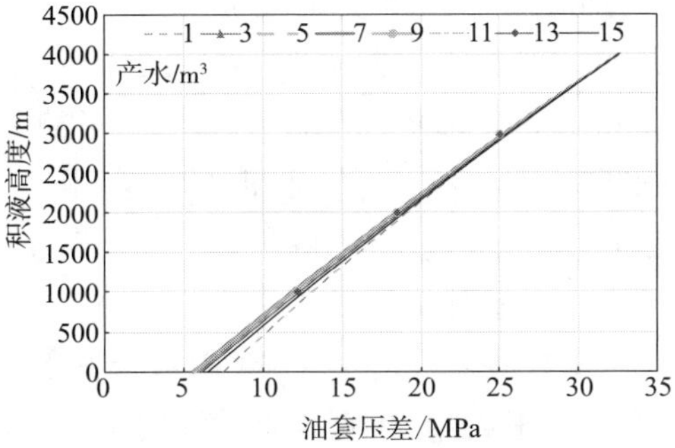

图 2－1－41 产水 50m³ $2\frac{7}{8}$in 油管下入深度 3000m

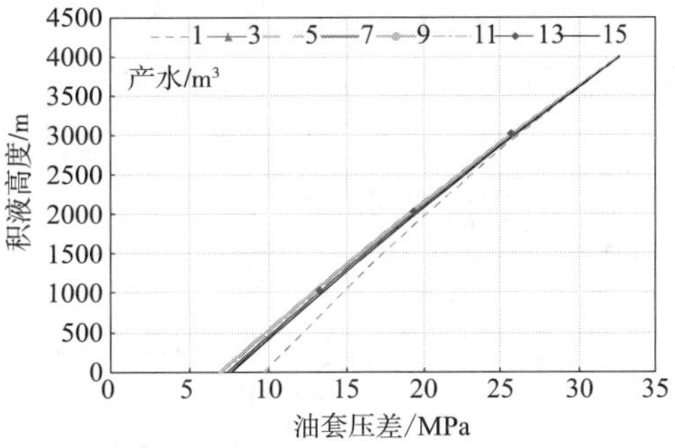

图 2－1－42 产水 50m³ $2\frac{7}{8}$in 油管下入深度 4000m

以 JY38－2HF 井为例，该井油管尺寸$2\frac{3}{8}$in，油管下入深度 3730m，下入油管后共进行 3 次静压测试，分别在 2017－9－19、2018－6－24 和 2021－3－9，测试压力梯度曲线如图 2－1－43 所示。

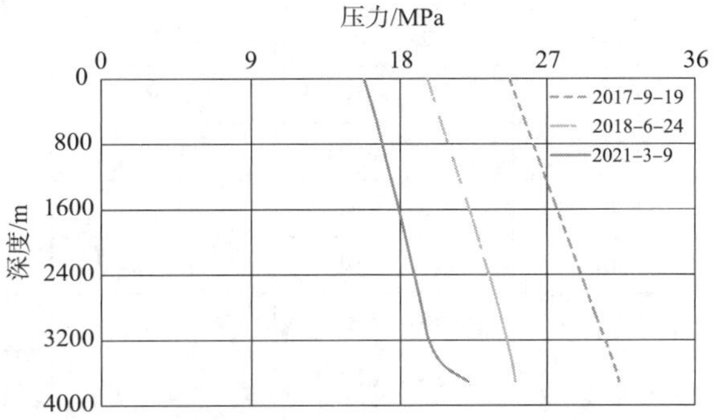

图 2－1－43 JY38－2HF 井静压测试压力梯度曲线

如图 2－1－43 所示，该井前两次静压测试结果显示井筒未积液，最近一次静压测试结果显示井筒存在液面，液面高度为井下 3265m。将测静压前的生产数据代入油套压差积液高度判断图版验证图版准确性，如图 2－1－44～图 2－1－46 所示。

2017－8－22，该井日产气 3.9×10^4m³，日产水 80m³，油套压差 9.51MPa，代入$2\frac{3}{8}$in＋下入深度 3500m＋产水 80m³的图版，如图 2－1－44 所示。此时的油套压差小于最小积液压差，表明该井不积液，与实际测压结果一致。

2018－6－6，该井日产气 2.5×10^4m³，日产水 35m³，油套压差 8.6MPa，代入 $2\frac{3}{8}$in＋下入深度 3500m＋产水 35m³的图版，如图 2－1－45 所示。此时的油套压差小于最小积液压差，表明该井不积液，与实际测压结果一致。

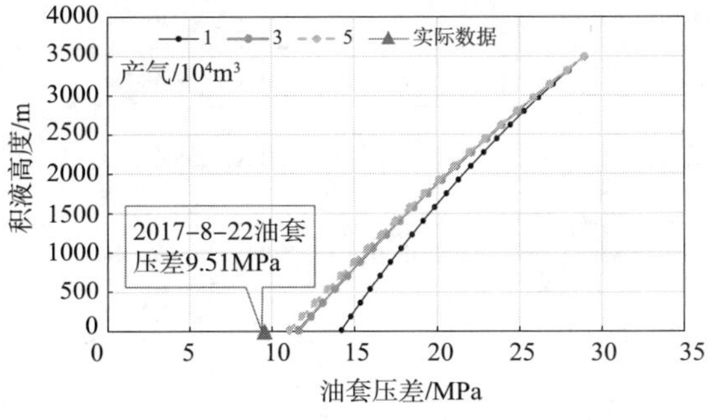

图 2－1－44 $2\frac{3}{8}$in＋下入深度 3500m＋产水 80m³图版验证

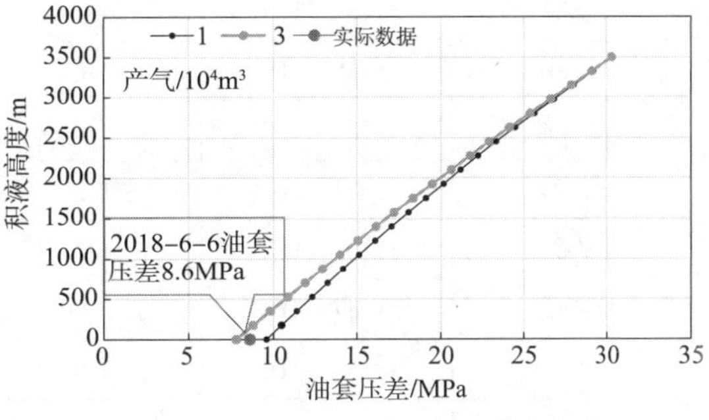

图 2－1－45 $2\frac{3}{8}$in＋下入深度 3500m＋产水 35m³图版验证

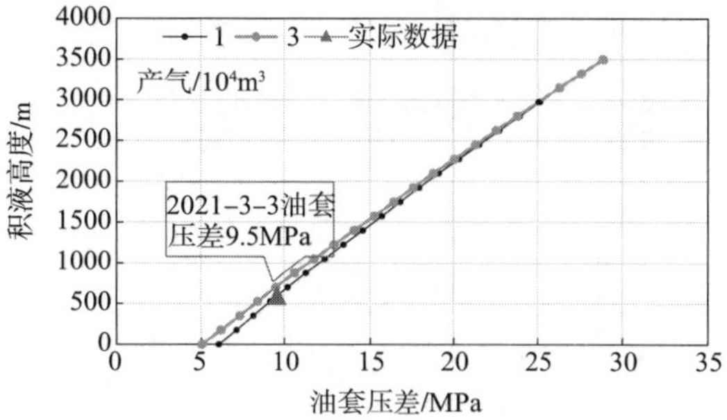

图 2-1-46 2⅜in + 下入深度 3500m + 产水 $15m^3$ 图版验证

2021-3-3，该井日产气 $2.1\times10^4m^3$，日产水 $13m^3$，油套压差 9.5MPa，代入 2⅜in + 下入深度 3500m + 产水 $15m^3$ 的图版，如图 2-1-46 所示。此时的油套压差大于最小积液压差，该井积液，积液高度约 500m，与实际测压结果一致。

根据油套压差法计算积液高度，结果见表 2-1-1。油管生产井共 34 口，积液井 16 口，平均积液高度 200m。

表 2-1-1 积液高度判别结果

区 块	井 号	套压/MPa	油压/MPa	合理压差/MPa	积液高度/m
江东	JY69-2HF	3.76	1.53	2.62	0
江东	JY69-3HF	5.98	4.86	3.89	0
江东	JY87-2HF	11.07	5.06	1.24	723.82
江东	JY87-3HF	13.46	5.06	10.81	0
江东	JY87-5HF	9.52	5.14	6.46	0
江东	JY87-6HF	9.82	5.11	2.81	189.79
江东	JY88-3HF	9.01	4.79	3.95	26.72
江东	JY89-1HF	6.08	2.07	2.67	133.67
江东	JY89-3HF	4.49	2.04	3.12	0
江东	JY90-1HF	9.27	2.12	3.66	349.03
江东	JY90-4HF	7.97	2.15	2.63	319.17
江东	JY91-4HF	9.19	11.60	3.86	145.13
江东	JY93-2HF	5.00	1.71	2.32	97.46
江东	JY109-3HF	18.02	6.91	16.62	0
江东	JY109-5HF	14.95	7.60	11.13	0
平桥	JY181-2HF	9.21	4.78	3.44	99.47
平桥	JY181-3HF	4.32	1.41	2.55	36.44
平桥	JY185-1HF	4.09	1.20	2.48	40.62
平桥	JY185-2HF	2.91	1.17	2.00	0
平桥	JY185-3HF	1.91	1.18	2.13	0
平桥	JY187-1HF	4.11	0.83	1.02	332.44
平桥	JY187-2HF	3.90	0.99	1.63	127.55
平桥	JY187-3HF	2.08	0.97	2.39	0
平桥	JY189-3HF	8.52	7.51	3.17	0
平桥	JY189-7HF	5.75	3.74	2.99	0

续表

区　块	井　号	套压/MPa	油压/MPa	合理压差/MPa	积液高度/m
平桥	JY190－1HF	2.54	1.69	2.39	0
平桥	JY190－2HF	3.37	2.00	2.35	0
平桥	JY192－3HF	3.22	1.02	2.48	0
平桥	JY192－4HF	2.26	0.92	2.31	0
平桥	JY192－6HF	5.80	3.57	3.11	0
白马	JY7HF	9.31	4.90	1.64	277.29
白马	JY146－1HF	3.94	1.46	3.12	0
焦石坝	JY38－1HF	12.69	8.59	1.84	226.06
焦石坝	JY65－1HF	9.87	3.57	5.56	73.54

第二节　页岩气水平井井筒多相流

页岩气井井筒温度和压力的准确预测，为积液判断与携液预测奠定基础。因此，在分析井筒积液规律之前，需要先开展井筒多相流动分析。根据页岩气田产水、产气条件，结合生产特征、返排液特性，针对垂直段、倾斜段和水平段，分别初步优选了井筒多相流模型。通过涪陵页岩气井流体特征参数拟合，对 Gray－B 模型进行修正，形成涪陵页岩气水平井筒多相流压降模型计算方法。

一、多相管流模型研究现状

目前，气、液两相流压降模型的发展经历了经验关系式、半经验关系式和机理模型三个阶段。其中，经验关系式、半经验关系式是出于当时石油工业的迫切需要而产生的，发展至今已有近 70 年的历史，而机理模型是近 20 年产生的一种新兴的压降计算方法。

（一）经验关系式

人们对于单相流体十分了解，因此在研究气、液两相流之初，大部分学者都将其视作单相流进行处理。1952 年，Phillips 石油公司 Poettmann 和 Carpenter 发表了多相垂直管流在气举操作设计中应用的文章。Poettmann 和 Carpenter 工作的主要进展是较合理地引进了混合物的质量和体积的计算方法，油、气、水井内流动压力的计算达到了一定的精度；由于流体流动按均相流模型处理，这种模型没有反映井内气液比、密度和黏度等参数随井深变化的特征。此方法适合于高流量和低气液比情况，在低流量和低密度范围误差较大。后来，Baxendell 和 Thomas（1961）、Tek（1961）、Fancher 和 Brown（1961）及陈家琅（1979）等对此做了大量改进，回归了阻力系数与两相雷诺数的关系，但这种方法已不在工程中使用。

Lockhart 和 Mart in elli 在 1949 年考虑气、液两相流之间的气液滑脱，首创了分相流动模型方法，他们将气、液两相流视为两股流体，采用经验公式关联两相摩阻压降倍率与持气率和流动参数的关系，进而计算压降。

然而，以上方法的共同问题在于没能全面考虑影响管流压降的其他一些因素。

(二)半经验关系式

Ros(1961)、Duns 和 Ros(1963)的压降计算方法，是继 Poettmann 和 Carpenter 方法之后，对石油工业界有重要影响的又一种方法。为了全面描绘气、液两相流动现象，通过因次分析，Ros 确定出 10 个无因次群。在铅直两相流动中，只有 4 个无因次群是真正有意义的。Ros 在长度 10m、直径 32～142.3mm 的铅直管中进行了气、液两相流动实验，得到了流动形态分布图。Duns 和 Ros 提出的无因次群对油井多相垂直管流方法的发展起到了重要作用。Duns 和 Ros 方法在工程上可以达到很高的精度，但它主要适用于较短的管段，而对深度或压差很大的井，必须进行一连串的分段计算。

1965 年，Hagedorn 和 Brown 在装有 1in、1¼in 和 1½in 油管的 457m 深的试验井中，以 10mPa · s、30mPa · s 和 110mPa · s 的油、空气和水混合物进行了大量现场试验，以气、液两相滑脱为基础(滑移模型)，得到了三条持液率相关曲线，建立了两相流相关式。其中，持液率是关于 Duns 和 Ros 定义的无因次数的函数，两相流动的摩擦因素则可由 Moody 图表获得。该模型相关式在现场实际应用中具有较高的精度，因此滑移模型也得到广泛的应用。

1967 年，Orkiszewski 推广了 Griffith 和 Walks 的工作方法，对比分析了多种气、液两相流计算方法，应用 148 口油井的实测数据对多个两相流模型性能进行了综合评价和优选，建立了基于流型的垂直管两相流压降计算方法。泡状流用 Griffith 方法，段塞流中的密度项用 Griffith 和 Walks 方法，摩阻压力梯度用 Orkiszewski 方法，段塞流与雾状流的过渡区和雾状流均用 Duns 和 Ros 方法。Orkiszewski 开始把反映两相流动机理的气泡举升速度概念用于油、气垂直管两相流压力降的计算方法中。他给出了流动形态判别方法，并对每个流型单独进行了计算。该方法主要是针对油井建立的。

1972 年，Aziz 等在 Govier 等研究基础上提出了比 Duns 和 Ros 流型图更明确、简单的流型图，将油气井中的流动形态划分为泡状流、弹状流、过渡流、环状流和雾状流五种类型，并在压降计算中首次提到用滑移模型描述泡状流、段塞流的思想，因此它不是一个完全的经验方法，其对泡状流和段塞流的研究已经开始进入机理模型的行列，但是其流型预测方法和对过渡流、环雾流的压降计算方法仍建议采用 Duns 和 Ros 的经验方法。

1973 年，Beggs 和 Brill 基于均相流能量方程式的压力梯度方程式，以空气和水为流动介质，以 13.7m 长的两根 1in 和同样长的两根 1.5in 内径的半透明聚丙烯管作为测量管段，经过大量实验得出持液率和沿程阻力系数的相关规律。Beggs 和 Brill 发现，持液率与倾角之间存在一定的依存关系。Beggs 和 Brill 根据不同的持液率关系进行实验，以入口体积含液率为横坐标，以 Froude(弗洛德)数为纵坐标，在双对数纸上画出了水平流动形态图。Beggs 和 Brill 压降计算方法适用于具有任意倾角的管路。这一方法在井筒和集输管路上都得到广泛的应用，但其缺点是对持液率的计算结果偏大，摩阻系数不连续，仅预测了水平管路的流型，在流型分界处持液率的数值存在不连续的情况。

1985 年，Mukherjee 和 Brill 在 Beggs 和 Brill 研究工作的基础上，改进了实验条件，对倾斜管两相流的流型进行了深入研究，提出了更适用于倾斜管、水平管的两相流持液率、摩阻系数关系式，其中持液率关系式是关于 Duns 和 Ros 定义的无因次数和管斜角的函数。后来在 2002 年，国内学者韩洪升等综合这两位学者采用的无因次准数，并结合自身的实验数据，得到了新的倾斜管、水平管持液率关系式。

1978 年，Gray 提出了适用于凝析气井的压降计算方法，他认为凝析气井虽然气流速度大，但气、液间同样应该存在滑脱，通过 108 口井的测试资料得到了持气率经验关系式。他强调了该方法的运用范围：气流速度应小于 15.24m/s，管内径应小于 88.9mm，凝析液含量应小于 2.808$m^3/10^4m^3$，水含量应小于 0.2808$m^3/10^4m^3$。

1980 年，Taitel、Barnea 和 Dukler 发表了垂直管内稳定向上气、液流动的流型转变模型化的文章，指出过去的流型判别图大多以实验为基础，主要依赖当时的流量、流体性能和油管尺寸，但是没有给出流动形态转变的完整表达式。在前人研究的基础上，Taitel 等根据各相的表观速度来表示流型边界的相互关系，从一种流型到另一种流型转变的机理出发，解释和预测了转变条件，提出了描述转变的物理模型，发展了理论基础的转变方程。

1984 年，Reinemann 和 Parlange 等对两相流动态模拟计算投入大量的精力进行研究，并结合试验数据(作为参考)，在引入较少的简化假设基础上，建立了综合的组分分相流水力学模型。

1986 年，Asheim 提出了一种利用计算机技术拟合两相流持液率和摩阻系数的方法，将持液率和摩阻系数表示为气、液表观流速的函数，其中包含多个优化参数，利用最优函数，结合气井测压数据对这些参数进行自动优化。后来，国内学者李颖川(1996)采用类似方法建立了一种持液率数值优化模型，将持液率模化为关于 Duns 和 Ros 定义的 4 个无因次数的函数，能够根据产液气井的测压数据自动优化持液率关系式中的系数。

1988 年，Peffer 等针对凝析气井，建立了一种修正单相模型，模型基于 Cullender 和 Smith(1956)模型得到，将气、液两相考虑为单相“湿气”，对湿气的相对密度和管壁有效粗糙度进行修正，这种模型通常只适用于低液量气井条件。同年，还出现了相似类型的 Oden 和 Jennings 方法、Rendeiro 和 Kelso 方法。后来，国内学者黄炜和杨蔚(2002)、张奇斌等(2007)针对产水气井建立了类似的模型。尽管如此，这类模型没有考虑气、液滑脱，在气液比略低的气井中性能会大大降低。

Acikgoz(1992)首次将油、气、水作为 3 个独立项目研究多相流流型，基于每个组分的流动形态具体划分并命名了 10 个流型。为后来的对于油、气、水多相流动的研究奠定了新的基础。

Woods 等(1998)在内径 25.4mm 的有机玻璃管中开展了油、气、水三相流动实验，通过压降变化和视频拍摄的方式确定了垂直管油、气、水混相流动流型。

1998 年，廖锐全等得出了垂直管多相流的压力梯度方程。

1999 年，李颖川等提出了用参数描述持液率的两相流压降模型，该方法根据现场数据优化持液率特性和管壁粗糙度，预测压降结果更接近实际情况。

Hewitt(2005)在长度 38m、内径 76.2mm 的不锈钢管中开展了油、气、水三相流动实验，将气、液两相与液、液两相的流型进行了比较。发现层流存在于两种流动中。液、液两相之间存在多余混相流速敏感的“反相”现象。

但以上无论是经验关系式还是半经验关系式采用的拟合参数或无因次数都是根据经验

假设得到的，缺少物理根据，适用范围有限。例如 1987 年，Reinicke 等对这些方法在产液气井中的应用性能进行了评价，结果发现绝大多数模型在气井中的应用性能很差，仅有 Hagedorn 和 Brown 模型、Beggs 和 Brill 模型及 Gray－B 模型的实际应用效果较好。正是由于这类模型不具任何物理意义，适用性受限，同时由于大量的流动变量产生了大量的无因次数，寻求合适的回归关系式需要庞大的实验数据作支撑，改进难度大，因此这类方法的发展前景是有限的。

（三）机理模型

从 20 世纪 80 年代末开始，石油工业中开始引用首先在原子能工业中提出的机理模型，通过研究气、液在管中流动过程的力学机理来描述多相管流的流动规律。相继出现了 Hasan 和 Kabir（1988）、Ansari（1994）等综合机理模型。这类方法着眼于物理现象，对两相流发生的机理进行了定义和数学建模。其基本出发点在于假设每一种流型下流体的运动规律具有共性，因此这类方法首先要求判断流型，随后对每种流型建模并预测其水力和传热特性。这类模型所依据的实验数据量并不大，但是却比经验模型适用范围更宽、更具理论依据，因为它们考虑了流动机理及管径、管斜角、气液流量、气液物理性质等重要参数。

1988 年，Hasan 和 Kabir 采用了 Taitel 等关于气、液两相流动转变机理的研究成果，并结合自己的分析，建立了新流型预测机理模型，且针对每种流型建立了压降计算方法。采用漂移模型计算泡状流、段塞流、搅动流的压力梯度，针对环状流建立了专门的压降机理模型，考虑了液滴夹带和气芯对液膜的剪切作用。Hasan 和 Kabir 分析指出，在垂直管流中，除环状流外，重位压差占总压降的主要部分。在某些情况下，如低含气率和低流量时，重位压差超过 95%。无论是重位压差的液柱压力还是摩阻压差的混合物密度，都需要计算当地含气率 Hg，因而正确估计管内的当地含气率十分重要。

1990 年，Scott 等也开展了气、液两相流动研究，其特别之处在于针对段塞流流型的气、液两相流动做了专门而深入的研究，实验开展在水平管或微倾斜管的管路中，通过实验，Scott 建立了新的数学模型用以反映段塞流流型的气、液变化规律。

1994 年，Ansari 等把近年来各个单一流型的机理研究成果组合起来，总结出自己的流型判断机理模型，并针对每种流型选用了已有的机理模型来预测压降。流型预测来自 Taitel 和 Barnea，泡状流压降模型来自 Gaetano，段塞流压降模型来自 Sylvester，段塞流压降模型来自 McQuillan，环状流压降模型来自 Hewitt 等；为适合油井垂直气、液两相流动的情况，对一些关系式的系数进行了修正，形成一套详细的综合机理性的压力降预测方法。最后通过 Tulsa 大学数据库 1775 口油井的实测数据对该方法性能进行了验证。

1996 年，Chokshi 等在一个双油管实验井中进行了气、水垂直上升管流实验，得到各种流速条件下的 324 个测试点，包含流量、压力、温度和密度，提出了预测流型及压降的机理模型。与前人不同，他只将流型分为泡状流、段塞流和环状流，并且采用了另外 1712 个数据对包括新模型在内的 9 个模型进行了评价。

2000 年，Gomez 等针对管斜角 0°～90°范围建立了两相流综合压降机理模型。2001 年，Kaya 等采用与 Ansari 等类似的建模方法建立了垂直井/微倾斜井的两相流综合机理模型。

2010 年，Hasan 等基于漂移模型提出了一种简易的两相流机理模型。在重力项压力梯度计算中采用统一的持液率表达式，表达式中仅包含分布系数和漂移速度两个参数，并由流型决定。对流动参数在流型界限附近进行了光滑处理，避免了模型在流型过渡处的不连续问题。

目前，国内关于机理模型的报道非常少，仅有刘晓娟等(2009)针对倾斜井气、液两相流提出了一种机理模型，并利用某油田28口井数据进行了验证。

这类方法与传统方法相比，更具物理意义，能够解释流型产生的原因和现象，还能预测流型的结构参数或特性参数，具有广阔的发展前景。但在实际应用中发现，目前的这些机理模型在产液气井中的性能还没能超越传统的Hagedorn和Brown模型、Beggs和Brill模型及Gray－B模型。例如2005年，Persad利用280口产液气井测试数据对14个两相流模型进行了评价后发现，Ansari等和Gomez等模型性能不如Gray－B模型，但这并不意味着机理模型比传统方法落后，只是说明还需要进一步地评价和完善现有的机理模型。

目前的综合机理模型多是针对油井条件建立的，在气井中的适应性评价较少，而且其性能同时取决于流型判断、压降模型的正确性。例如，大多综合机理模型目前都采用Alves分相流模型预测环状流气井压降，然而Hasan和Kabir(2007)分析发现，环状流分相流模型存在解的不确定性，其性能赶不上传统的均匀流模型；又如，机理模型中常用单元体模型预测段塞流的压降，然而该模型仅仅在Garber和Varanasi所报道的几口段塞流凝析气井中做过应用，并未通过大量段塞流气井数据进行过评价，其适用性未知。

总之，在两相流压降模型研究的历史长河中，实验研究起到了关键性的作用。迄今已发展了许多气、液两相流计算方法，其适用条件均具有一定的局限性，往往更接近油井生产条件。但是，现有的两相流压降预测模型用于有水气井压降时，存在误差较大的问题。要解决上述问题，迫切需要对多相流做进一步的基础研究，从多相流流动基础研究揭示的规律与机理出发，提出新技术和新方法。Orkiszewski、Ansari等把近年来各个单一流型的实验和机理研究成果综合起来，形成一套适合于垂直油井气、液两相流动的压力降预测方法，该方法为建立适合于有水气井的多相压降预测模型提供了思路。

二、垂直段多相管流压降模型

在气井开发生产过程中，井筒中流体的压力是一个极为重要的参数，国内外很多学者都对该问题进行了大量的研究，对井筒压力的研究相对已比较成熟。随着流体力学及计算机技术的不断进步，提出了很多解决井筒压力问题的新方法。

1952年，Poettmann和Carpenter基于49口自流井和气举井的数据，将油、气、水三相混合物视为均匀介质的单相流动，忽略黏度和密度的变化，温度梯度分布采用线性方式，提出了自己的压力梯度计算模型，该模型针对气举井设计，所以适用于高流量、低气液比的油井计算，该模型没有对流动形态进行分类和描述，属于非流型模型。该模型被提出后，得到了石油工业界的广泛认可，属于20世纪60年代以前较经典的模型。

1965年，Hagedom和Brown通过对实验数据的分析指出，在高流量的情况下，摩阻损失是压力损失的主要来源，可以用雷诺数来关联，计算结果接近于单相流动；低流量状况下，压力损失大部分由静压梯度造成，气、液两相间的相对滑移增大了静压梯度，计算结果不再符合Moody图；Hagedom和Brown使用持液率来修正摩阻系数，最后求得由于滑移作用而增大了的静压梯度，模型中定义了4个无因次因子，分别为液体速度准数、气体速度准数、管子直径数和液体黏度数，通过这 4 个参数求得混合物摩阻系数。Hagedorn 和 Brown 模型相对于其他流型模型来说，对管内介质流动形态的描述不够精确且为纯经验模型，但是在使用中精确度一直很高，在工程上应用较广泛。

Poettmann 和 Carpenter 模型及 Hagedorn 和 Brown 模型都没有考虑多相流动时的流动形态转变，将多相混合物假设为单相流动来处理，使得模型大为简化，但其不可避免地在对流型的描述上有着重大缺陷，当多相混合物流型发生变化时，均相流模型已经不能满足要求，所以 20 世纪 70 年代以后出现的大多为流型模型。

1963 年，Duns 和 Ros 在垂直管中进行了 4000 次两相流动实验，提出了流型之间的转换界限，以及与之对应的持液率、摩阻系数和总压降的计算公式，绘制出流动形态分布图，根据实验数据研究得出持液率和摩阻系数对压力梯度计算的影响最大的结论。通过因次分析得到了持液率和摩阻系数与 9 个无因次因子相关的结论，选取其中影响最大的 4 个无因次系数，通过实验方法得到了压力梯度计算的相关式，此方法相对于以前的方法精确度有所提高。

1967 年，Orkiszewski 建立了完善的垂直管两相流压力梯度计算方法。他总结已有的方法，采用界线数的概念，给出了四种流型的判别关系式，将流动形态划分为泡状流、段塞流、扰动流和环雾流。对应各个流型分别给出了计算方法，其中泡状流采用 Griffith 方法，段塞流中密度继续采用 Griffith 和 Wallis 方法，摩阻梯度采用 Orkiszewski 方法，环雾流和雾状流采用 Duns&Ros 方法。模型定义了一个称为液体分布数的系数来表征液体分布变化对摩阻损失的影响，完整地给出了流动形态判别方法，并且对每个流型单独进行了计算。至此，流型模型开始在石油工业界广泛使用，经过现场检验，Orkiszewski 方法已被证明是计算两相流压力梯度的可靠方法之一。

Beggs 和 Brill 在 1973 年发表了《倾斜管两相流研究》一文。他们在长度 15m 的倾斜管路中，以空气和水为介质进行了大量的实验，从中得出持液率和沿程阻力系数的相关规律。Beggs 和 Brill 将研究范围扩大到倾斜管路，发现持液率与斜管的倾斜角度之间有一定的依存关系，根据实验数据绘制出水平流动形态图。Beggs 和 Brill 的研究将多相管流压力预测模型由垂直管和水平管扩展到任意角度的倾斜管路上，所以在集输管路中获得了广泛的应用。

1986 年，Hasan 和 Kabir 给出了各种流动形态下的压力梯度计算方法。Hasan 和 Kabir 模型中以液相表观速度、气相表观速度为坐标划分流动形态，经过试验分析，确定了泡状流、分散泡状流、段塞流、扰动流和雾状流五种流型。在对环流的处理上，主张忽略液膜厚度，将其视为比实际管径略小的管道中的单相流，关键点为如何确定中心气柱与液膜的摩阻系数。其他流态时，Hasan 和 Kabir 的研究指出，重力梯度往往占了总压力梯度的 95% 以上，总的压力梯度对含气率最为敏感。

Orkiszewski 模型及 Hasan 和 Kabir 模型为目前在油气井压力计算中应用最为广泛的计算模型。国内学者主要应用了这两种模型进行研究。

1999 年，毛伟和梁政在温度、压力耦合模型中所建立的压力模型考虑了动能变化的影响，此模型类似于 Cullender 和 Smith 模型。

2010 年，闫正和和刘永杰等考虑流体相变和海水段传热的影响，建立了海洋凝析气井井筒气体瞬变流动的非稳态传热温度、压力耦合的数学模型，采用解析解和数值解相结合的求解方法。文中的压力模型采用常规的平均温度系数法，将计算微元段气体温度、偏差系数视为常数，得到气井压力方程式。

本书通过评价分析，初选了 Hagedorn 和 Brown 模型、Duns 和 Ros 模型及 Orkiszewski 模型。

（一）Hagedorn 和 Brown 模型

Hagedorn 和 Brown（1965）基于所假设的压力梯度模型，根据大量的现场试验数据反算持液率，提出了用于各种流型下的两相垂直上升管流压降关系式。此压降关系式不需要判别流型，适用于产水气井流动条件。由于动能变化引起的压降梯度甚小可忽略不计，则压降方程为：

$$\frac{\mathrm{d}p}{\mathrm{d}z}=\rho_{\mathrm{m}}g+f_{\mathrm{m}}\frac{G_{\mathrm{m}}^{2}}{2DA^{2}\rho_{\mathrm{m}}} \tag{2-2-1}$$

两相摩阻系数 f_{m} 采用 Jain 公式计算：

$$1/\sqrt{f_{\mathrm{m}}}=1.14-21g(e/D+21.25/N_{\mathrm{Re}}^{0.9}) \tag{2-2-2}$$

两相雷诺数由式(2-2-3)计算：

$$N_{\mathrm{Rem}}=\frac{\rho_{\mathrm{ns}}v_{\mathrm{m}}D}{\mu_{\mathrm{m}}};\ v_{\mathrm{m}}=v_{\mathrm{SL}}+v_{\mathrm{SG}};\ \mu_{\mathrm{m}}=\mu_{\mathrm{L}}^{H_{\mathrm{L}}}\mu_{\mathrm{G}}^{(1-H_{\mathrm{L}})} \tag{2-2-3}$$

$$v_{\mathrm{SG}}=q_{\mathrm{G}}/A,\ v_{\mathrm{SL}}=q_{\mathrm{L}}/A;\ \rho_{\mathrm{m}}=\rho_{\mathrm{L}}H_{\mathrm{L}}+\rho_{\mathrm{G}}(1-H_{\mathrm{L}}) \tag{2-2-4}$$

式中，H_{L}为持液率；G_{m}为气、液混合物质量流量，kg/s；D 为直径，m；A 为面积，m^2；q_{G}、q_{L}分别为气相、液相体积流量，m^3/s；v_{SG}、v_{SL}分别为气相、液相表观流速，m/s；ρ_{G}、ρ_{L}、ρ_{m}分别为气相、液相、气液混合物密度，$\mathrm{kg/m^3}$；f_{m} 为两相摩阻系数；v_{m}为混合物流速，m/s；ρ_{ns}为无滑脱混合物密度，$\mathrm{kg/m^3}$；μ_{G}、μ_{L}分别为气相、液相黏度，Pa·s；μ_{m} 为混合物黏度，Pa·s。

Hagedorn 和 Brown 在试验井中进行两相流试验，得出了持液率的 3 条相关曲线。使用这 3 条曲线时，需要计算下列 4 个无因次量：

液相速度数：
$$N_{\mathrm{LV}}=v_{\mathrm{SL}}[\rho_{\mathrm{L}}/(g\sigma)]^{1/4} \tag{2-2-5}$$

气相速度数：
$$N_{\mathrm{GF}}=v_{\mathrm{SG}}[\rho_{\mathrm{L}}/(g\sigma)]^{1/4} \tag{2-2-6}$$

液相黏度数：
$$N_{\mathrm{L}}=\mu_{\mathrm{L}}[g/(\rho_{\mathrm{L}}\sigma^{3})]^{1/4} \tag{2-2-7}$$

管径数：
$$N_{\mathrm{D}}=D(\rho_{\mathrm{L}}g/\sigma)^{1/2} \tag{2-2-8}$$

式中，σ 为液体表面张力，N/m。

H_{L}计算步骤如下：

(1) 计算流动条件下的上述 4 个无因次量。

(2) 由 $N_{\mathrm{L}}-CN_{\mathrm{L}}$关系曲线图 2-2-1，根据 N_{L}确定 CN_{L}值。

(3) 由图 2-2-2 确定比值 $H_{\mathrm{L}}/\varPsi$。

(4) 由图 2-2-3 确定 $\varPsi$ 值。

(5) 计算 $H_{\mathrm{L}}=(H_{\mathrm{L}}/\varPsi)\varPsi$。

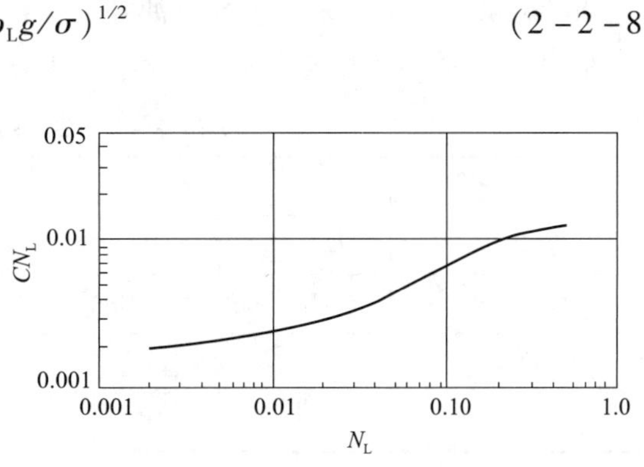

图 2-2-1　$N_{\mathrm{L}}-CN_{\mathrm{L}}$关系曲线

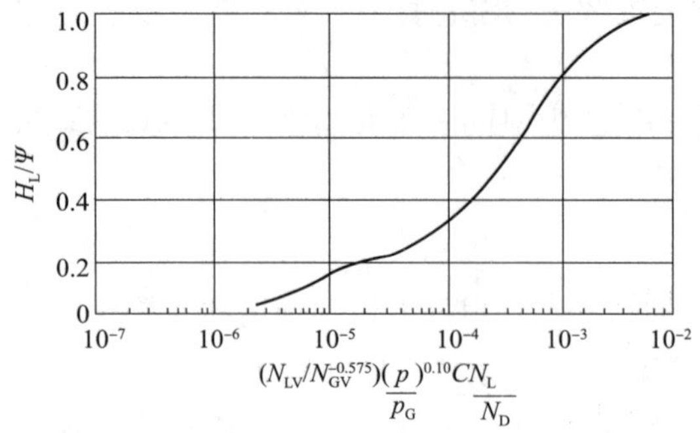

图 2－2－2　持液率系数

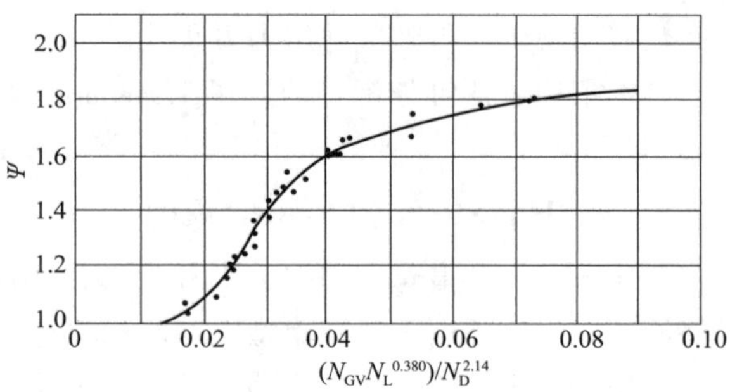

图 2－2－3　修正系数

(二) Duns 和 Ros 模型

Duns 和 Ros(1963) 对影响两相管流中的 13 个变量进行了无因次分析。对无因次分析确立的 10 个无因次量进行了深入研究，分析认为液相速度数、气相速度数、液相黏度数、管径数无因次量能较全面地描述两相管流现象。在长度 10m 的垂直管中进行了约 4000 次多相管流实验，获得了 20000 多个数据点，总结出流态分布图。实验参数变化范围详见表 2－2－1。

表 2－2－1　Duns 和 Ros 实验参数变化范围

参　数	单　位	变化范围
管子内径	mm	32～142.3
液体密度	kg/m^3	828～1000
液相运动黏度	m^2/s	1×10^{-6}～337×10^{-6}
表面张力	mN/m	24.5～72
气相表观速度	m/s	0～100
液相表观速度	m/s	0～3.2

(三) Orkiszewski 模型

Orkiszewski(1967) 采用 148 口油井现场试验数据，通过对比分析多个气、液两相流模型，给出不同流型下的多相流计算方法，见表 2－2－2。

表 2－2－2　Orkiszewski 方法的组成

流　型	选用方法
泡状流	Griffith 和 Wallis
段塞流	密度项对 Griffith 和 Wallis 公式做了修正，摩阻项用 Orkiszewski 方法
扰动流	Duns 和 Ros
雾状流	Duns 和 Ros

三、倾斜段多相管流压降模型

本书通过评价分析，初选了 Beggs 和 Brill 模型及 Mukherjee 和 Brill 模型。

(一) Beggs 和 Brill 模型

1973 年，Beggs 和 Brill 基于均相流动能量守恒方程式得出的压力梯度方程式，利用倾斜透明管道中空气、水混合物的大量实验数据，得出沿程阻力系数与持液率的规律，根据持液率的关系，得出双对数水平流动的形态图。

假设外界没有对气、液混合物做功，混合物也没对外做功，则对于单位质量的气、液混合物来说，稳定流动的机械能量守恒方程的微分形式可写为：

$$-\frac{dp}{dz}=\rho\frac{dE}{dz}+\rho g\sin\theta+\rho v\frac{dv}{dz} \tag{2-2-9}$$

即总压力梯度是摩阻压力、重力压力和加速压力三者之和。Beggs 和 Brill 结合实验与理论研究得出倾斜段多相压降模型为：

$$-\frac{dp}{dz}=\frac{[\rho_L H_L+\rho_G(1-H_L)]g\sin\theta+\dfrac{\lambda Gv}{2DA}}{1-\{[\rho_L H_L+\rho_G(1-H_L)]vv_{SG}\}/p} \tag{2-2-10}$$

Beggs 和 Brill（1973）根据均相流动能量守恒方程式得出多相流压力梯度方程；在直径 1in 与 1½in、长度 13.7m 的倾斜管中以水和空气作为流动介质进行了大量的实验，得出不同倾斜管道中多相流动的持液率和阻力系数的相关规律。实验中各参数的变化范围见表 2-2-3。

表 2-2-3　Beggs 和 Brill 实验参数变化范围

参　数	单　位	变化范围
气体流量	m^3/s	0~0.098
液体流量	m^3/s	0~0.0019
管段平均压力(绝压)	MPa	0.25~0.67
管子内径	mm	25.4、38.1
持液率	—	0~0.87
压力梯度	MPa/m	0~0.185
管段倾角	(°)	-90~90

其压降计算公式为：

$$-\frac{dp}{dl}=[H_l\rho_L+(1-H_L)\rho_G]g\sin\theta+\lambda\frac{2vG}{\pi D^3}-[H_l\rho_L+(1-H_L)\rho_G]\frac{vv_{SG}}{p}\frac{dp}{dl}$$

$$=\frac{[H_l\rho_L+(1-H_L)\rho_G]g\sin\theta+\lambda\dfrac{2vG}{\pi D^3}}{1-\dfrac{[H_l\rho_L+(1-H_L)\rho_G]vv_{SG}}{p}} \tag{2-2-11}$$

式中，p 为 dl 管段内流动介质的平均压力，Pa；H_L 为截面持液率，小数；λ 为两相混输水力摩阻系数；ρ_L 为液相密度，kg/m^3；ρ_G 为气相密度，kg/m^3；v 为气、液混合物速度，m/s；v_{SG} 为气相折算速度，m/s；D 为管内径，m；θ 为管段倾角，(°)。

式(2-2-11)为考虑管路起伏影响后的压降梯度计算公式，当截面持液率等于1或0时即为单相液体或单相气体的压降梯度计算公式。式(2-2-11)既可用于倾斜管路的计算，又可用于水平管路的计算。

(二)Mukherjee 和 Brill 模型

Mukherjee 和 Brill(1985)在 Beggs 和 Brill(1973)研究工作的基础上，改进了实验条件，对倾斜管两相流的流型进行了深入研究，提出了更适用倾斜管的两相流流型判别准则。Mukherjee 和 Brill 模型的压降梯度方程为：

$$\frac{dp}{dz}=-\frac{\rho_m g\sin\theta+f_m\rho_m v_m^2/(2D)}{1-\rho_m v_m v_{SG}/p} \quad (2-2-12)$$

Mukherjee 和 Brill 持液率公式共有3个：一个用于水平流动和上升流动，另外两个分别用于下降流的分层流和其他流型。Mukherjee 和 Brill 持液率只是控制流型的3个无因次量的函数：

$$H_L=\exp\left[(c_1+c_2\sin\theta+c_3\sin^2\theta+c_4N_L^2)\frac{N_{GV}^{c_5}}{N_{LV}^{c_6}}\right] \quad (2-2-13)$$

式中，θ 为管斜角，是与水平方向的夹角，$-90°\sim90°$；$c_1\sim c_6$ 为回归系数。

对于垂直生产井，$\theta=90°$，对于垂直注入井，$\theta=-90°$。各回归系数列入表2-2-4。

表2-2-4　持液率公式回归系数

流向	上升流动和水平流动	向下流动	
流型	所有	分层流	其他
c_1	-0.380113	-1.33082	-0.51664
c_2	0.129875	4.808139	0.789805
c_3	-0.119788	4.171584	0.551627
c_4	2.343227	56.262268	15.51921
c_5	0.4775686	0.079951	0.371771
c_6	0.288657	0.504887	0.393952

Mukherjee 和 Brill 对两相流摩阻系数考虑了流型的变化。对于油井，流体是上升或水平(水平井段)流动，在确定摩阻系数时，只需要区分泡流—段塞流和环流，其判别式为：

$$N_{GVSM}=10^{1.401-2.694N_L+0.521N_{LV}^{0.329}} \quad (2-2-14)$$

若 $N_{GV}\geqslant N_{GVSM}$ 则为环流，否则为泡流—段塞流。

对于泡流—段塞流，两相摩阻系数 f_m 用无滑脱摩阻系数 f_{ns}，采用 Jain 公式计算。其中，无滑脱雷诺数用式(2-2-15)计算。

$$N_{Re\,ns}=\frac{v_m\rho_{ns}D}{\mu_{ns}} \quad (2-2-15)$$

无滑脱混合物密度：

$$\rho_{ns}=\lambda_L\rho_L+(1-\lambda_L)\rho_G \quad (2-2-16)$$

无滑脱混合物黏度：

$$\mu_{ns} = \lambda_L \mu_L + (1 - \lambda_L)\mu_G \tag{2-2-17}$$

无滑脱持液率：

$$\lambda_L = \frac{v_L}{v_m} \tag{2-2-18}$$

对于环流，其两相摩阻系数f_m考虑为相对持液率H_R和无滑脱摩阻系数f_{ns}的函数，确定步骤如下：

(1)计算相对持液率：

$$H_R = \frac{\lambda_L}{H_L} \tag{2-2-19}$$

(2)根据H_R，按表2-2-5确定摩阻系数比f_R。

表2-2-5　H_R与f_R对应表

H_R	0.10	0.20	0.30	0.40	0.50	0.70	1.00
f_R	1.00	0.98	1.20	1.25	1.30	1.25	1.00

(3)根据$N_{Re\,ns}$由Jain公式计算f即为f_{ns}。

$$f_m = f_R f_{ns} \tag{2-2-20}$$

四、水平段多相管流压降模型

为了能够最终准确地计算水平段多相流的压降，首先需要对水平段两相流的流动形态进行研究。本书参照水平圆管多相流流型划分方法，最终认为水平井筒中多相流主要分为以下四种流动形态：分层流、间歇流、分散泡状流和环雾流。其中，分层流包括层状流、波状流；间歇流包括段塞流和弹状流；环雾流包括环空流和雾状流。

(一)两相流流型转变条件

压裂水平井开发有水气藏过程中，多相流体沿压裂段径向流入水平井。这决定了水平段多相管流与普通地面管道多相流的区别。下面简要介绍水平段多相流不同流型划分与转变条件。

1. 多相分层流流型稳定性准则

分层流流型示意图如图2-2-4所示，根据Klevin和Helmholtz的界面不稳定理论，结合Taitel和Dukler的气水界面小波理论，得到水平井筒中波的成长条件为：

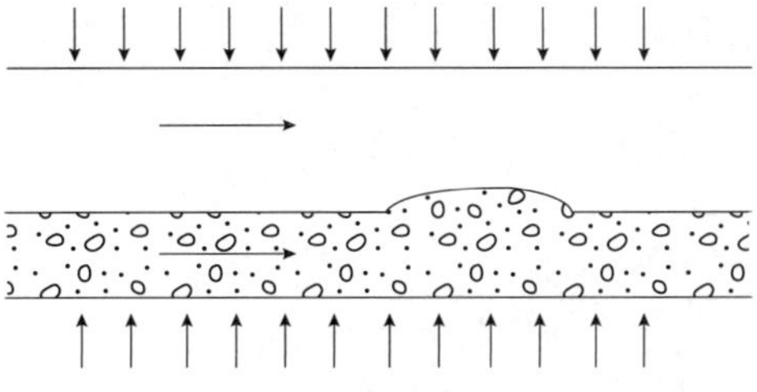

图2-2-4　水平段微元多相分层流流型示意图

$$p - p' > (h_g - h'_g)(\rho_w - \rho_g)g + \frac{1}{2}\rho_{im}v_{im}|v_{im}|\frac{h_g - h'_g}{D} \tag{2-2-21}$$

式中，p、p'分别为微元段入口端、出口端压力，Pa；h_g、h'_g 分别为微元段入口端、出口端气相高度，m；ρ_{im}为径向入流混合物密度，kg/m^3；ρ_w、ρ_g 分别为液相、气相密度，kg/m^3；v_{im}为径向入流混合物流速，m/s。

同时，结合伯努利方程：

$$p - p' = \frac{1}{2}\rho_g(v'^2_g - v^2_g) \tag{2-2-22}$$

式中，v_g、v'_g 分别为微元段入口端、出口端气相流速，m/s。

将式(2-2-22)代入式(2-2-21)，并整理可以得到：

$$v'^2_g - v^2_g > \frac{2(h_g - h'_g)(\rho_w - \rho_g)g}{\rho_g} + \frac{\rho_{im}v_{im}|v_{im}|(h_g - h'_g)}{\rho_g D} \tag{2-2-23}$$

又从气相连续性方程可知：

$$v_g A_g = v'_g A'_g \tag{2-2-24}$$

式中，A_g、A'_g 分别为微元段入口端、出口端气相横截面面积，m^2。

由此，将式(2-2-23)变形可得到：

$$v^2_g > \frac{(h'_w - h_w)h'^2_g}{h^2_g - h'^2_g}\left[\frac{2(\rho_w - \rho_g)g}{\rho_g} + \frac{\rho_{im}v_{im}|v_{im}|}{\rho_g D}\right] \tag{2-2-25}$$

式中，h_w、h'_w 分别为微元段入口端、出口端水相高度，m。

根据 Taitel 和 Dukler 的研究成果$\frac{A'_g}{A_g} = 1 - \frac{h_w}{D}$，代入式(2-2-25)得：

$$v_g > \left(1 - \frac{h_w}{D}\right)\sqrt{\frac{A_g}{2\sqrt{h_w(D - h_w)}}\left[\frac{1}{\rho_g}(\rho_w - \rho_g)g + \frac{\rho_{im}v_{im}|v_{im}|}{2\rho_g D}\right]} \tag{2-2-26}$$

2. 多相分散泡状流流型稳定性准则

分散泡状流中液相是连续相，气泡是非连续相。气泡在水平段内的受力分析如图2-2-5所示。

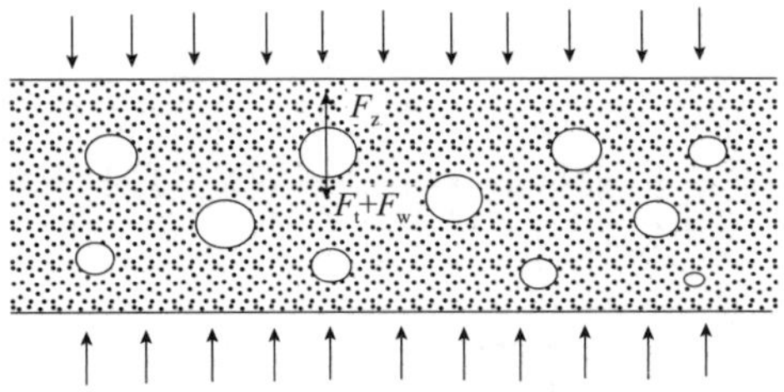

图2-2-5　水平段微元多相分散泡状流流型示意图

根据阿基米德定理 $F_{浮} = \rho g V_{排}$ 可知直径为 d（单位：m）的气泡在液体中所受到的浮力为：

$$F_z = (\rho_w - \rho_g)\frac{\pi d^3}{6}g \tag{2-2-27}$$

Levich 指出气泡受到的紊流力为：

$$F_t = \frac{1}{2}\rho_w \bar{v}^2 \frac{\pi d^2}{4} \tag{2-2-28}$$

式中，$\bar{v}$ 为平均径向流速，m/s。

Barner 给出了该平均径向速度的计算方法：

$$\bar{v}^2_i = \frac{1}{2}f_m v^2_m \tag{2-2-29}$$

式中，f_m 为考虑径向入流影响的管壁摩擦系数；v_m 为轴向混合物流速，m/s。

Pozrikidis 在其编写的专著中提出，由于井筒壁面入流的影响，井筒中两相混合物内的气泡将受到拉力，计算方法为：

$$F_{w} = \frac{2+3\mu}{1+\mu}\mu_{w} v_{im} \pi d \tag{2-2-30}$$

式中，μ 为多相的黏度比，无量纲。

当满足条件 $F_{t}+F_{w}>F_{z}$ 时，分散泡状流中分散的小气泡不会向井壁上方移动并聚集进而形成间歇流。所以，若想得到稳定的分散泡状流，通过联立式(2-2-27)、式(2-2-28)、式(2-2-30)可得：

$$\frac{1}{2}\rho_{w}\bar{v}^{2}\frac{\pi d^{2}}{4}+\frac{2+3\mu}{1+\mu}\mu_{w} v_{im} \pi d>(\rho_{w}-\rho_{g})\frac{\pi d^{3}}{6}g \tag{2-2-31}$$

式中，两相流中的分散相直径 d 结合 Hinze 和 Taitel 的研究成果：

$$d = 1.14\left(\frac{\sigma}{\rho_{w}}\right)^{\frac{3}{5}}\left(\frac{2f_{m} v_{m}^{3}}{D}\right)^{-\frac{2}{5}} \tag{2-2-32}$$

与常规管道中多相分散泡状流类似，若要保持水平井筒中小气泡的分散状态，除了小气泡直径须满足以上推导的条件外，井筒中的多相流还需要满足一个最低的持液率数值。否则，在高紊流状态时，分散泡状流同样可能转变成间歇流。通过实验研究，这个临界持液率值为 0.48。将这个临界值转换成两相表观速度的关系如下：

$$v_{sw} \geqslant 0.92 v_{sg} \tag{2-2-33}$$

结合式(2-2-31)和式(2-2-33)就得到了水平井多相分散泡状流的稳定性准则。

3. 多相环空雾状流流型稳定性准则

Barner 经过研究证明，当持液率 $H_{w}>0.24$ 时，环空雾状流将向间歇流转变。由此可知，当持液率 $H_{w} \leqslant 0.24$ 时，多相环雾流能够保持稳定。因此，只需要利用 Beggs 和 Brill 的方法计算出环空雾状流的持液率数值便能解决这个问题。

环空雾状流持液率为：

$$H_{w} = \frac{0.98\lambda_{w}^{0.0868}}{N_{FR}^{0.4846}} \tag{2-2-34}$$

式中，λ_{w} 为体积含水率，无量纲；N_{FR} 为弗洛德常数，无量纲。

(二) Gray-B 模型

各种流型下的压降计算模型如下：

1. 分层流压降计算模型

微元段内的总压降为摩阻压降、重力压降和加速压降之和。用数学表达式表达为：

$$\frac{dp}{dL} = \left(\frac{dp}{dL}\right)_{f}+\left(\frac{dp}{dL}\right)_{g}+\left(\frac{dp}{dL}\right)_{acc} \tag{2-2-35}$$

根据 Ouyang 的研究成果，在普通圆管多相流动压降计算理论的基础上，考虑井壁入流时的动量守恒和质量守恒，分别建立气、液两相变质量分层流流态下的压力梯度方程：

$$A_{g}\frac{dp}{dL} = -\tau_{m} Z_{m}-\tau_{g} Z_{g}-2\rho_{g} v_{g} q_{ig} \tag{2-2-36}$$

$$A_w \frac{dp}{dL} = \tau_m Z_m - \tau_w Z_w - 2\rho_w v_w q_{iw} \tag{2-2-37}$$

式中，τ_g、τ_w 分别为气相、水相与井壁间的剪切应力，Pa；Z_g、Z_w 分别为过流断面处气相、水相与井壁接触的周长，m；q_{ig}、q_{iw} 分别为气相、水相管壁径向入流的体积流量，m^3/s。

合并式(2-2-36)和式(2-2-37)可知该微元段压降为：

$$\frac{dp}{dL} = \frac{-\tau_w Z_w - 2\rho_w v_w q_{iw} - \tau_g Z_g - 2\rho_g v_g q_{ig}}{A} \tag{2-2-38}$$

2. 环空雾状流压降计算模型

当水平井筒中只有水相与井壁接触形成一圈环形的水膜，被水膜包裹在中间的是连续流动的气相及分散的水滴时，环空雾状流就出现了，如图2-2-6所示。

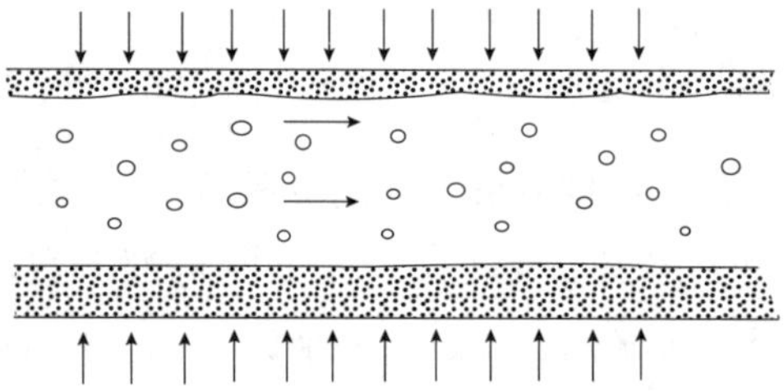

图2-2-6　水平段微元多相环雾流示意图

由图2-2-6可以看出，井壁入流只影响与井壁接触的水膜部分。同时不难看出，只有水相与井壁之间存在摩擦作用。处于中间的连续气相与包裹它的水膜之间存在因摩擦产生的剪切应力。这里将中间的气相及分散其中的小水滴视为一个整体。可以得出水相和气相的动量方程：

$$A_w \frac{dp}{dL} = \tau_m Z_m - \tau_w Z_w - 2\rho_w A_w v_w \frac{dv_w}{dL} \tag{2-2-39}$$

$$A_g \frac{dp}{dL} = -\tau_m Z_m - 2\rho_{gw} A_g v_g \frac{dv_g}{dL} \tag{2-2-40}$$

式(2-2-39)和式(2-2-40)中 dv_w/dL 和 dv_g/dL 分别表示该微元段轴向水相和气相的速度变化。由质量守恒我们可以得到，对于水相：

$$\rho_w v_{wi} A_{wi} + \Delta L \rho_w q_{iw} = \rho_w v_{wi-1} A_{wi-1} + \Delta C \tag{2-2-41}$$

由于中间雾流中存在小水滴，即水膜与轴向雾流之间存在质量的传递 ΔC：

$$\Delta C = \rho_w F_{ei-1} A_{gi-1} v_{gi-1} - \rho_w F_{ei} A_{gi} v_{gi} \tag{2-2-42}$$

式中，F_{ei} 为中间轴向雾流中包含水相的体积含液率，%；A_{gi} 为轴向雾流所占过流断面的面积，m^2。

合并式(2-2-41)和式(2-2-42)可知，该微元段压降为：

$$\frac{dp}{dL} = \frac{-2\rho_w v_w \left(q_{iw} - \frac{F_{ei}}{1-F_{ei}} q_{ig}\right) - 2\rho_g v_g \left(\frac{q_{ig}}{1-F_{ei}}\right)}{A} \tag{2-2-43}$$

3. 分散泡状流压降计算模型

当水平段中多相流速较快时，就会出现两相分散泡状流。将水平段中的多相分散泡状流视为一种恒质的单相流体，根据动量方程可以得到

$$A \frac{dp}{dL} = -\tau Z - 2\rho_{gw} A v_{gw} \frac{dv_{gw}}{dL} \tag{2-2-44}$$

变形之后可得：

$$\frac{\mathrm{d}p}{\mathrm{d}L}=\frac{-\tau Z-2\rho_{\mathrm{gw}}v_{\mathrm{gw}}q_{\mathrm{igw}}}{A} \tag{2-2-45}$$

式中，τ 为多相分散泡状流与井壁摩擦产生的剪切应力，Pa。

4. 间歇流压降计算模型

一个完整的段塞单元包含 4 个部分：长气泡区、水膜区（位于长气泡区下面）、段塞区和小气泡区（位于段塞区内）。这 4 个部分之间存在复杂的能量和质量的传递。图 2-2-7 就是一个完整的段塞单元。其中，我们可以清晰地观察到上文提及的 4 个部分。

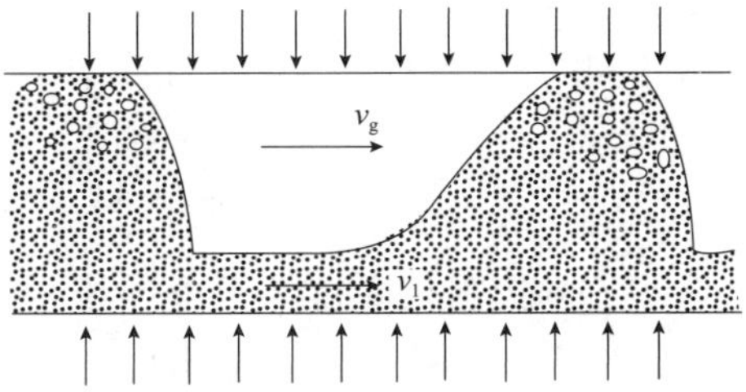

图 2-2-7 水平段微元多相间歇流流型示意图

写出该微元段水平井筒中水相的动量方程：

$$[(PA)_{i-1}-(PA)_{i}]=\tau_{\mathrm{B}}\pi DL_{\mathrm{B}}-\tau_{\mathrm{A}}Z_{\mathrm{A}}L_{\mathrm{A}}-\tau_{\mathrm{g}}Z_{\mathrm{g}}L_{\mathrm{A}}+(\rho_{\mathrm{gw}}A_{\mathrm{i}}v_{\mathrm{gwi}}{}^{2}-\rho_{\mathrm{gw}}A_{\mathrm{o}}v_{\mathrm{gwi-1}}{}^{2}) \tag{2-2-46}$$

由质量守恒可知：

$$\rho_{\mathrm{w}}(Av_{\mathrm{wi}}+L_{\mathrm{D}}q_{\mathrm{iw}})=\rho_{\mathrm{w}}Av_{\mathrm{wi-1}} \tag{2-2-47}$$

$$\rho_{\mathrm{g}}(Av_{\mathrm{gi}}+L_{\mathrm{D}}q_{\mathrm{ig}})=\rho_{\mathrm{g}}Av_{\mathrm{gi-1}} \tag{2-2-48}$$

式中，L_{D} 为微元段完整段塞单元的长度，m。

忽略段塞单元在该微元段入流处和出流处所占过流断面的面积的差别，即 $A_{\mathrm{i}}=A_{\mathrm{o}}=A$。则式(2-2-46)等号右边第四项为：

$$\rho_{\mathrm{gw}}A_{\mathrm{i}}v_{\mathrm{gwi}}^{2}-\rho_{\mathrm{gw}}A_{\mathrm{o}}v_{\mathrm{gwi-1}}^{2}=\rho_{\mathrm{gw}}A(v_{\mathrm{gwi}}^{2}-\mathrm{v}_{\mathrm{gwi-1}}^{2})=\rho_{\mathrm{gw}}A(v_{\mathrm{gwi}}+v_{\mathrm{gwi-1}})(v_{\mathrm{gwi}}-v_{\mathrm{gwi-1}}) \tag{2-2-49}$$

将式(2-2-46)整理后可得：

$$\frac{\mathrm{d}p}{\mathrm{d}L}=-\frac{\tau_{\mathrm{B}}\pi DL_{\mathrm{B}}+\tau_{\mathrm{A}}Z_{\mathrm{A}}L_{\mathrm{A}}+\tau_{\mathrm{g}}Z_{\mathrm{g}}L_{\mathrm{A}}}{L_{\mathrm{D}}A}-\frac{2}{A}\rho_{\mathrm{gw}}v_{\mathrm{gw}}q_{\mathrm{igw}} \tag{2-2-50}$$

式中，τ_{B} 为水相段塞与井壁间的剪切应力，Pa；L_{B} 为水相段塞区的长度，m；τ_{A} 为水膜与井壁间的剪切应力，Pa；L_{A} 为薄水膜的长度（与长气泡长度相等），m；τ_{g} 为长气泡与井壁间的剪切应力，Pa；Z_{g} 为长气泡过流断面上边界的长度，m。

五、涪陵页岩气井多相管流压降模型

（一）流体特性参数相关式拟合

多相流压降模型中的流体特性参数，包括流体黏度—温度曲线、流体密度和表面张力等，对井筒压降计算的准确性具有重要影响。然而，不同气田中的流体特性参数并不相同，已有的流体特性参数相关式在涪陵页岩气田并不适用。因此，采集涪陵页岩气田的现场流体，并通过物理模拟实验手段得到不同温度下的流体黏度、流体密度及表面张力数据，利用非线性拟合方法得到涪陵页岩气井流体特性。

实验得到的返排液黏度—温度数据如图 2-2-8 所示。

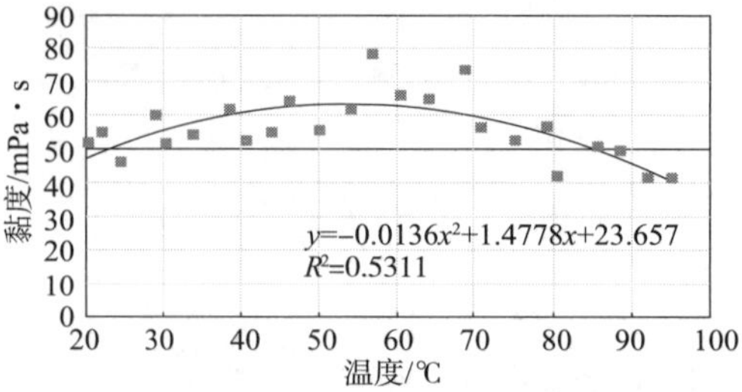

图 2-2-8　返排液黏度—温度实验数据

拟合得到的返排液黏度—温度曲线相关式如下：

$$\mu_w = \exp(1.003 - 1.479 \times 10^{-2} F + 1.982 \times 10^{-5} F^2) \qquad (2-2-51)$$

其中，

$$F = 1.8T + 32$$

式中，μ_w 为返排液黏度，mPa·s；F 为华氏温度，℉；T 为摄氏温度，℃。

实验得到的返排液密度—温度数据如图 2-2-9 所示。

拟合得到的返排液密度曲线相关式如下：

$$\rho_w = -5 \times 10^{-6} T^2 - 9 \times 10^{-5} T + 1.0188 \qquad (2-2-52)$$

式中，ρ_w 为返排液密度，g/cm^3。

实验得到的表面张力—温度数据如图 2-2-10 所示。

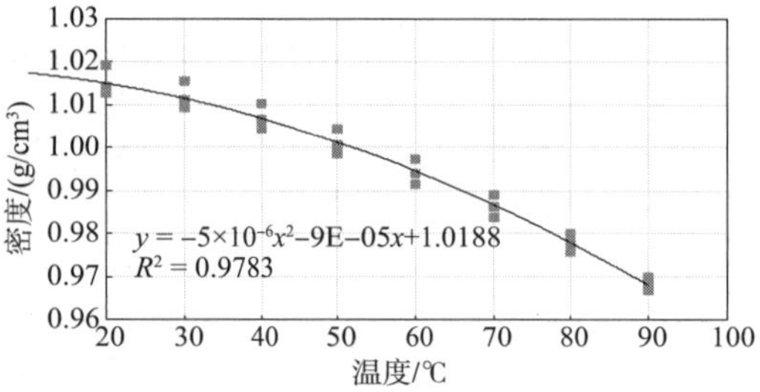

图 2-2-9　返排液密度—温度实验数据

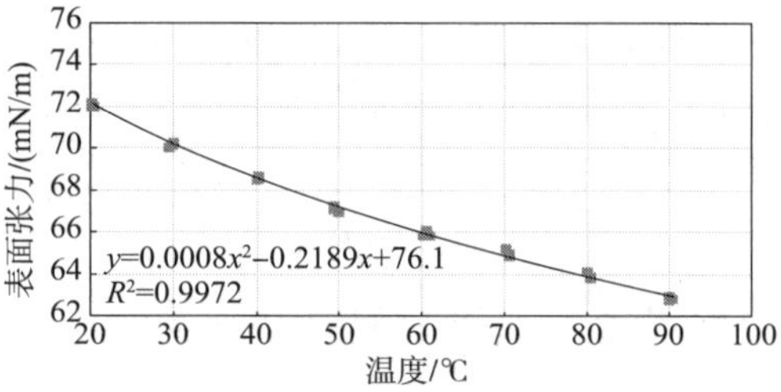

图 2-2-10　表面张力—温度实验数据

拟合得到的表面张力曲线相关式如下：

$$\sigma = 0.0008T^2 - 0.2189T + 76.1 \qquad (2-2-53)$$

式中，σ 为表面张力，mN/m。

(二) 多相管流模型优选

根据拟合的涪陵页岩气井流体特性参数相关式对多相流模型进行修正，并利用涪陵现场 84 口页岩气井的实测压力—深度数据，对初选出并修正的井筒多相流模型进行计算。主要比较 Hagedorn 和 Brown 模型、Duns 和 Ros 模型、Orkiszewski 模型、Beggs 和 Brill 模型、Mukherjee 和 Brill 模型和 Gray-B 模型等 6 种模型，将计算压力降与实测压力降的结果绘制在一张图版上，其结果如下：

1. Hagedorn 和 Brown 模型

对于 Hagedorn 和 Brown 模型，将计算压力降与实测压力降的结果绘制在一张图版上，其结果如图 2-2-11 所示。经计算，该模型的压降百分标准差为 30.7%。

2. Duns 和 Ros 模型

对于 Duns 和 Ros 模型，将计算压力降与实测压力降的结果绘制在一张图版上，其结果如图 2－2－12 所示。经计算，该模型的压降百分标准差为 31.2%。

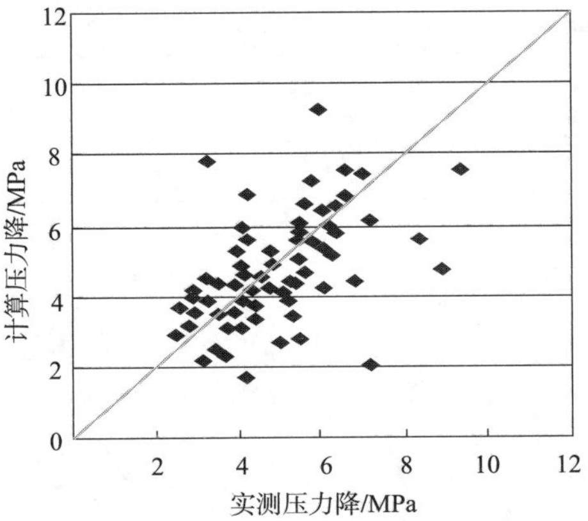

图 2－2－11　Hagedorn 和 Brown 模型评价

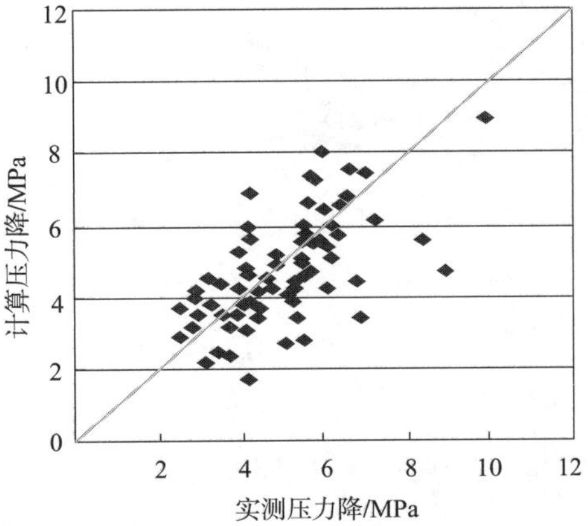

图 2－2－12　Duns 和 Ros 模型评价

3. Orkiszewski 模型

对于 Orkiszewski 模型，将计算压力降与实测压力降的结果绘制在一张图版上，其结果如图 2－2－13 所示。经计算，该模型的压降百分标准差为 29.6%。

4. Beggs 和 Brill 模型

对于 Beggs 和 Brill 模型，将计算压力降与实测压力降的结果绘制在一张图版上，其结果如图 2－2－14 所示。经计算，该模型的压降百分标准差为 29.4%。

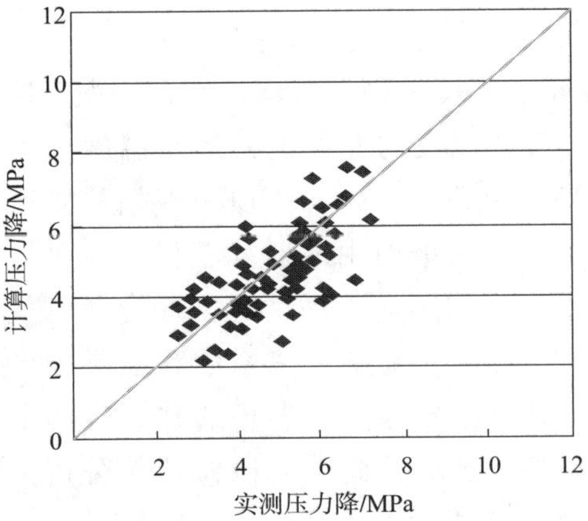

图 2－2－13　Orkiszewski 模型评价

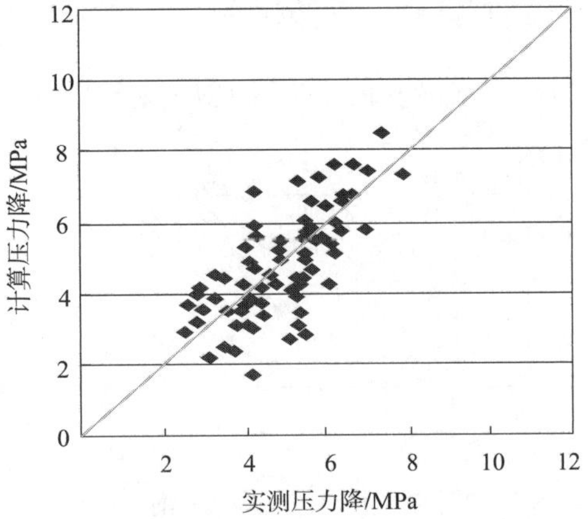

图 2－2－14　Beggs 和 Brill 模型评价

5. Mukherjee 和 Brill 模型

对于 Mukherjee 和 Brill 模型，将计算压力降与实测压力降的结果绘制在一张图版上，其结果如图图 2－2－15 所示。经计算，该模型的压降百分标准差为 20.6%。

6. Gray－B 模型

对于 Gray－B 模型，将计算压力降与实测压力降的结果绘制在一张图版上，其结果如图 2－2－16 所示。经计算，该模型的压降百分标准差为 7.9%。

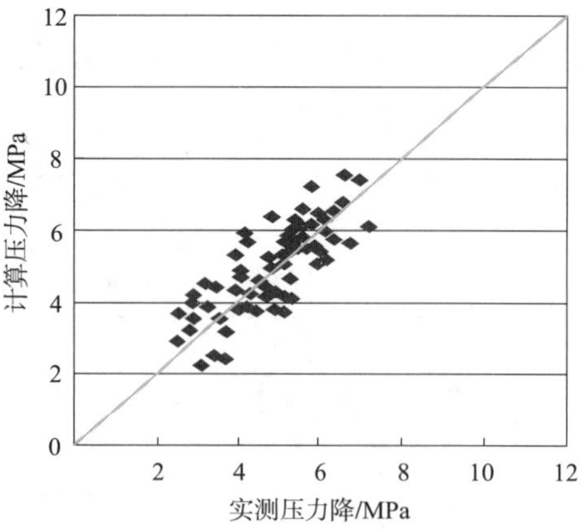

图 2-2-15　Mukherjee 和 Brill 模型评价

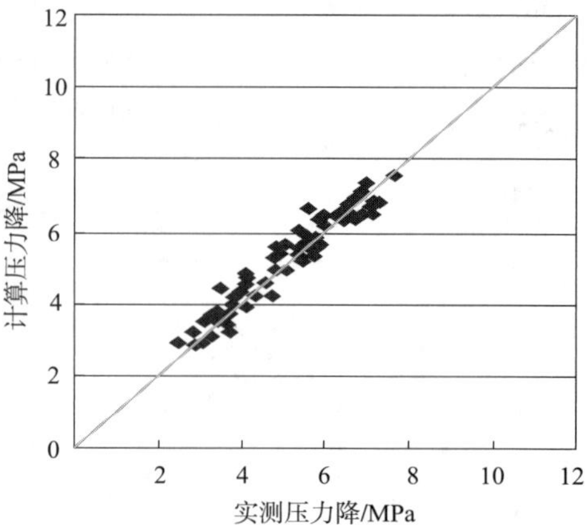

图 2-2-16　Gray-B 模型评价

各个模型的结果标准偏差见表 2-2-6。

表 2-2-6　多相流模型计算标准偏差

多相流模型	Hagedorn 和 Brown 模型	Duns 和 Ros 模型	Orkiszewski 模型	Beggs 和 Brill 模型	Mukherjee 和 Brill 模型	Gray-B 模型
标准偏差/%	30.7	31.2	29.6	29.4	20.6	7.9

通过对比以上 6 种模型的计算结果可知，修正的 Gray-B 模型的预测精度最高，该模型基于水平井大倾角流型展布特征研究，优选了适用不同井斜段的多相流压降模型，并引入流体特征参数对其进行修正，形成适用于涪陵页岩气井的 Gray-B 多相流压降预测模型。

六、页岩气井多相温度预测模型

当气、水沿井筒方向从地层流至井口，由于地层温度较高，气、水在井筒做高速流动时，流体温度与井筒近井地带温度未达到稳定平衡状态。因此，在预测多相井筒流动温度时不能简单地用地层静温代替，而是需要根据井筒的实际流动情况，综合考虑气、水混合比热容、地层导热系数和地层传热系数等因素，建立适用于多相的井筒流动温度预测模型，选取井筒微元段做传热分析，如图 2-2-17 所示。

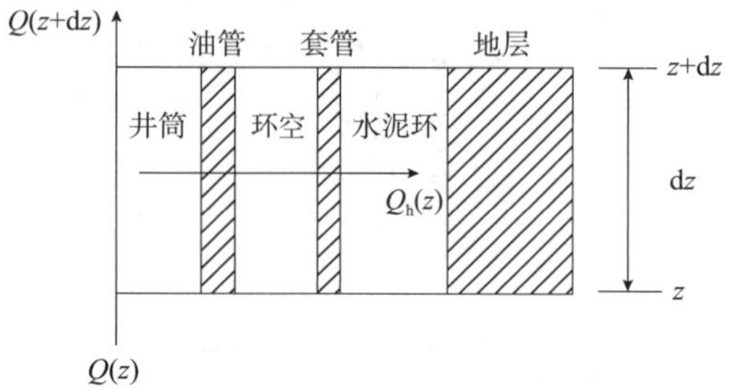

图 2-2-17　井筒微元段传热示意图

取井底为坐标原点，垂直向上为正。在油管上取长度为 dz 的微元体，根据能量守恒定律：气体流经微元体时，以对流方式流入微元体的热量等于流出微元体的热量加上微元体向地层传递的热量：

$$Q(z) = Q(z + \mathrm{d}z) + Q_{\mathrm{h}}(z) \qquad (2-2-54)$$

式中，$Q(z)$ 为流入微元体的热量，$Q(z) = w_{\mathrm{t}} C_{\mathrm{pm}} T_{\mathrm{f}}(z)$；$Q(z+\mathrm{d}z)$ 为流出微元体的热量，$Q(z+\mathrm{d}z) = w_{\mathrm{t}} C_{\mathrm{pm}} T_{\mathrm{f}}(z+\mathrm{d}z)$；$w_{\mathrm{t}}$ 为总质量流量，kg/s；C_{pm} 为流体定压比热容，J/(kg·℃)。

鉴于所取微元段 dz 相对较短，在微元段内的径向传热可近似地按微元段起点井筒与井筒/地层界面的温度差计算。如此，气体向第二接触面径向传递的热量可近似表达为：

$$Q_h(z)=2\pi r_{to}U_{to}(T_f-T_h)\mathrm{d}z \tag{2-2-55}$$

式中，r_{to}为油管外径，m；U_{to}为总传热系数，J/(s·m^2·℃)。

同理，从第二界面向周围地层的径向传热量为：

$$Q_{\infty}(z)=\frac{2\pi k_e(T_h-T_e)}{f(t)}\mathrm{d}z \tag{2-2-56}$$

式中，k_e 为地层导热系数，J/(s·m^2·℃)；$f(t)$为瞬态传热系数。

显然，从井筒传到第二接触面的热量等于从第二接触面传给周围地层的热量。

$$T_h=\left(T_f f(t)+\frac{k_e}{r_{to}U_{to}}T_e\right)\Big/\left[f(t)+\frac{k_e}{r_{to}U_{to}}\right] \tag{2-2-57}$$

代入式(2-2-54)得

$$w_t C_{pm}\partial T_f/\partial z=2\pi r_{to}U_{to}k_e(T_e-T_f)/(k_e+f(t)r_{to}U_{to}) \tag{2-2-58}$$

计算每一段出口处气体温度的公式为：

$$T_{out}=T_{eout}+\frac{1-e^{A\Delta h}}{A}\left[-\frac{g\sin\theta}{C_{pm}}+\mu\frac{\mathrm{d}p}{\mathrm{d}z}-\frac{v}{C_{pm}}\frac{\mathrm{d}v}{\mathrm{d}z}+g\sin\theta+\right]+e^{A\Delta h}(T_{in}-T_{ein}) \tag{2-2-59}$$

如考虑气体和管壁之间的摩擦生热，经推导得式

$$T_{out}=T_{eout}+\frac{1-e^{A\Delta h}}{A}\left[-\frac{g\sin\theta}{C_{pm}}+\mu\frac{\mathrm{d}p}{\mathrm{d}z}-\frac{v}{C_{pm}}\frac{\mathrm{d}v}{\mathrm{d}z}+g\sin\theta+\frac{fv^2}{2C_{pm}D}\right]+e^{A\Delta h}(T_{in}-T_{ein}) \tag{2-2-60}$$

式(2-2-60)即井筒多相温度预测模型。

第三节　页岩气水平井全井筒携液模型

一、页岩气临界携液模拟实验

利用室内可视化实验装置，进行水平井的临界携液规律实验研究。观察实验中水平井中水平段、倾斜段和垂直段各部分的积液形成过程和气、水流动过程中的流型转变，测定水平井临界携液所需的气量及携液前、后多相流流型变化。

(一)气井携液实验

1998 年，荷兰 Eindhoven 科技大学 Keuning 研制了水平井段连续携液实验装置，装置管径为 50mm，长度为 12m。Keuning 通过实验测试了不同管斜角下的连续携液临界气流速，并绘制了管斜角与临界气流速的关系曲线。

2005 年，Olufemi 研制了垂直井连续携液实验装置，并通过实验测试了垂直井段在不同井口压力、温度条件下的连续携液临界气流量。利用实验数据，建立了新的连续携液临界气流量计算模型。

2006 年，得克萨斯州 A&M 大学的 Awolusi 在高度 12.2m、内径 50mm 的可视化 PVC 管中开展了气井连续携液实验，通过实验测试井底液位是否上升来判断该流动状态是否为连续携液。由于井底积液上升到一定高度后容易被气流带出井口，因此该实验不是严格意义上的连续携液实验，因为连续携液是指井底没有积液或液位始终维持在某一高度的气、液流动状态。

2007 年，魏纳和李颖川等建立了总高度 16m、内径 40mm 的可视化有机玻璃管实验回路，模拟气井连续携液过程。该实验利用雾化喷嘴产生的液滴来模拟环雾流场中的液滴，导致实验产生的液滴尺寸与环雾流场中真实液滴粒径相差较大。雾化喷嘴孔径大小会影响实验测试结果，因而该实验没有系统、全面地模拟环雾流场中液滴的携带过程。

2008 年，Westende 等搭建了直径 50mm 的垂直井段连续携液实验装置，通过实验测试了垂直管连续携液时的液滴直径、液滴运行速度、压降梯度和液滴夹带率。通过实验分析，Westende 认为液滴不会导致积液，液膜的回流才是导致气井积液的根本原因。

2010 年，肖高棉建立了可视化 L 形管气、液两相流实验装置，实验回路垂直段高度 18m、水平段长度 6m、管段内径 24mm，配套先进的实时测控系统，开展了垂直段与水平气井的连续携液模拟实验，测试达到稳定临界携液状态时的气、液流量等参数，应用实验数据对各携液模型进行了评价，在液滴模型的基础上对阻力系数和韦伯数进行了修正，并增加角度相关项，提出了气藏水平井的携液实验修正模型。

2011 年，王志彬利用可视化实验架开展低压（≤0.6MPa）环雾流液滴微观实验，测量了气流中最大稳定液滴尺寸和液滴的变形参数 d/d_o（d_o 和 d 分别为变形前、变形后液滴迎风面的直径），分析了液滴变形特征，确定了临界韦伯数。

上述对气井临界携液的实验研究较为全面和系统地模拟了气藏水平井积液过程，为建立气井携液模型奠定了坚实的基础。

（二）实验装置

利用搭建的室内水平井可视化实验装置（图 2-3-1），预先在水平管段内注入一定水量，通过改变注气量，观察多相不同的流动形态和气、水流动规律，为验证水平井垂直段、倾斜段和水平段临界携液状态提供支撑。

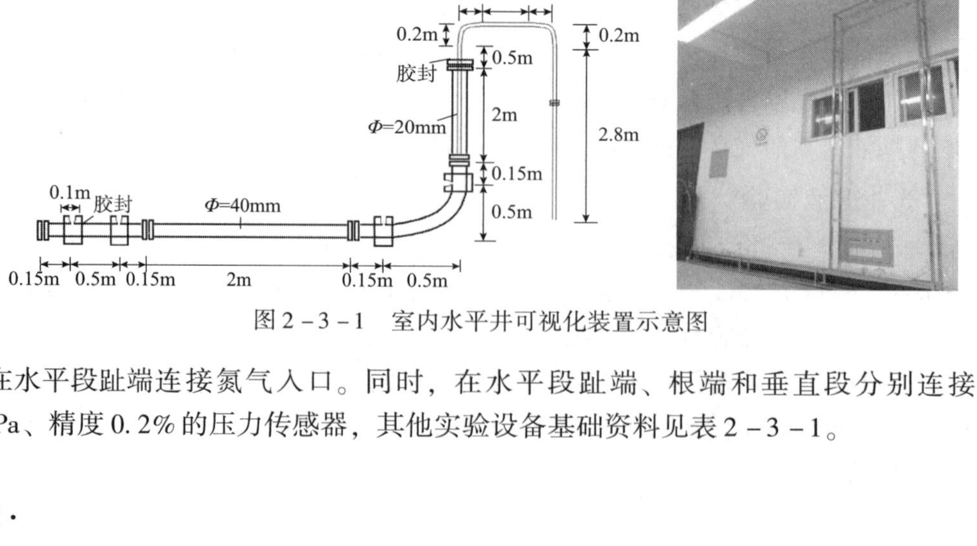

图 2-3-1　室内水平井可视化装置示意图

在水平段趾端连接氮气入口。同时，在水平段趾端、根端和垂直段分别连接量程 0.5MPa、精度 0.2% 的压力传感器，其他实验设备基础资料见表 2-3-1。

表 2-3-1　室内水平井装置基础参数表

大管径内径/mm	40	小管径内径/mm	20
水平段长度/m	2.5	倾斜段长度/m	0.5
倾斜段高度/m	0.5	垂直段长度/m	2.5

(三)实验现象及数据分析

1. 积液高度占 2/5 管径携液实验

预先在水平管段内注入积液高度占管径 2/5 的水，改变注气量大小，监测水平井装置 3 个不同位置处压力传感器的数值，监测结果如图 2-3-2 所示。

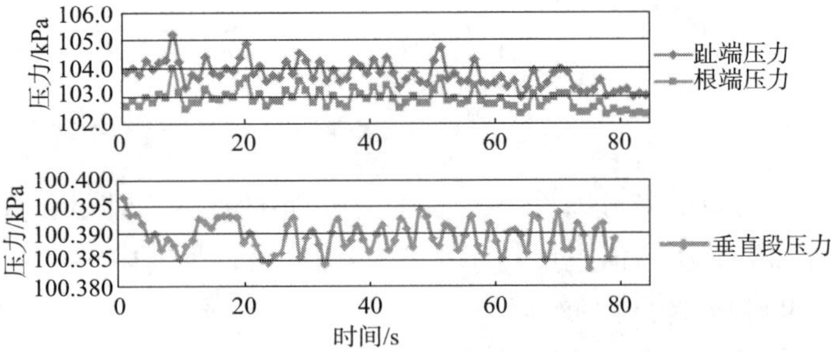

图 2-3-2　积液高度占 2/5 管径携液实验压力监测图

从实验结果可以看出，在实验过程中趾端压力比根端压力大，垂直段压力最小。趾端压力值主要在 102.86～104.96kPa 范围内波动；根端压力值主要在 102.27～103.82kPa 范围内波动；垂直段压力值主要在 100.38～100.40kPa 范围内波动。

2. 积液高度占 3/5 管径携液实验

预先在水平管段内注入积液高度占管径 3/5 的水，改变注气量大小，监测水平井装置 3 个不同位置处压力传感器的数值，监测结果如图 2-3-3 所示。

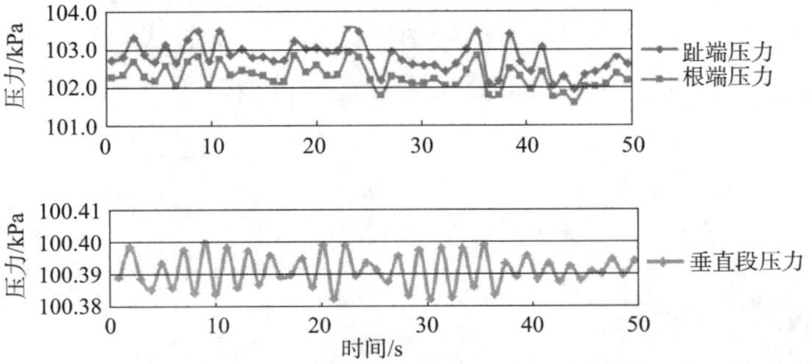

图 2-3-3　积液高度占 3/5 管径携液实验压力监测图

从实验结果可以看出，在实验过程中趾端压力比根端压力大，垂直段压力最小。趾端压力值主要在 101.98～103.58kPa 范围内波动；根端压力值主要在 101.62～102.92kPa 范围内波动；垂直段压力值主要在 100.38～100.39kPa 范围内波动。

3. 积液高度占 4/5 管径携液实验

预先在水平管段内注入积液高度占管径 4/5 的水，改变注气量大小，监测水平井装置 3 个不同位置处压力传感器的数值，监测结果如图 2-3-4 所示。

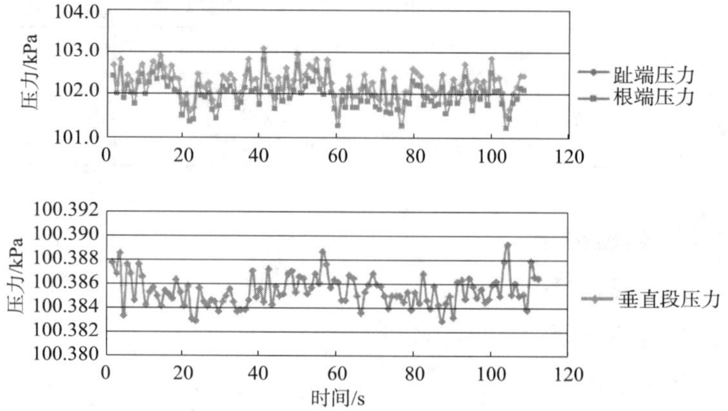

图 2－3－4　积液高度占 4/5 管径携液实验压力监测图

从实验结果可以看出，在实验过程中趾端、根端和垂直段压力传感器数值变化不大，趾端和根端压力值主要在 101. 5 ~ 103. 0kPa 范围内波动；垂直段压力值主要在 100. 384 ~ 100. 388kPa 范围内波动。

由不同水平段积液高度携液实验可以看出，水平井趾端压力和根端压力差异不大，说明在较小压差条件下就可将水平段积液携带至根端。在水平段由于气、水相对流动，利用气水界面摩擦能量将水平段积液从趾端推至根端，多相流动表现为较明显的分层流，气水界面波动不明显，如图 2－3－5 所示。

在水平井倾斜段处气、水相对流动，由于气、水物性相差较大，在倾斜段流动过程中，水相重力的作用使得液体在井壁堆积并向下滑移，当下滑的液膜遇到上行的气水段塞后，会产生扰动现象，只要有足量的液体，即使气体流速不太大时，也会形成气、水间歇流，如图 2－3－6 所示。水相滑脱、冲击和合并现象严重，进一步减小了气相过流面积，导致流速增大，引起气、水扰动现象，使倾斜段内压差波动较大，这种剧烈的压差波动直接影响井的正常生产。因此，在倾斜管处压降较大，携液较困难。

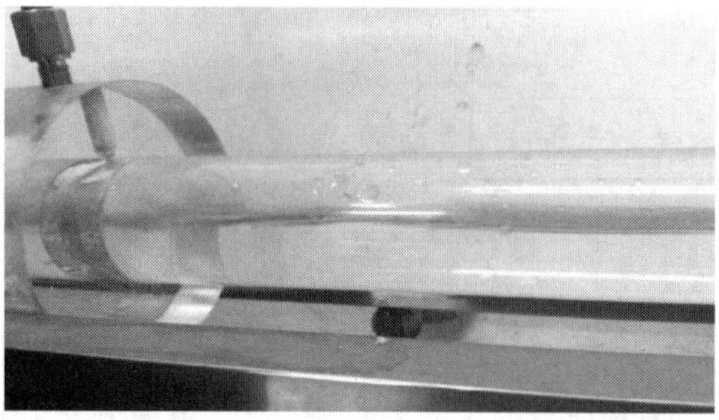

图 2－3－5　水平段分层流

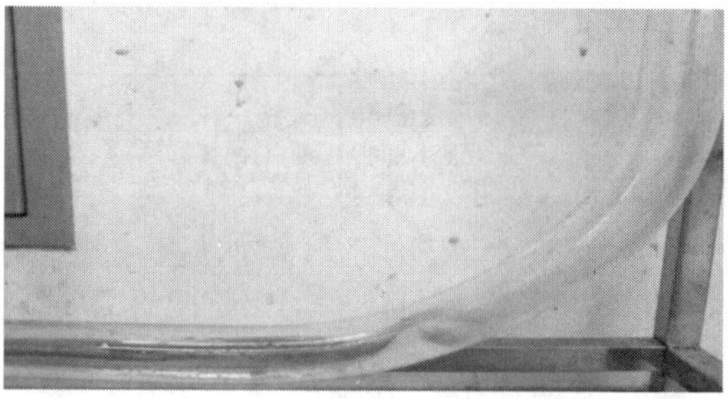

图 2－3－6　倾斜段流型转变

根据实验现象及实验数据可以得出，水平井段在较小的压差及气流量下可将井筒积液带至水平井根端。在水平井根端由于气、液扰动，由原来的分层流变为段塞流，在水平井倾斜段携液，将井底积液带出井口。

二、页岩气井全井筒临界携液模型

通过实验研究发现，倾斜角对倾斜井段连续携液临界气流速的影响极大，要正确地判别气井是否积液，必须从垂直段与倾斜段两个方面研究气井的临界携液模型。分析水平井不同井段，即垂直段与倾斜段的流体流动状态，进行水平井临界携液流量计算分析方法研究，获得不同井段下的携液流量计算方法，并建立能够描述全井筒积液问题的临界携液新模型。

(一)携液机理

气井刚开始积液时，井筒内气体的最低流速被视为气井的临界携液流速，其对应的气量为气井的临界携液流量。截至目前，在气井连续携液理论方面出现了两种解释理论：

(1)液滴模型：该模型表明分散相液滴是导致积液的主要因素。

(2)液膜模型：该模型表明液膜是导致积液的主要因素。

从现场实际应用情况来看，液滴模型在气井生产中得到了更为广泛的应用，相继出现了 Turner 圆球体液滴模型、Coleman 液滴模型及李闽椭球体模型等。

液滴模型表明液滴是液体在井筒中的主要表现方式，从而假设排出气井积液所需的最低条件是使井筒中的最大直径液滴能连续向上运动。对最大液滴在气流中的受力情况进行分析，通过使气体对液滴的曳力等于液滴的沉降重力来确定气井的临界携液流量。

1969 年，Turner 等对最大液滴进行了受力分析，假设液滴是圆球状，临界韦伯数 30，曳力系数取 0.44，最终推导出液滴携带临界气流速计算方法。Turner 等利用矿场生产数据验证模型，发现将模型计算值上调 20% 更接近实际情况，最终安全系数取 6.6。这一理论成为预测气井临界携液流量的经典算法。

1984 年，Lescarboura 在《Oil & Gas Journal》上发布了一个预测井筒临界携液流量的计算机程序，其中采用调整安全系数增大 20% 后的 Turner 液滴模型。

1991 年，Coleman 等利用 Turner 模型对多口井口压力低于 500psia(约 3.45MPa)的气井进行了计算，结果表明，Turner 模型在不上调 20% 的情况下，能更好地预测连续携液临界气流量。

2000 年，Nosseir 等在 Turner 模型的基础上进一步开展研究，利用雷诺数对流型进行划分，并推导了层流、过渡流、紊流条件下的携液临界气流速计算模型。

2001 年，Li 等认为液滴被气流携带向上的过程中会发生形变，呈椭球状。对其进行受力分析，曳力系数取 1.0，推导出新的液滴模型，该模型计算的临界携液流量是 Turner 模型计算结果的 38%。

2007 年，王毅忠等认为液滴被气流携带向上的过程中会发生形变，呈球帽状，对液滴进行了受力分析，曳力系数取 1.13，推导出球帽状液滴模型。该模型计算的临界携液流量是 Turner 模型计算结果的 34%。

2009 年，Zhou 等认为除了气体流速之外，持液率也是影响临界携液气流量的重要因素，从而提出一个预测气井积液的新模型。认为气、液混合物中存在一个临界持液率值(0.1)，高于该值，流型转化为搅动流或段塞流，即使气流速大于 Turner 液滴模型计算的临界携液流速也有可能产生积液。临界携液气流量随持液率的增大而增大。但是，2009 年，Zhou 等给出的临界持液率值是利用 Turner 等(1969)实验数据简单回归得到的，缺乏理论依据。

液膜模型表明液膜是导致积液的主要因素，积液的发生与液膜的反向流动密切相关。液膜向上运动是由运动气流作用于气液界面产生的剪切力克服液体重力与管壁剪切力的结果。当液膜的自身重力大于气流作用于液膜上的曳力时，井筒四周液膜就会发生反向流动，导致井筒积液。

直井液膜模型表明若气流不能维持液膜沿管壁向上流动，气井将开始积液，井筒流型发展为搅动流。液膜逆流的临界气流速可通过搅动流向环雾流转化的条件进行预测。液膜推移的临界气流速可根据无因次气流速和 Kutateladze 数计算，其中无因次气流速更常用。Wallis(1969)给出的搅动流向环雾流转化的无因次气相速度在 0.7 ~ 1.0 之间变化。Owen(1986)通过实验得出的无因次气相速度为 0.52。Richter(1981)对无因次气相速度进行了重新推导，得到新的表达式，拓宽了适用条件。Pushkina 和 Sorokin(1969)得出不同管径搅动流向环状流转化的 Kutateladze 数为 3.2，然而 Richter 和 Lovell(1977)通过实验发现 Kutateladze 数受管径影响很大。上述模型均是经验模型，存在对携液机理认识不清的局限。

水平管 Kelvin – Helmholtz(K – H)波动理论表明，当水平管中压力变化所产生的抽吸力作用于界面波，并达到可以克服对界面波起稳定作用的重力时，就会发生 K – H 不稳定效应，导致界面波生长。随着气流速的不断加大，界面不稳定波的不断增长就会导致液滴的形成与管道中液体的连续携带。

肖高棉、李颖川等(2010)考虑倾斜角的影响，假设液膜流动为稳定层流，液膜为不可压缩牛顿流体，建立稳态层流液膜流动的控制方程，通过边界条件对方程进行求解，得到倾斜管连续携液液膜模型，但模型中假设液膜厚度在倾斜管管壁四周是均匀一致的，这与实验观察到的管底液膜厚度远大于管顶液膜厚度的结论相悖。

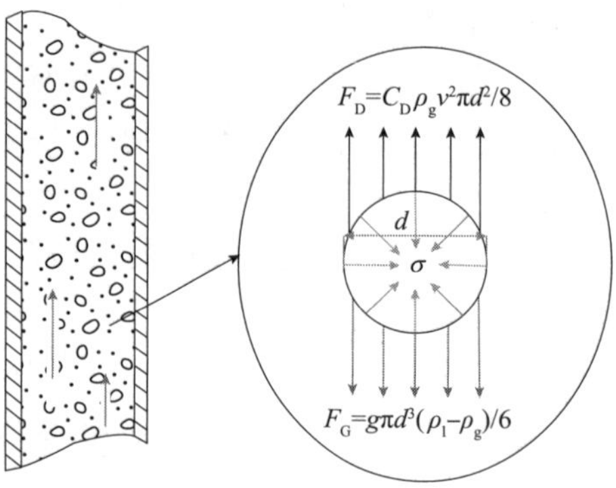

图 2 – 3 – 7　气流中液滴受力分析

(二)垂直段临界携液模型

1. 圆球状液滴模型

根据临界携液产量判断气井是否可以连续携液及井底是否存在积液是目前比较认可的方法，Turner 模型表明气流中心夹带的液滴呈圆球状，对圆形液滴进行受力分析，如图 2 – 3 – 7 所示，建立气流对液滴的曳力与液滴的沉降重力之间的关系式，进而确定气井临界携液速度。

在垂直段，液滴主要受到天然气对其施加的曳力、浮力和重力，从质点力学观点看，气流中液滴所受的沉降力为：

$$G = m_l \frac{\rho_l - \rho_g}{\rho_l} g \tag{2-3-1}$$

式中，G 为下沉力；m_l 为液滴质量；ρ_l 为液相密度；ρ_g 为气相密度；g 为重力加速度。

流动过程中，气体对液滴的曳力为：

$$F = m_l \frac{3C_D v_t^2 \rho_g}{4d\rho_l} \tag{2-3-2}$$

式中，F 为气流对液滴的曳力；C_D 为曳力系数(取决于液滴雷诺数，无因次)；v_t 为液滴自由沉降的最终速度；d 为液滴直径；ρ_l 为液相密度；m_l 为液相质量；ρ_g 为气相密度。

$NRe = \rho_g v_t d/\mu_g$，当雷诺数大于 1000 时，$C_D = 0.44$。

当气流对液滴的曳力等于液滴的下沉力时，液滴在气流中处于悬浮状态，此时的液滴自由沉降末速度由 $F=G$ 得到：

$$V_t=\left[\frac{4gd(\rho_l-\rho_g)}{3C_D\rho_g}\right]^{\frac{1}{2}} \tag{2-3-3}$$

假设油管内的流动遵循牛顿流体的流动规律，当气流速度 v_g 等于液滴沉降的末速度 v_t 时，液滴就能被气流夹带到地面，取 $C_D=0.44$，所以：

$$v_g=\left[\frac{4gd(\rho_l-\rho_g)}{1.32\rho_g}\right]^{\frac{1}{2}} \tag{2-3-4}$$

从式(2-3-4)可以看出，液滴直径愈大，携带液滴所需的气体流速也愈大。如果最大直径的液滴都能被携带到地面，井底就不会发生积液。但是，最大液滴的直径如何确定，Turner 等利用韦伯数解决了这一问题。被气流携带向上运动的液滴受到两种互相对抗力的作用：一种是力图将液滴破碎的速度压力(或称惯性力 $v_g^2\rho_g$)；另一种是力图保持液滴完整的表面张力压力 σ/d，将这两种力的比值称为韦伯数：

$$N_{we}=\frac{v_g^2\rho_g}{\frac{\sigma}{\mathrm{d}}}=\frac{v_g^2\rho_g d}{\sigma} \tag{2-3-5}$$

韦伯数与气流速度的平方成正比，当气流速度大到足以使韦伯数达到临界值时，速度压力起主导作用，液滴就容易被破坏。Turner 等认为，如果韦伯数超过 30 这一临界值，液滴将会破碎。所以，最大液滴直径可由韦伯数及其临界值确定：

$$d_{max}=\frac{30\sigma}{\rho_g v_g^2} \tag{2-3-6}$$

将最大液滴直径代入速度公式(2-3-4)，就可以得到气流携带最大液滴的最小速度为：

$$v_g=3.1\left[\frac{g\sigma(\rho_l-\rho_g)}{\rho_g^2}\right]^{1/4} \tag{2-3-7}$$

式中，v_g 为临界流速，m/s；σ 为界面张力，N/cm；ρ_l 为液体密度，kg/m^3；ρ_g 为气体密度，kg/m^3。

最终利用 Turner 液滴模型计算得到携液临界流速为：

$$u_{crit-T}=6.6\left[\frac{\sigma(\rho_l-\rho_g)}{\rho_g^2}\right]^{0.25} \tag{2-3-8}$$

式中，ρ_l为液体密度，kg/m^3；ρ_g为气体密度，kg/m^3；σ 为气、液之间的界面张力，N/m；u_{crit-T}为 Turner 模型临界流速，m/s。

随后，Coleman 等、Nosseir 等、Gao 等考虑压力、流型、液滴堆积效应、持液率等因素的影响，建立了各种液滴携带新模型，各模型预测值与 Turner 模型相比，偏差在 ±20% 内，是对 Turner 模型的进一步发展。

Coleman 观察 Turner 数据，发现 Turner 模型是在井口压力高于 3.4475MPa 下得出来的，Coleman 研究了低压气井矿场资料，运用 Turner 理论得出了气体临界速度：

$$v_g=2.5\left[\frac{g\sigma(\rho_l-\rho_g)}{\rho_g^2}\right]^{1/4} \tag{2-3-9}$$

生产管柱不同位置处的天然气密度可由状态方程导出：

$$\rho_g = \frac{34158\gamma_g p}{9.8\ Z\ T} \tag{2-3-10}$$

式中，γ_g 为天然气相对密度，无因次；p 为生产管柱不同位置处的压力，MPa；T 为生产管柱不同位置处的温度，K；Z 为生产管柱不同位置条件下的压缩因子；ρ_g 为生产管柱不同位置处的天然气密度，kg/m³。

理论上讲，最小卸载流速等于最大沉降速度，但实验表明，前者要高出后者 16% 左右。为了保证安全，Turner 等建议安全系数取 20%，根据我国四川盆地产水气井生产的经验，取 30% 的安全系数为好，即实际最小排液流速是自由沉降末速度的 1.3 倍。

2. 椭球状液滴模型

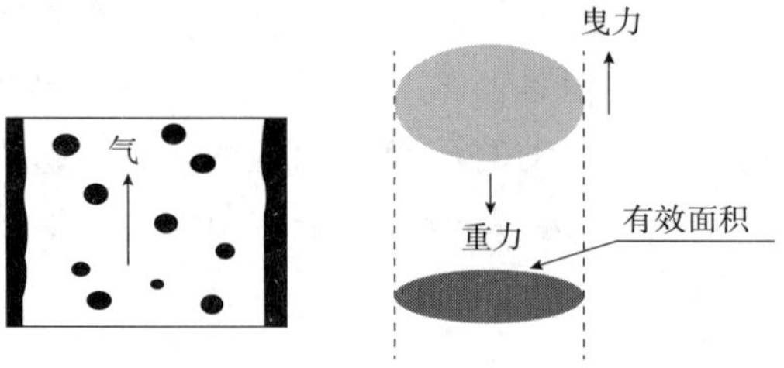

图 2－3－8　气流中液滴的形状

李闽等认为，当液滴在高速气流中运动时，液滴前、后存在压差，在这个压差的作用下，液滴会从圆球体变成椭球体，如图2－3－8所示。

相比于圆球体液滴而言，椭球体液滴的有效迎流面积大，具有较大的曳力系数（圆球形 C_D 为 0.44），椭球形更容易被气流带出地面，所需的气井排液速度也相对较小。因此，在研究气井携液时，有必要研究液滴变形对气井携液的影响。对椭球液滴进行受力分析，建立气流对液滴的曳力与液滴的沉降重力之间的关系式，进而得到椭球形气井临界携液模型为：

$$\begin{cases} u_{crit-L} = 2.5\dfrac{[(\rho_L - \rho_g)\sigma]^{1/4}}{\rho_g^{1/2}} \\ q_{crit-L} = 2.5 \times 10^8\dfrac{pAu_{crit-L}}{zT} \end{cases} \tag{2-3-11}$$

式中，p 为井口压力，MPa；A 为油管柱截面积，m²；z 为气体的偏差因子；T 为井口温度，K；u_{crit-L}为李闽模型临界流速，m/s；q_{crit-L}为李闽模型临界流量，m³/d。

3. 盘状液滴模型

根据流体力学理论，一种物体在其他物体中运动时，其形状主要受四个无因次量的影响，分别为雷诺数、莫顿数、韦伯数、厄诺数。对于高速气流中的液滴而言，其形状主要受雷诺数、莫顿数影响。王毅忠等(2007)分析了大量的气井生产数据，得到了液滴的雷诺数和莫顿数分别处在 $10^4 \sim 10^6$ 和 $10^{-12} \sim 10^{-10}$ 这两个范围内。经过分析，认为气井携液生产时，液滴的形状是盘状。类似于椭球形液滴，盘状液滴有更大的受力面积，更容易被携带出井口。通过修正盘状液滴模型的曳力系数为 1.17，盘状液滴气井临界携液模型为：

$$\begin{cases} u_{crit-W} = 1.8\dfrac{[(\rho_l - \rho_g)\sigma]^{1/4}}{\rho_g^{1/2}} \\ q_{crit-W} = 2.5 \times 10^8\dfrac{pAu_{crit-W}}{zT} \end{cases} \tag{2-3-12}$$

式中，u_{crit-W}为盘状液滴模型临界流速，m/s；q_{crit-W}为盘状液滴模型临界流量，m³/d。

4. 多液滴模型

前面介绍的各种液滴模型均是建立在单个液滴模型基础之上的，即图 2－3－9(a)所示，液滴在重力、浮力和曳力作用下加速上升、加速下落或处于悬浮状态或匀速运动。当浮力和曳力之和大于重力时，液滴在气流速作用下加速上升；当浮力和曳力之和小于重力时，液滴将加速下落；当浮力和曳力之和等于重力时，液滴将匀速运动和处于悬浮状态静止不动。单个液滴模型是一种理想的状态，而实际情况是气流中存在多个液滴，且各液滴的尺寸差异较大，而且流速也不相同，在这种情况下液滴之间会相互碰撞、聚合，如图2－3－9(b)所示，A、B液滴在运动过程中会相互追赶、碰撞，并聚合成一个更大的液滴AB，由于液滴AB的重力大于气流的浮力和曳力，液滴的平衡状态被打破，液滴加速下落。在下落过程中，由于气流速度力的作用，液滴破碎成小液滴1、2、3，而破碎的液滴在下落过程中又会与其他的液滴C、D、E、F碰撞、聚合，形成大液滴，如图2－3－10所示。气流中液体含量越高，液滴浓度越大，液滴之间的碰撞、聚合概率就越大，气流中形成的大液滴尺寸也就越大。

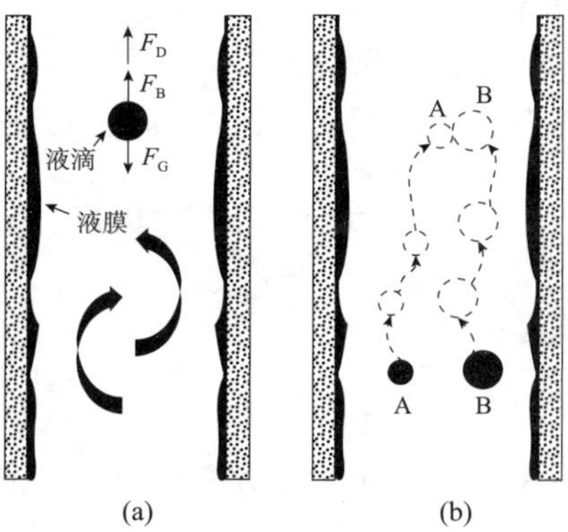

图2－3－9　液滴碰撞聚集过程(Zhou等，2009)

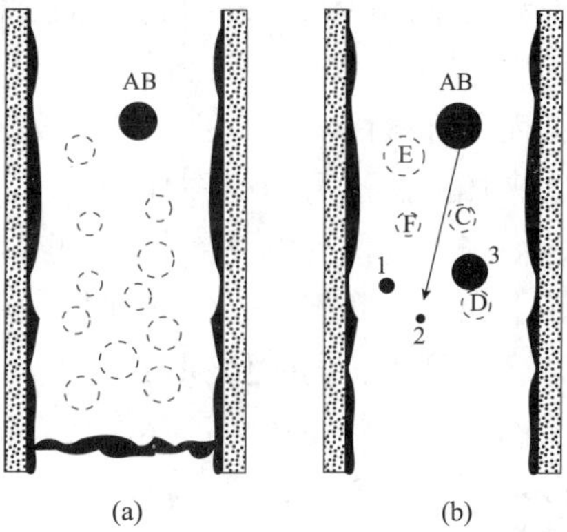

图2－3－10　液滴的下落和液滴群的携带

多液滴理论指出，气流中夹带的液滴在垂直方向上受到三个力，即液滴自身重力、气体对液滴的浮力和气流对液滴向上的曳力。由于气流速较高，流态已为湍流，液滴在气流中会相互碰撞，且在相互作用过程中，较小的液滴会形成较大的液滴，若形成的液滴较大，就会打破作用于液滴上的力平衡而使液滴向下坠落，从而形成积液。其宏观表现：气体速度即使达到Turner临界流速，当气井持液率达到某一值时，仍然会产生积液，此时的持液率定义为临界持液率。

持液率可表示为：

$$H_l = \frac{v_{sl}}{v_{sl} + v_{sg}} \tag{2-3-13}$$

式中，v_{sl}为井筒内某处的液体表观流速，m/s；v_{sg}为井筒内某处的气体表观流速，m/s。

多液滴理论模型公式为：

$$\begin{cases} v_z = v_T, & H_l < 0.01 \\ v_z = v_T + \ln\dfrac{H_l}{0.01} + 0.6, & H_l \geqslant 0.01 \end{cases} \tag{2-3-14}$$

式中，v_z为多液滴模型的临界流速，m/s；v_T为Turner模型的临界流速，m/s。

5. 考虑气井返排特征的垂直段变形液滴新模型

随着气田开发的深入及人们对含水气井认识的进一步加深，专家学者及现场工程师逐步意识到，上述以 Turner 临界流速模型为基础的气体携液模型存在一定的缺陷，即气体携液临界模型与气体中液量的多少无关。而在页岩气井压裂液返排过程中，气井返排液量变化剧烈，返排液量对气井临界携液模型的影响不可忽略。

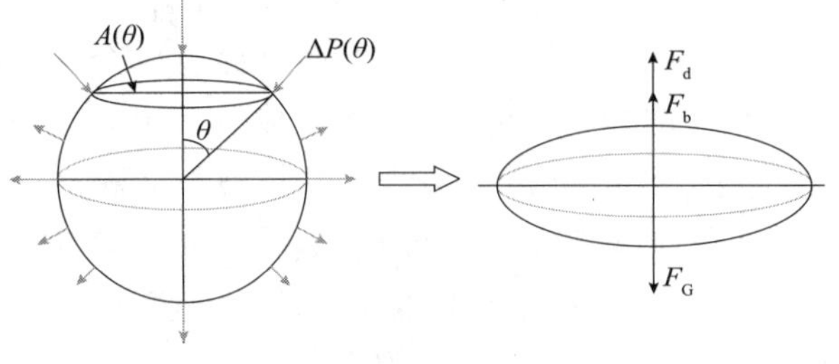

图 2-3-11　球体液滴变形为椭球体液滴示意图

根据中国石化西北油田现场积液分析结果，对于气井垂直段的积液预测，考虑液滴变形的李闽模型的预测精度最高，而不考虑液滴变形的 Turner 模型和 Coleman 模型的临界携液流量计算值偏大。但是，李闽模型没有考虑井筒产水量、液滴尺寸差异和井斜角。本书以李闽模型所假设的椭球体变形液滴为基础(图 2-3-11)，推导建立了临界携液新模型。

Taitel 等认为，在泡流状态下，如果液相紊流力大于气液表面张力，气相就会破裂为小气泡；而在雾流情况下，液滴以分散相的形式存在于连续相的气体湍流之中，液滴受到力图将它破坏的湍流力与力图保持它完整的表面张力这两种相互对抗力的共同作用；在湍流状态中，液滴碰撞时相互融合和聚集，同时体积较大的液滴也会因为表面张力小于气体湍流力而被破坏(图 2-3-12)。

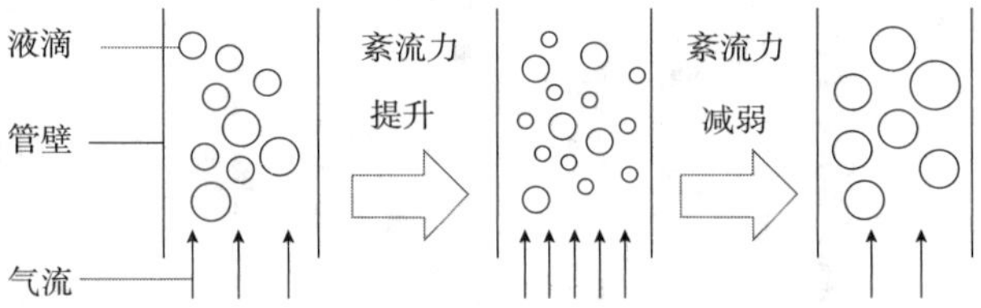

图 2-3-12　液滴直径与湍流力之间关系

比较 Azzopardi、Al-Sarkhi 等及 Simmons 等的液滴尺寸测量实验结果发现：当气体处于湍流状态时存在液滴，而且在发生湍流的同时，液滴之间会彼此结合；在湍流状态下，大部分液滴是以某一近似直径存在的，当液滴直径超过该值时，作用于液滴的湍流力会使液滴破裂；液滴的尺寸及分布主要依赖于气相与液相的流速。

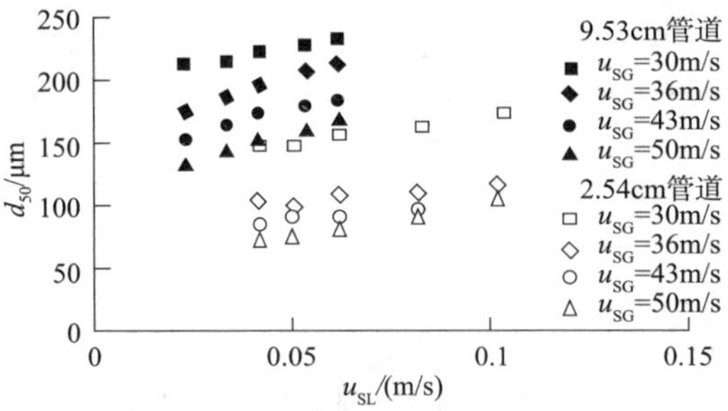

图 2-3-13　测量得到不同气相、液相表观流速下的液滴平均直径

图 2-3-13 为分别在直径 2.54cm 管道和直径 9.53cm 管道中测量得到的不同气相、液相表观流速下的液滴平均直径。由图中可看出，给定液相表观流速时，气相表观流速越大，液滴平均直径则越小，而当给定气相表观流速时，液滴平均直径随着液相表观流速的增大而增大。

以单个液滴为研究对象，主要进行如下假设：

(1)液滴表面与气流之间的差压与刚性球体相同，即指向球面表示液滴在气流作用下受挤压，背离球面表示液滴受气流抽吸作用向外拉伸。

(2)球体液滴变形后为规则的椭球状，水平剖面为圆形，垂直剖面为椭圆，且椭球表面光滑。

(3)液滴以赤道面呈对称变形，相同的θ角(微元面偏离液滴竖直方向的夹角)条件下的微元面径向位移量相同。

(4)忽略液滴质量中心向两侧移动引起的内能消耗。

(5)忽略液滴与气流之间发生的热质交换。

根据质点力学理论，当液滴在气流中保持静止状态时，作用在液滴上的作用力相互平衡，在垂直井筒中，液滴所受重力等于液滴所受浮力与气体曳力之和，即：

$$F_G = F_b + F_d \tag{2-3-15}$$

代入各个力的表达式，有：

$$\rho_l V_d g = \rho_g V_d g + \frac{1}{2} C_D A_d \rho_g u_g^2 \tag{2-3-16}$$

式中，F_G为液滴所受重力，N；F_b为液滴所受浮力，N；F_d为气体曳力，N；ρ_l为液相密度，kg/m^3；ρ_g为气相密度，kg/m^3；V_d为液滴体积，m^3；g为重力加速度，m/s^2；C_D为曳力系数，无因次；A_d为液滴的迎风面积，m^2；u_g为气体流速，m/s。

假设液滴从球体变形为椭球体后，液滴迎风面直径d_e为球体液滴初始直径d_o的k倍($d_e = kd_o$)，同时考虑变形前、后液滴体积保持不变，则式(2-3-16)可改写为：

$$\frac{1}{8} C_D \pi k^2 d_o^2 \rho_g u_g^2 = \frac{1}{6} \pi d_o^3 g(\rho_l - \rho_g) \tag{2-3-17}$$

式中，k为变形系数，无因次；d_o为球体液滴直径，m。

根据液滴携液理论，如果井筒中的气流能将井筒中的最大液滴携带到井口，则气井能够连续携液，此时的气体流速称为临界携液流速，则有：

$$u_{cv} = \sqrt{\frac{4}{3} \frac{d_c g(\rho_l - \rho_g)}{C_D k^2 \rho_g}} \tag{2-3-18}$$

式中，u_{cv}为垂直段临界携液流速，m/s；d_c为最大稳定球体液滴直径，m。

在目前的液滴模型中，通过取临界韦伯数为常数，来确定最大稳定球体液滴直径：

$$N_{we} = \frac{u_{cv}^2 \rho_g d_c}{\sigma} = 30 \tag{2-3-19}$$

式中，N_{we}为韦伯数；σ为气水界面张力，N/m。

可以看出，目前液滴模型中得到的最大稳定球体液滴直径只与气相流速有关，而与液相流速无关。但是，根据液滴实验结果可知，液滴直径同时取决于气相流速和液相流速。因此，需要改进现有的最大稳定液滴直径确定方法。

在环雾流中，存在分散相液滴，液滴在气相湍流作用下向上运动，或者下降形成积液。分散液滴的稳定直径取决于液滴表面自由能与气相湍流动能之间的平衡关系。当液滴达到最大稳定直径时，液滴总表面自由能最小，此时达到临界积液状态，对最大稳定液滴进行能量分析。

1)最大稳定球体液滴总表面自由能

表面自由能等于产生表面面积所做的功，则连续气相中的最大稳定液滴的总表面自由能为：

$$E_{S\min} = \frac{6\sigma}{d_c} A v_{sl} \tag{2-3-20}$$

式中，E_{Smin}为最大稳定球体液滴总表面自由能，W；σ 为气液表面张力，N/m；A 为流动截面积，m^2；v_{sl}为液相表观流速，m/s。

2)气相湍流动能

当假设气相湍流为各向同性时，封闭管道中单位体积的气相湍流动能可表示为：

$$e_{\text{T}}=\frac{3}{2}\rho_{g}{v'}_{r}^{2} \tag{2-3-21}$$

式中，e_{T} 为单位体积气相湍流动能，W/m^3；v'_{r} 为气相湍流径向速度脉动，m/s。

则气相总湍流动能为：

$$E_{\text{T}}=\frac{3}{2}\rho_{g}\,{v'}_{r}^{2}Av_{sg} \tag{2-3-22}$$

式中，E_{T} 为气相总湍流动能，W；v_{sg}为气相表观流速，m/s；A 为流动截面积，m^2。

由于径向速度脉动的平方根近似等于摩擦速度，则有：

$$ {v'}_{r}^{2\;1/2}=v_{sg}\left(\frac{f_{sg}}{2}\right)^{1/2} \tag{2-3-23}$$

式中，f_{sg}为以气相表观流速流经光滑管道的气相摩阻系数，无因次。

将式(2-3-23)代入式(2-3-22)，则连续气相流的总湍流动能可表示为：

$$E_{\text{T}}=\frac{3}{4}f_{sg}\rho_{g}Av_{sg}^{3} \tag{2-3-24}$$

摩阻系数f_{sg}可用Blasius公式计算：

$$f_{sg}=c\ (Re)^{-n} \tag{2-3-25}$$

其中，

$$Re=\frac{\rho_{g}v_{sg}D}{\mu_{g}} \tag{2-3-26}$$

式中，ρ_g 为气相密度，kg/m^3；μ_g 为气相黏度，mPa · s；D 为管道内径，m；c、n 为系数和指数。

当 $Re<2100$ 时，$c=16$，$n=1$；当 $Re>2100$ 时，$c=0.0791$，$n=0.25$。

在环雾流中，通常为充分发展的气相湍流流动，则有 $Re>2100$，此时式(2-3-25)可化为：

$$f_{sg}=0.0791\left(\frac{\mu_{g}}{\rho_{g}v_{sg}D}\right)^{0.25} \tag{2-3-27}$$

将式(2-3-27)代入式(2-3-24)，有：

$$E_{\text{T}}=0.059\left(\frac{\mu_{g}}{D}\right)^{0.25}\rho_{g}^{0.75}Av_{sg}^{2.75} \tag{2-3-28}$$

3)最大稳定球体液滴直径的确定

当井筒处于临界积液状态时，最大稳定球体液滴总表面自由能与气相湍流动能相互平衡，并且成正比：

$$E_{\text{T}}=C_{e}E_{\text{S min}} \tag{2-3-29}$$

其中，

$$C_{e}=\frac{2.5-\sin(90-\theta_{d})}{2} \tag{2-3-30}$$

将式(2－3－20)和式(2－3－28)代入式(2－3－29)，可以得到最大稳定球体液滴直径：

$$d_c = \frac{8C_e \sigma v_{sl}}{f_{sg}\rho_g v_{sg}^3} \tag{2-3-31}$$

对于垂直井筒，有 $C_e = 0.75$。将式(2－3－31)代入垂直段临界携液流速表达式(2－3－18)，则有：

$$u_{cv}^5 = \frac{32}{3} \cdot \frac{0.75 v_{sl} g}{f_{sg} C_d k^2} \cdot \frac{\sigma(\rho_l - \rho_g)}{\rho_g^2} \tag{2-3-32}$$

将式(2－3－27)代入式(2－3－32)，进一步整理得：

$$u_{cv} = 4.5\left[\frac{Q_l}{C_d k^2 \mu_g^{0.25} D^{1.75}} \cdot \frac{\sigma(\rho_l - \rho_g)}{\rho_g^{1.75}}\right]^{\frac{1}{4.75}} \tag{2-3-33}$$

式中，Q_l 为产液速度，m^3/s。

新模型与先前的 Turner 模型、Coleman 模型和李闽等模型的主要区别：由于液滴直径的表达式不同，从而使得临界携液流速也不同，如表 2－3－2 所示。先前的模型使用韦伯数确定液滴直径，而本书新模型的液滴直径是基于气相紊流动能与分散液滴表面自由能相等的原理来确定的。

表 2－3－2　模型液滴直径与临界携液流速的比较

项　目	文献模型	新模型
液滴直径	$d = \frac{30\sigma}{v_{sg}^2 \rho_g}$	$d_c = \frac{8C_e \sigma v_{sl}}{f_{sg}\rho_g v_{sg}^3}$
临界携液流速	$v_t = \alpha\left(\frac{\rho_l - \rho_g}{\rho_g^2}\right)^{1/2}$	$u_{cv} = 4.5\left[\frac{Q_l}{C_d k^2 \mu_g^{0.25} D^{1.75}} \cdot \frac{\sigma(\rho_l - \rho_g)}{\rho_g^{1.75}}\right]^{\frac{1}{4.75}}$

图 2－3－14 为压力 10MPa、温度 300K 和管径 62mm 的情况下，液滴平均直径与气相、液相表观速度的关系曲线。由图中可看出，新模型与韦伯数法计算的液滴直径随气相表观速度变化趋势相一致，在高液相表观流速和低气相表观流速的情况下，新模型的计算结果接近最大液滴直径值，若不满足上述两个条件，则计算的液滴直径值要远比最大液滴直径值小。

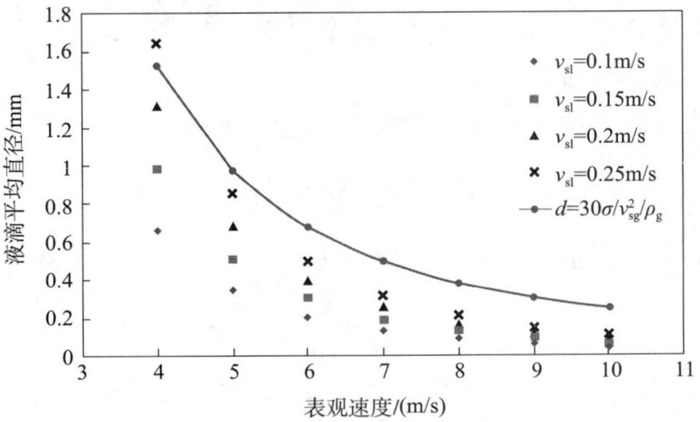

图 2－3－14　液滴平均直径与气相、液相表观速度的关系曲线

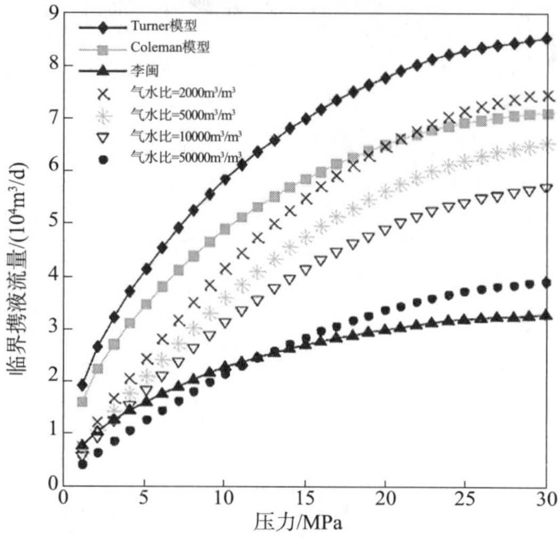

图 2-3-15　不同生产气水比下的气井临界携液流量关系曲线

图 2-3-15 为温度 300K 和管径 62mm 的情况下，不同生产气水比下的气井临界携液流量与压力的关系曲线，并与 Turner 模型、Coleman 模型和李闽模型做了对比（上述 3 种模型均没有考虑不同生产气水比的影响）。由图中可看出，新模型与 Turner 模型、Coleman 模型和李闽模型预测的临界携液流量随压力变化趋势相一致，新模型预测的临界携液流量在 Coleman 模型与李闽模型预测值之间。此外，在高生产气水比的情况下，李闽模型预测的临界携液流量与新模型接近；而在低生产气水比的情况下，Turner 模型和 Coleman 模型预测的临界携液流量与新模型接近。

（三）倾斜（水平）段临界携液模型

目前，对于倾斜管携液问题，主流观点有两种：一种是基于液滴模型假设，认为排出气井积液所需的最低条件是使气流中的最大液滴能连续向上运动；另一种是基于液膜模型假设，认为液膜的反向流动是导致积液的主要原因，两类模型的携液机理完全不同。

液滴模型表明液滴是液体在井筒中的主要表现方式，从而假设排出气井积液所需的最低条件是使井筒中的最大直径液滴能连续向上运动。对最大液滴在气流中的受力情况进行分析，当气体对液滴的曳力等于液滴的沉降重力时，可以确定气井的临界携液流量。但传统的液滴模型在预测水平气井的临界携液流量时，忽略了生产管柱倾斜角度对携液临界流量的影响。对水平气井而言，由于液体在倾斜井段四周分布不均，更加容易在管柱中聚集导致液体回流，因而比直井更难连续携液。

1. *杨文明模型*

杨文明（2009）在 Turner 液滴模型的基础上考虑生产管柱倾斜角度的影响。对液滴在倾斜管中的受力情况进行分析，如图 2-3-16 所示。液滴主要受自身重力和气体对液滴的携带力的作用。

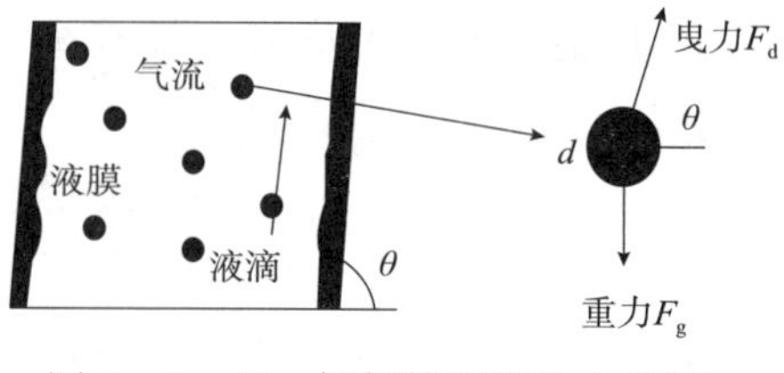

图 2-3-16　倾斜管液滴受力分析

液滴的沉降重力可以表达为其重力和浮力之差：

$$F_g = (\rho_l - \rho_g) g \frac{\pi d^3}{6} \tag{2-3-34}$$

气体携带液滴上升的曳力在垂直方向上的分量为：

$$F_d \cdot \sin\theta = \frac{1}{2}\rho_g C_d v_g^2 \frac{\pi d^2}{4} \sin\theta \tag{2-3-35}$$

式中，F_g 为液滴沉降重力，N；d 为液滴直径，m；g 为重力加速度，m/s²；F_d 为气体对液滴的携带力，N；C_d 为阻力系数，无因次；v_g 为气流速，m/s；θ 为管段的倾斜角，（°）。

当气流中液滴的沉降重力等于气流对液滴的携带力在垂直方向上的分量时，液滴受力平衡，液滴将相对管壁静止，此时气流速等于液滴的自由沉降速度。因此，由 $F_g = F_d \cdot \sin\theta$ 可推导出临界携液气速为：

$$\nu_g = 1.9\left[\frac{d(\rho_l - \rho_g)}{C_d\rho_g\sin\theta}\right]^{0.25} \tag{2-3-36}$$

取$C_d = 0.44$，并推荐采用较大的韦伯数，取临界韦伯数$N_{we} = 30$，并增加 20% 的安全系数，推导出基于 Turner 液滴模型的倾斜管携液临界流速计算式为：

$$\nu_{cr} = 6.6\left[\frac{\sigma(\rho_l - \rho_g)}{\rho_g^2\sin\theta}\right]^{0.25} \tag{2-3-37}$$

从受力分析可以看出，该模型忽略了液滴所受曳力水平方向的分量，其垂直方向上的分量，沉降重力可以与之平衡，但水平方向上的分量却没有力可以与之平衡，所以液滴是不可能相对管壁静止的。

2. 李丽模型

李丽(2012)以 Turner 计算模型为基础，同时考虑井斜角的影响，根据球体液滴的受力条件，认为其在斜井井筒运动过程中不会一直沿井筒中心线上升，而是慢慢运移至油管壁，最终沿管壁向上方滑动，如图 2-3-17 所示。

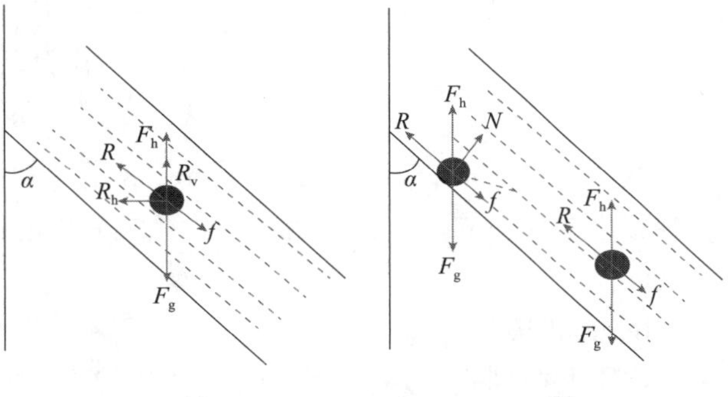

图 2-3-17　倾斜管中液滴受力分析

假设液滴不会发生形变(呈圆形)，忽略液滴之间的碰撞，则将受到天然气对其施加的曳力(R)、浮力(F_h)、重力(F_g)、管壁的支撑力(N)和管壁的摩擦力(f)。当达到临界状态时，液滴前进的动力与阻力达到平衡，平行于井壁方向的力存在以下关系式：

$$R + (F_h - F_g)\cos\alpha - f = 0 \tag{2-3-38}$$

垂直于井壁方向的力存在以下关系：

$$N + (F_h - F_g)\sin\alpha = 0 \tag{2-3-39}$$

假设液滴是直径为 d 的理想球体，则液滴所受的力的表达式如下：

$$\begin{cases} F_g = \dfrac{\pi}{6}d^3\rho_l g \\ F_h = \dfrac{\pi}{6}d^3\rho_g g \\ R = \dfrac{\pi}{8}d^2\rho_g C_D\nu^2 \end{cases} \tag{2-3-40}$$

式中，F_g为液滴重力，N；F_h为液滴受到的浮力，N；R 为气体对液滴的曳力，N；d 为液滴直径，m；g 为重力加速度，m/s^2；C_D为曳力系数，无因次；α 为管段的倾斜角，(°)。

依据牛顿摩擦定律计算出管壁对液滴的摩擦力 f：

$$f = \lambda N \tag{2-3-41}$$

式中，λ 为摩擦系数，无因次。

将式(2－3－39)、式(2－3－42)代入式(2－3－41)，可推导出摩擦力的计算式：

$$f=\frac{\pi}{6}d^3\lambda(\rho_l-\rho_g)g\sin\alpha \tag{2-3-42}$$

李丽认为，韦伯数超过30时，液滴即会由于受力不平衡而破碎。因此，液滴的最大直径由式(2－3－43)计算而得：

$$d=\frac{30\sigma}{\rho_g v^2} \tag{2-3-43}$$

通过受力平衡分析，推导出斜井临界携液流量预测理论模型，其临界携液流速计算式如下：

$$v=\sqrt[4]{\lambda\sin\alpha+\cos\alpha}\left(5.5\sqrt[4]{\frac{(\rho_l-\rho_g)\sigma}{\rho_g^2}}\right) \tag{2-3-44}$$

式(2－3－44)可化为：

$$v=A\left(6.6\sqrt[4]{\frac{(\rho_l-\rho_g)\sigma}{\rho_g^2}}\right) \tag{2-3-45}$$

其中，修正系数 $A=0.83\sqrt[4]{\lambda\sin\alpha+\cos\alpha}$，$\lambda$ 为摩擦系数。

根据李丽模型的假设，液滴到达管壁之后仍能够以液滴形式稳定存在。但实际上是很难实现的。

3. Belfroid 模型

从水平井筒到垂直井筒，液体重力作用越来越大。倾斜角的变化，对井筒内气、液两相流型有极大的影响。在垂直段中，液体主要沿管壁四周分布呈环状流，而在水平井段中，则以分层流为主。液相重力作用与流型的变化都会对连续携液临界流速产生影响。Belfroid(2008)综合考虑管柱倾斜角度对液滴、液膜连续携液的影响，利用能反映临界携液流速与倾斜角度关系的 Fiedler 形状函数，结合 Turner 模型得到适用于水平井连续携液临界流速计算的半经验模型，其计算式为：

$$v_{cr}=6.6\left[\frac{\sigma(\rho_l-\rho_g)}{\rho_g^2}\right]^{0.25}\frac{[\sin(1.7\theta)]^{0.38}}{0.74} \tag{2-3-46}$$

式(2－3－46)中，$\frac{[\sin(1.7\theta)]^{0.38}}{0.74}$为角度相关项，适用角度范围 $5°\leqslant\theta\leqslant90°$。

以上的倾斜段临界携液模型在计算时均未考虑造斜率发生变化时液滴与井筒碰撞造成的能量损失，可以借鉴碰撞—反弹理论得到如下携液流速修正函数：

$$\beta=0.2R^{3/8} \tag{2-3-47}$$

式中，R 为最大造斜率，(°)/30m。

4. 水平段携液模型

在水平段当气流量较小且不足以形成环雾流时，产出的液体会由于重力作用在较短距离内沉降于水平段底部，以管底波动液膜的形式沿着井底向气流方向移动，因此水平井筒中液体携液机理与垂直段不同。水平段临界携液流速计算模型主要有层流模型、携带沉降模型与 K－H 波动理论模型 3 种，其中 K－H 波动理论模型较符合水平段的携液规律。

随着气相流量的加大，气液界面波发生变形，作用在界面波上的压力分布也相应发生变化，产生了周向方向的分量，在此压力分量的作用下，波内所含有的液相沿管子周向扩散至四周管壁。K－H 波动理论表明，当水平管中压力变化所产生的抽吸力达到可以克服对界面波起稳定作用的重力时，就会发生 K－H 不稳定效应，导致界面波生长。随着气流速度的不断加大，界面不稳定波的不断增长会导致液膜沿四周管壁运动及液滴的携带。

Lin 和 Hanrathy(1986)对气、液两相的质量方程、动量方程进行了线性稳定分析，假定气、液流动可以表达成一个平均流动和一个扰动的和，并综合气、液两相的线性动量方程可以得出：

$$k\rho_1(u_1-C)^2\coth kh_1+k\rho_g(u_g-C)^2\coth kh_g=g(\rho_1-\rho_g)+\sigma k^2 \tag{2-3-48}$$

式中，k 为不稳定波波数；C 为波速。

通过求解式可以得到波动不稳定发生时的相对临界速度为：

$$(u_g-u_1)_{cr}=\sqrt{2}\left(\frac{g\sigma\rho_1}{\rho_g^2}\right)^{1/4} \tag{2-3-49}$$

Andritsos 和 Hanratty(1987)发现 K－H 波动的不稳定导致大幅度不规则波的产生，在气流速度形成 K－H 不稳定波动的 2 倍时，界面波动会导致液膜沿管壁四周分布，并能发现液滴的形成。高气液比情况下忽略液相流量的影响，从而得到基于 K－H 波动理论的水平管连续携液临界气流速度计算式为：

$$v_g=(u_g-u_1)_{cr}=2\sqrt{2}\left(\frac{g\sigma\rho_1}{\rho_g^2}\right)^{1/4}=2.8\left(\frac{g\sigma\rho_1}{\rho_g^2}\right)^{1/4} \tag{2-3-50}$$

与斜井段临界速度计算公式相对比(图 2－3－18)，当井斜角为 85°时，其公式的系数是 2.0，为了实现计算临界速度的连续性，将水平井段临界速度理论公式的系数乘以 0.7 倍，则水平井段临界速度公式为：

$$v_g=0.7\times2.8\left(\frac{g\sigma\rho_1}{\rho_g^2}\right)^{1/4}=1.96\left(\frac{g\sigma\rho_1}{\rho_g^2}\right)^{1/4} \tag{2-3-51}$$

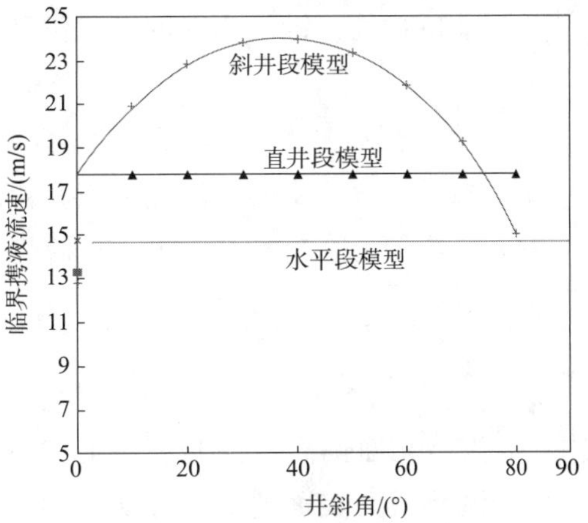

图 2－3－18 临界携液模型比较

(四)全井筒临界携液模型

目前，对于倾斜管携液问题，主流观点有两种：一种是基于液滴模型假设，认为排出气井积液所需的最低条件是使气流中的最大液滴能连续向上运动；另一种是基于液膜模型假设，认为液膜的反向流动是导致积液的主要原因。两类模型的携液机理完全不同。

液滴模型表明液滴是液体在井筒中的主要表现方式，从而假设排出气井积液所需的最低条件是使井筒中的最大直径液滴能连续向上运动。对最大液滴在气流中的受力情况进行分析，当气体对液滴的曳力等于液滴的沉降重力时，可以确定气井的携液临界流量。但传统的液滴模型在预测水平气井的临界携液流量时，忽略了生产管柱倾斜角度对临界携液流量的影响。对水平气井而言，由于液体在倾斜井段四周分布不均，更加容易在管柱中聚集导致液体回流，因而比直井更难连续携液。

综合考虑管柱倾斜角度对液滴、液膜连续携液的影响，将能反映临界携液流速与造斜率关系的β函数与垂直段临界携液新模型结合起来，则得到全井筒临界携液流速：

$$u_{cw}=4.5\left[\frac{Q_1}{C_D k^2 \mu_g^{0.25} D^{1.75}}\cdot\frac{\sigma(\rho_1-\rho_g)}{\rho_g^{1.75}}\right]^{1/4.75}\cdot(1+\beta) \tag{2-3-52}$$

式(2-3-52)即可用来计算所有井斜角条件下的临界携液流速。为了求解临界携液流速，还需要进一步确定参数k、C_D和σ。

页岩气井全井筒临界携液流量为：

$$q_c=2.5\times10^8\frac{Apu_{cw}}{ZT} \tag{2-3-53}$$

式中，q_c为临界携液流量，m^3/d；A为管道横截面积，m^2；Z为气体压缩系数，无因次；T为温度，K；p为压力，MPa。

1. 确定变形系数k

根据能量守恒原理，液滴从初始的球体变为椭球体的能量方程可表示为：

$$\Delta E+\Delta W=0 \tag{2-3-54}$$

式中，ΔE为液滴的内能变化，J；ΔW为液滴变形过程中对外所做的功，J。

液滴从初始的球体变形为椭球体后，液滴表面积增加，表面自由能增加，在该过程中将消耗液滴的内能，液滴内能的变化量等于表面自由能的变化量，即：

$$\Delta E=\sigma(A_e-A_o) \tag{2-3-55}$$

式中，A_e为变形后的椭球体液滴表面积，m^2；A_o为球体液滴表面积，m^2。

由于悬浮在气流中的液滴迎风面和背风面各点气流速分布不等，液滴表面压力与气流之间的差压不等，在这种情况下，液滴将发生变形并做功，做功总量可通过对整个液滴表面积分得到：

$$\Delta W=\int_0^{\pi}\Delta p(\theta)A(\theta)\Delta h(\theta)\mathrm{d}\theta \tag{2-3-56}$$

式中，θ为微元面偏离液滴竖直轴心线的夹角，rad；$A(\theta)$为液滴表面微元面面积，m^2；$\Delta p(\theta)$为液滴微元表面的静止压力或抽吸压力，Pa；$\Delta h(\theta)$为液滴微元表面的径向位移量，m。

Hinze研究认为，当$1000<Re<20000$时，气流绕球体液滴表面的静止压力分布满足：

$$\Delta p(\theta)=\begin{cases}\dfrac{1}{2}\rho_g u_g^2\left(\dfrac{9}{4}\cos^2\theta-\dfrac{5}{4}\right), & 0\leqslant\theta<\dfrac{\pi}{3}\\ -\dfrac{11}{32}\rho_g u_g^2, & \dfrac{\pi}{3}\leqslant\theta\leqslant\pi\end{cases} \tag{2-3-57}$$

根据假设，液滴以赤道面呈对称变形。椭球体液滴投影面直径d_e，并有$d_e=kd_o$，根据液滴变形前、后体积相等，可以求得椭球体的短轴长度：

$$h=\frac{\pi d_o^3}{6}\Big/\left(\frac{\pi d_e^2}{6}\right)=\frac{d_o}{k^2} \tag{2-3-58}$$

因此，液滴变形过程中微元面的径向位移量为：

$$\Delta h(\theta)=\frac{d_o}{2}\left(1-\sqrt{\frac{\cos^2\theta}{k^4}+k^2\sin^2\theta}\right),\quad 0\leqslant\theta\leqslant\pi \tag{2-3-59}$$

由于式(2-3-59)等号右边的根号项中存在待定参数k，因此不能直接进行数值积分，需要进行等值代换，引入函数$f(\theta, k)$，整理可得：

$$\Delta h(\theta)=\frac{d_o}{2}\left[1-\left(\frac{\cos^2\theta}{k^4}+k^2\sin^2\theta\right)\right]\cdot f(\theta, k) \qquad (2-3-60)$$

其中，

$$f(\theta, k)=\sqrt{\frac{\cos^2\theta}{k^4}+k^2\sin^2\theta}\Big/\left(\frac{\cos\theta}{k^2}+k\sin\theta\right) \qquad (2-3-61)$$

式中，$f(\theta, k)$为将直角三角形斜边长度等同于两直角边之和所做的修正。

将角度θ的步长取为$\pi/180$，变形系数k的步长取为0.05，计算$0\leqslant\theta\leqslant\pi$，$1\leqslant k\leqslant 1.8$的$f(\theta, k)$值，并利用最小二乘法对计算结果进行拟合，得到如下相关系数为0.932的相关式：

$$f(\theta, k)=0.862+0.083k-1.442\theta+2.704\theta^2-1.939\theta^3+0.518\theta^4 \qquad (2-3-62)$$

式(2-3-62)中的$f(\theta, k)$表达式为简单初级函数，并且积分变量θ与待定参数k相互独立，从而可以对式(2-3-56)进行数值积分。将式(2-3-57)、式(2-3-59)、式(2-3-62)代入式(2-3-56)，进行数值积分得：

$$\Delta W=\frac{1}{2}\rho_g u_g^2\left(\frac{d_o}{2}\right)^2\frac{d_o}{2}\left(7.951-\frac{2.744}{k^2}+\frac{0.3077}{k}-5.117k+0.501k^2\right) \qquad (2-3-63)$$

椭球形液滴表面积的表达式为：

$$A_e=\frac{4\pi}{3}\left[\left(\frac{d_e}{2}\right)^2+\frac{d_e h}{2}\right]=\frac{\pi}{3k}(k^3+2)d_o^2 \qquad (2-3-64)$$

整理可得：

$$We_{crit}\left(7.438-\frac{2.744}{k^2}+\frac{0.3077}{k}-5.117k+0.501k^2\right)=-8\pi\left(k^2+\frac{1}{k^4}-2\right)$$

(2-3-65)

其中，

$$We_{crit}=\frac{\rho_g u_g^2 d_o}{\sigma} \qquad (2-3-66)$$

式中，We_{crit}为临界韦伯数，无因次。

式(2-3-65)即为液滴变形系数k与临界韦伯数We_{crit}之间的函数关系，由此可知，液滴变形系数k仅受临界韦伯数We_{crit}的影响。对于尺寸略小于最大液滴尺寸的液滴，其变形系数k应略小于最大液滴的值，即液滴变形达到最大后，液滴将随后破碎而不能稳定存在，而尺寸略大于最大液滴尺寸的液滴只发生变形而不破碎。因此，应用中需要将理论计算得到的k值下调10%作为新模型在预测临界条件时的取值。

在环雾流场中，临界韦伯数是计算气井临界携液流量的基础参数，它决定了携带的最大液滴直径。Azzopardi等综合考虑气流速和液流速对液滴尺寸影响的液滴临界韦伯数计算模型：

$$We_{crit}=\frac{5.14\rho_g u_g^2\lambda}{\sigma}\left(\frac{15.4}{We_l^{0.58}}+\frac{3.5G_{le}}{\rho_l u_g}\right) \qquad (2-3-67)$$

其中，

$$\lambda = \sqrt{\frac{\sigma}{\rho_1 g}} \tag{2-3-68}$$

$$We_1 = \frac{\rho_1 u_g \lambda}{\sigma} \tag{2-3-69}$$

式中，G_{le}为夹带液滴的质量流量，kg/(m^2·s)。

王志彬等认为，气流中液滴破碎的临界韦伯数与压力、气流速、液流速、界面张力、地层水黏度的关系未建立起来。因此，建议根据现场气井的生产数据求取临界韦伯数。参考川西气田的生产数据，系数 C_w 的下限值为4.3，上限值为4.5。系数 C_w 的表达式为：

$$C_w = \left(\frac{4gWe_{crit}}{3C_d k^2}\right)^{0.25} \tag{2-3-70}$$

根据系数 C_w 的下限值和上限值，计算得到川西气田的临界韦伯数下限值为35，上限值为44，平均值为39。

当取 $We_{crit}=39$ 时，式(2-3-65)整理可得：

$$\left(310.1 - \frac{107}{k^2} + \frac{12}{k} - 199.6k + 19.5k^2\right) = -25.12\left(k^2 + \frac{1}{k^4} - 2\right) \tag{2-3-71}$$

进一步整理可得：

$$f(k) = 44.62k^2 - 199.6k + \frac{12}{k} - \frac{107}{k^2} + \frac{25.12}{k^4} + 239.9 = 0 \tag{2-3-72}$$

对式(2-3-72)求一阶导数，有：

$$f'(k) = 89.24k - 199.6 - \frac{12}{k^2} + \frac{214}{k^3} - \frac{125.6}{k^5} \tag{2-3-73}$$

应用 Newton-Raphson 迭代法，可以求解 k 值为2。将计算得到的 k 值下调10%用于计算临界携液流量，则 $k=1.8$。

2. 确定曳力系数 C_D

气体的曳力系数与液滴的形状和雷诺数相关。雷诺数的变化情况较为复杂，学者们采用分段拟合和全域拟合的方法拟合曳力系数和雷诺数的关系，但这两种方法都存在一定的弊端。分段拟合须在不同的雷诺数区域拟合不同的经验关联式，使用起来复杂且在分界处存在不连续的情况；全域拟合须将轨迹中全部点作为拟合对象并找出其规律，但整体拟合精度较差。目前，文献中表明全域拟合关联式以 Brauer 和 Clift 等的关联式拟合效果最好。

Brauer 全域拟合关联式为：

$$C_D = \frac{24}{Re} + 0.4 + 4\,Re^{-0.5} \tag{2-3-74}$$

Clift 和 Gauvin 全域拟合关联式为：

$$C_D = \frac{24}{Re} + 3.6\,Re^{-0.316} + \frac{0.42}{1 + 62500\,Re^{0.16}} \tag{2-3-75}$$

邵明望采用非线性拟合的方法，得到新的全域拟合关联式为：

$$C_D = \frac{24}{Re} + 3.409\,Re^{-0.3003} + \frac{3.68\times10^{-5}Re}{1 + 4.5\times10^{-5}Re^{1.054}} \tag{2-3-76}$$

在之前的研究中，利用拟合、回归等多种数学方法来得到液滴曳力系数的关联式。像多项式、指数函数、幂函数和有理式等形式都被用到，这些形式大都为多种基本数学运算和函数的组合，这些拟合方法不可避免地存在若干缺点。为了进一步提高计算精度，Barati(2014)利用多基因遗传编码(GP)方法，在拟合中引入双曲正切函数，详细研究了雷诺数从低到高范围内曳力系数的计算精度。其优点是能够决定模型的结构和参数，并对其进行优化。该模型优化结果可表示为：

$$C_D=5.4856\times10^9\tanh\left(\frac{4.3774\times10^{-9}}{Re}\right)+0.0709\tanh\left(\frac{700.6574}{Re}\right)+ 0.3894\tanh\left(\frac{74.1539}{Re}\right)-0.1198\tanh\left(\frac{7429.0834}{Re}\right)+ 1.7174\tanh\left(\frac{9.9851}{Re+2.3348}\right)+0.4744 \tag{2-3-77}$$

本研究中，通过与拟合关联式对比对数偏差平方和(SSLD)、对数偏差立方均根(RMSLD)及相对误差和(SRE)，发现GP模型的精度有了较大的提高，见表2-3-3，故在本书综合模型中曳力系数采用GP模型进行计算。

表2-3-3　不同曳力系数模型精确度比较

项　目	Brauer模型	Clift和Gauvin模型	邵明望模型	GP模型
SSLD	0.3	0.032	0.03	0.023
RMSLD	0.093	0.03	0.029	0.025
SRE	2.67	0.841	0.76	0.661
最大误差/%	20.26	6.72	6.18	5.38
最小误差/%	-14.62	-6.03	-3.79	-2.71

应用式(2-3-77)求解曳力系数 C_D，需要已知雷诺数，即已知气体流速，从而需要用迭代法计算临界携液流量，为简化计算，可以用王志彬提出的式(2-3-78)计算变形液滴曳力系数：

$$C_D=0.36[1+2.632(k-1)] \tag{2-3-78}$$

3. 确定表面张力 σ

现有的液滴模型在现场应用时普遍取表面张力为定值。但是，通过对实际页岩气井分析可知，表面张力受井筒压力、温度，以及产出液含量的影响，沿井深是差异分布的。从图2-3-19可知，表面张力取值影响临界携液流量计算结果。表面张力分别由计算得到和取定值时，相应的井口临界携液流量相差14.2%，井底临界携液流量相差42.4%。可见，表面张力取定值会造成临界携液流量计算偏差，对于高压气井偏差更大，并且井底偏差大于井口偏差。所以，应考虑表面张力沿井筒的差异分布，并根据不同的温度和压力条件分别计算。

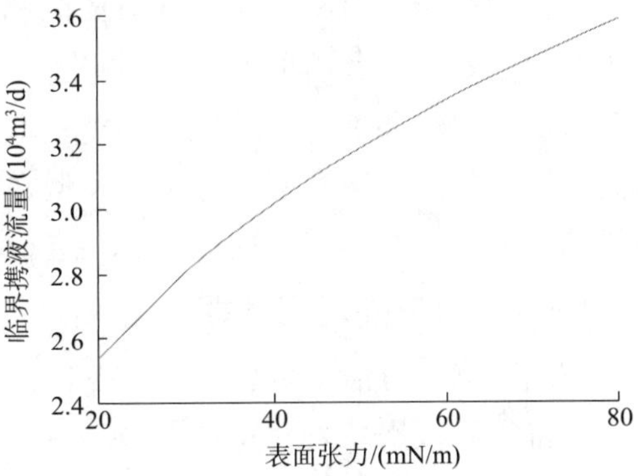

图2-3-19　表面张力对临界携液流量的影响

页岩气井筒中的液体为返排液，可以根据 Sutton 等提出的公式计算表面张力：

$$\sigma_{hb}=\left[\frac{1.53988(\rho_{w_{g/cc}}-\rho_{h_{g/cc}})+2.08339}{\left(\frac{T_{\circ R}}{302.881}\right)^{(0.821976-1.83785\times10^{-3}T_{\circ R}+1.34016\times10^{-6}T_{\circ R}^{2})}}\right]^{3.6667}+3.44\times10^{-5}C_s \quad (2-3-79)$$

式中，$\rho_{w_{g/cc}}$为纯水密度，g/cm³；$\rho_{h_{g/cc}}$为天然气密度，g/cm³；$T_{\circ R}$为温度，K；C_s为矿化度，10^{-6}；σ_{hb}为气水表面张力，mN/m。

深层井由于井口到井底的温度、压力变化大，对气水表面张力的影响较大，根据李元生的研究表明，温度从20℃变为200℃时，表面张力变化量为40mN/m，而通常临界携液流量模型表明气水表面张力为常数，所以在计算中存在一定误差(图2-3-20)。同时，页岩气井由于产水量大，雷诺数大，对曳力系数产生一定的影响(图2-3-21)。根据邵明望的研究表明，随着雷诺数的增大，曳力系数有所减小。对于深层页岩气井，可用李元生公式修正气水表面张力。

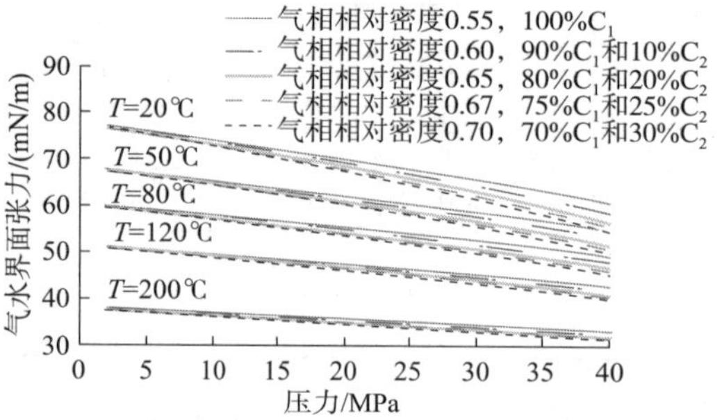

图2-3-20　温度、压力对气水表面张力的影响

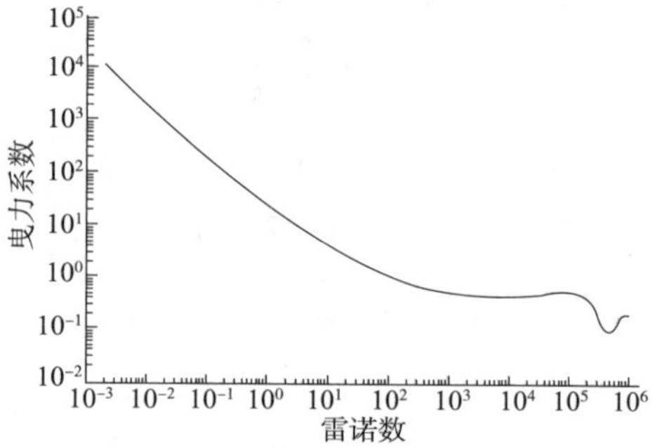

图2-3-21　雷诺数对曳力系数的影响

三、页岩气井临界携液模型优选

针对页岩气井井筒特殊结构，研究了垂直段与倾斜段气井积液机理，并优选了相应的气井临界携液模型。分别使用涪陵页岩气田气井实测数据对垂直段与倾斜段临界携液模型进行对比与优选。目前，针对倾斜段的临界携液模型多是基于原有垂直段临界携液模型，考虑井斜角对气井井筒携液能力的影响，添加井斜角修正系数得到的，倾斜段临界携液模型可以用于对气井垂直段的积液判别。本书将以油套尺寸与井斜角为主要分类标准，分类研究各气井临界携液模型，分析各模型在不同条件下的适应性，并对新建立的页岩气井全井筒临界携液模型的积液预测可靠性进行验证。

(一)页岩气井现场数据

实测数据来自涪陵页岩气田253口气井实际测量的压力—深度数据，总计18808个数据点。将实测数据录入SQL数据库，利用SQL数据库分析各临界携液模型的适应性，如图2-3-22所示。

基于SQL数据库的数据分析能够有效提高数据分析效率，针对涪陵页岩气田气井积液分析，能进行数万数据点与多影响参数(油套尺寸、井斜、产水量等)的相互关系研究，并针对各种影响参数优选临界携液模型，优化气井井筒流动特征参数，分析效率高、分析结果准确且有效。

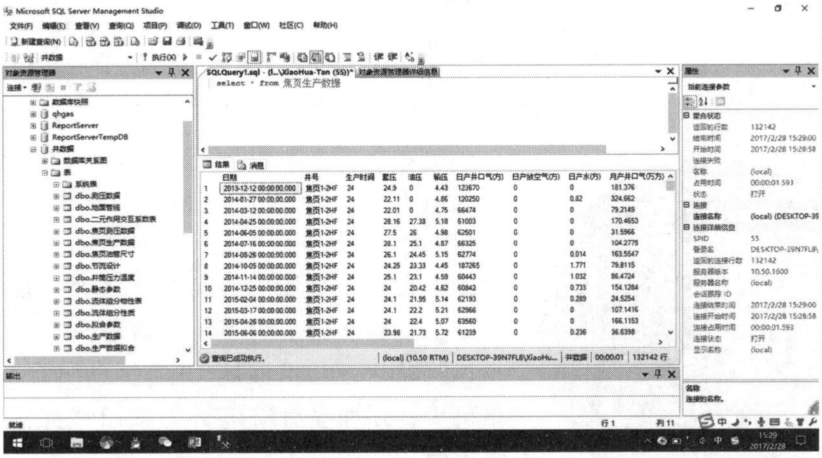

图 2-3-22 SQL 数据库操作界面

实测数据以油套尺寸为分类标准，可分为 2in、2⅜in、2⅞in 和 5in 4 类，数据点个数分别为 7 个、402 个、10355 个和 8044 个，所占总数比例分别为 0.04%、2.14%、55.06%和 42.77%，如表 2-3-4 和图 2-3-23 所示。

表 2-3-4 各数据点油套尺寸分布

油套尺寸	数据点/个	占总数比例/%
2in	7	0.04
2⅜in	402	2.14
2⅞in	10355	55.06
5in	8044	42.77
合计	18808	100.00

由表 2-3-4 和图 2-3-23 可知，目前涪陵页岩气田压力—深度测试主要针对下入生产油管的气井(2⅞in)，未下入生产油管的气井次之(5in)。对下入连续油管的气井(2in)的监测数据仅有 7 个数据点，须加强对下入连续油管气井的压力—深度测试。

实测数据以井斜角为分类标准，分为垂直段(井斜角 <5°)和倾斜段(井斜角 >5°)两类，数据点个数分别为 8332 个和 10476 个，所占总数比例分别为 44.30%和 55.70%，如表 2-3-5 和图 2-3-24 所示。

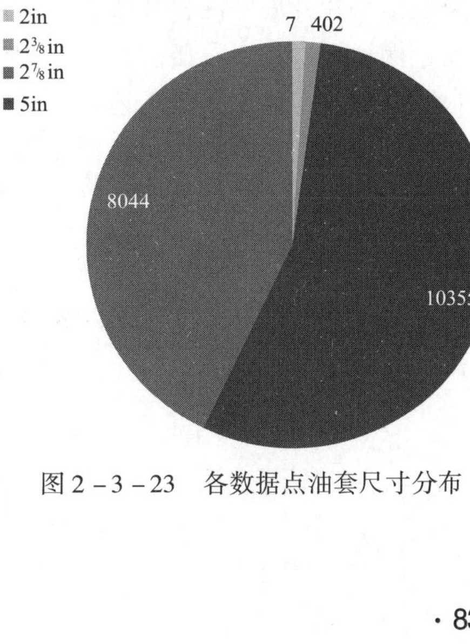

图 2-3-23 各数据点油套尺寸分布

表 2-3-5　各数据点井斜分布

井　段	数据点/个	占总数比例/%
垂直段	8332	44.30
倾斜段	10476	55.70
合计	18808	100.00

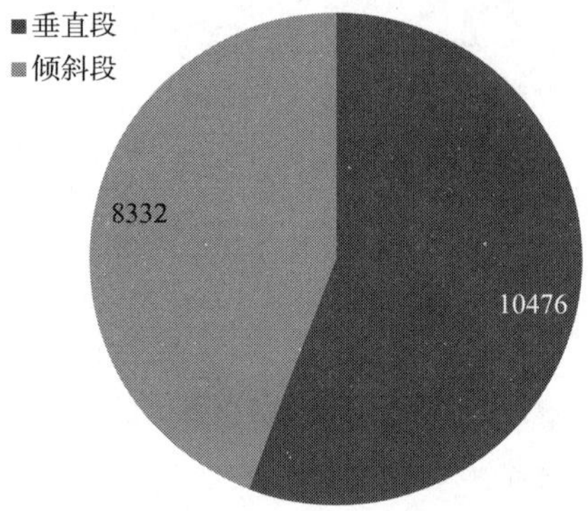

图 2-3-24　各数据点井斜分布

由表 2-3-5 和图 2-3-24 可知，目前涪陵页岩气田压力—深度测试主要针对各气井的垂直段（井斜角 <5°），其原因主要在于生产油管一般仅下入气井的垂直段，且压力—深度测试工艺在气井的垂直段中更容易实施。为了研究涪陵页岩气田气井井筒多相流动状态与携液能力，对气井倾斜段的研究必不可少，须加强对涪陵页岩气田气井倾斜段，特别是大倾角井段的压力—深度测试。

实测数据以积液判断为分类标准，可分为积液和未积液两类，数据点个数分别为 7524 个和 11284 个，所占总数比例分别为 40.00% 和 60.00%，如表 2-3-6 和图 2-3-25 所示。

表 2-3-6　各数据点积液分布

积液判断	数据点/个	占总数比例/%
积液	7524	40.00
未积液	11284	60.00
合计	18808	100.00

由表 2-3-6 和图 2-3-25 可知，目前涪陵页岩气田气井由压力—深度测试所获得的数据中，积液点个数占 40%，气田气井积液形势严峻，继续针对页岩气多段压裂水平井开展井筒各井段多相流动状态与携液能力研究，揭示页岩气多段压裂水平井积液机理，开发对应排水采气策略与排水采气工艺。

将油套尺寸、井斜角和积液都作为实测数据的分类标准，细化实测数据的分类，可分为 12 类，见表 2-3-7。

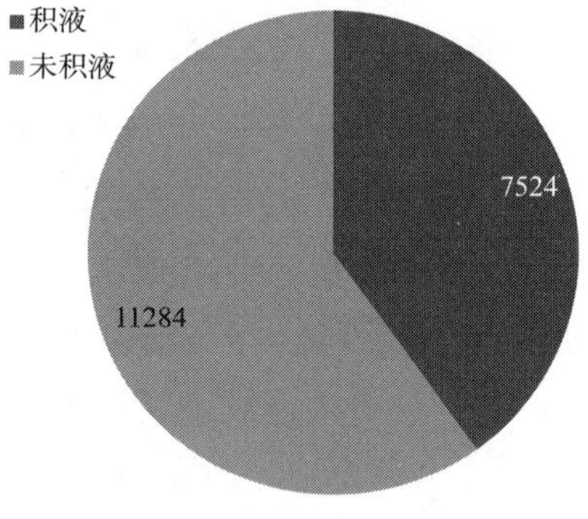

图 2-3-25　各数据点积液分布

表 2-3-7　各数据点分类分析结果

油套尺寸/in	井　段	积液判断	数据点/个	百分比/%
2	垂直段	积液	0	0
		未积液	4	0.02
	倾斜段	积液	0	0
		未积液	3	0.02

续表

油套尺寸/in	井　段	积液判断	数据点/个	百分比/%
$2\frac{3}{8}$	垂直段	积液	35	0.19
		未积液	168	0.89
	倾斜段	积液	39	0.21
		未积液	160	0.85
$2\frac{7}{8}$	垂直段	积液	459	2.44
		未积液	4221	22.44
	倾斜段	积液	453	2.41
		未积液	5222	27.76
5	垂直段	积液	2772	14.74
		未积液	673	3.58
	倾斜段	积液	3766	20.02
		未积液	833	4.43
合计			18808	100.00

图2-3-26表示下入生产油管气井($2\frac{7}{8}$in)与未下入生产油管气井(5in)在垂直段与倾斜段的积液对比。图中，Ⅰ、Ⅲ、Ⅴ、Ⅶ区域为气井积液数据点，Ⅱ、Ⅳ、Ⅵ、Ⅷ区域为气井未积液数据点；Ⅰ、Ⅶ区域分别对应未下入生产油管气井(5in)的垂直段与倾斜段积液数据点，Ⅲ、Ⅴ区域分别对应下入生产油管气井($2\frac{7}{8}$in)的垂直段与倾斜段积液数据点，Ⅱ、Ⅷ区域分别对应未下入生产油管气井(5in)的垂直段与倾斜段未积液数据点，Ⅳ、Ⅵ区域分别对应下入生产油管气井($2\frac{7}{8}$in)的垂直段与倾斜段未积液数据点。

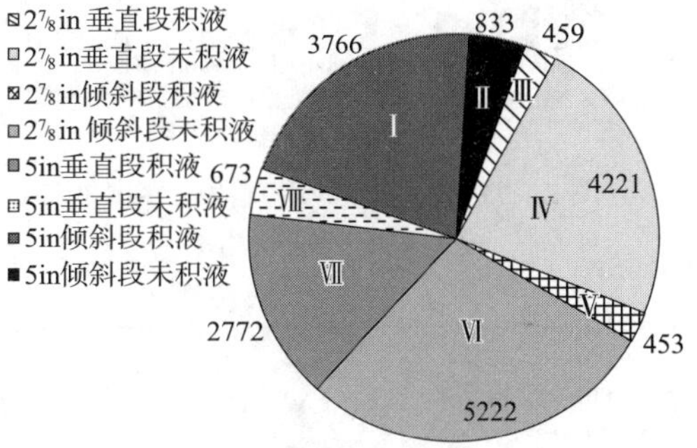

图2-3-26　各数据点分类对比分析($2\frac{7}{8}$in与5in)

由表2-3-7和图2-3-27可知，目前涪陵页岩气田气井积液点主要分布于未下入生产油管气井(5in)，其垂直段与倾斜段的积液数据点分别为4073个和3091个，分别占总数据点的19.29%与14.64%，分别占总积液数据点的49.22%和37.35%；相较于未下入生产油管气井(5in)，涪陵页岩气田气井未积液点主要分布于下入生产油管气井($2\frac{7}{8}$in)，其垂直段与倾斜段的未积液数据点分别为6036个和4940个，分别占总数据点的28.58%与23.39%，分别占总未积液数据点的47.00%和38.46%。

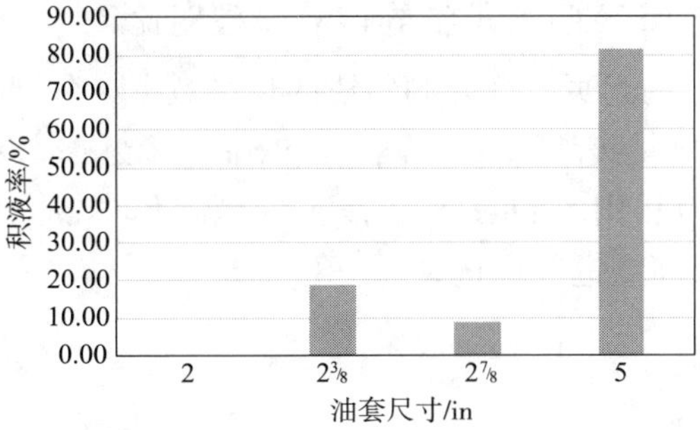

图2-3-27　各油套尺寸气井积液率

综上所述，目前涪陵页岩气田气井积液形势严峻，下入生产油管工艺是页岩气井排水采气的有效手段，但下入生产油管气井有1000余数据点显示积液，说明页岩气井仍需要其他排水采气工艺帮助生产。目前，下入连续油管气井(2⅜in)无积液数据点，连续油管排水采气工艺能成为页岩气井排水采气的重要支撑。

(二)垂直段临界携液模型对比

利用页岩气井垂直段的现场数据，分别针对2⅜in管径、2⅞in管径和5in管径，比较圆球体液滴模型(Turner模型、Coleman模型、Nosseir模型)、椭球体液滴模型[李闽(Li)模型、谭晓华(Tan)模型]、盘状液滴模型[王毅忠(Wang)模型]和多液滴模型[周德胜(Zhou)模型]的积液判别成功率，对现有的垂直段临界携液模型进行优选。

1. 2⅜in管径数据分析(图2－3－28)

2. 2⅞in管径数据分析(图2－3－29)

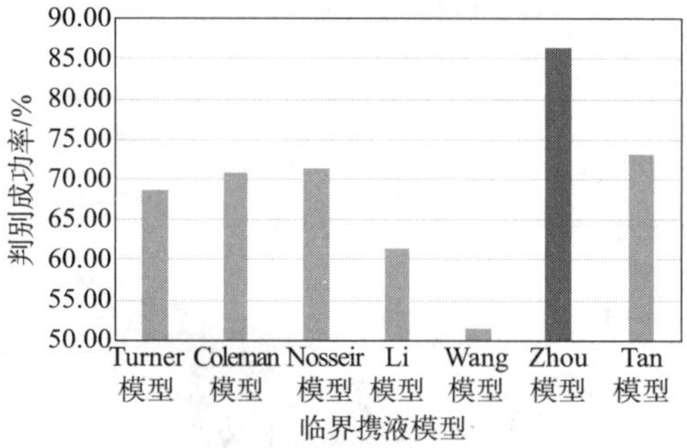

图2－3－28　2⅜in垂直段临界携液模型积液判别成功率

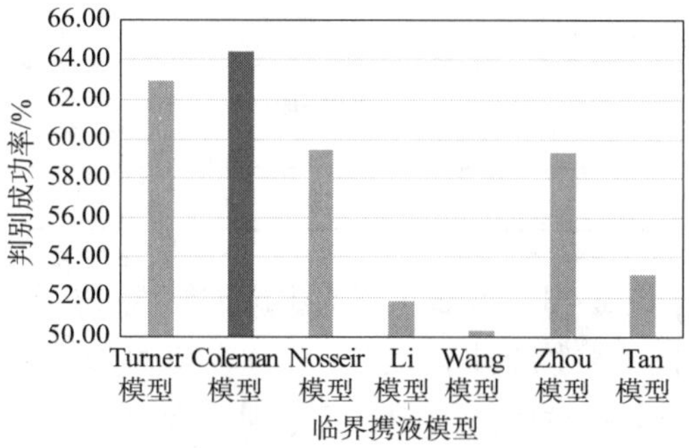

图2－3－29　2⅞in垂直段临界携液模型积液判别成功率

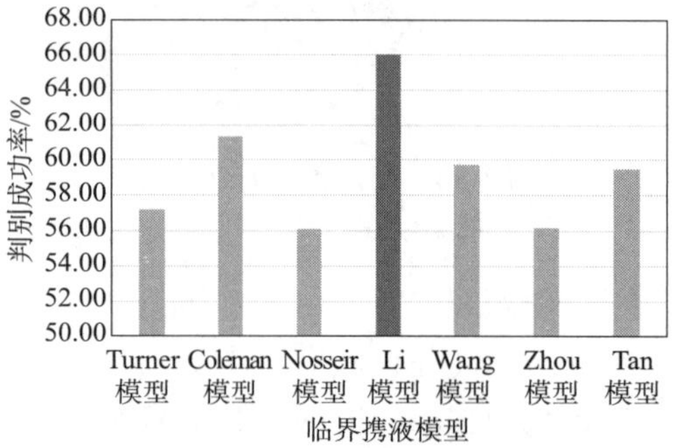

图2－3－30　5in垂直段临界携液模型积液判别成功率

3. 5in管径数据分析(图2－3－30)

从垂直段积液预测成功率比较结果可以看出，在2⅜in管径内，多液滴模型[周德胜(Zhou)模型]的积液预测精度最高，为86%；在2⅞in管径内，Coleman模型的积液预测精度最高，为64%；在5in管径内，李闽(Li)模型的积液预测精度最高，为66%。

(三)倾斜段临界携液模型对比

利用页岩气井倾斜段的现场数据，分别针对2⅜in管径、2⅞in管径和5in管径，比较杨文明(Yang)模型、李丽(Lili)模型、Belfroid模型和用Fiedler函数修正的谭晓华(Tan_H)模型的积液判别成功率，对现有倾斜段临界携液模型进行优选。

1. 2⅜in管径数据分析(图2－3－31)

2. 2⅞in管径数据分析(图2－3－32)

3. 5in管径数据分析(图2－3－33)

从倾斜段积液预测成功率比较结果可以看出，在2⅜in管径内，修正的谭晓华(Tan_H)模型的积液预测精度最高，为78%；在2⅞in管径内，杨文明(Yang)模型的积液预测精度最高，为71%；在5in管径内，修正的谭晓华(Tan_H)模型的积液预测精度最高，为61%。根据垂直段和倾斜段的积液判别成功率，对现有临界携液模型进行优选，见表2-3-8。

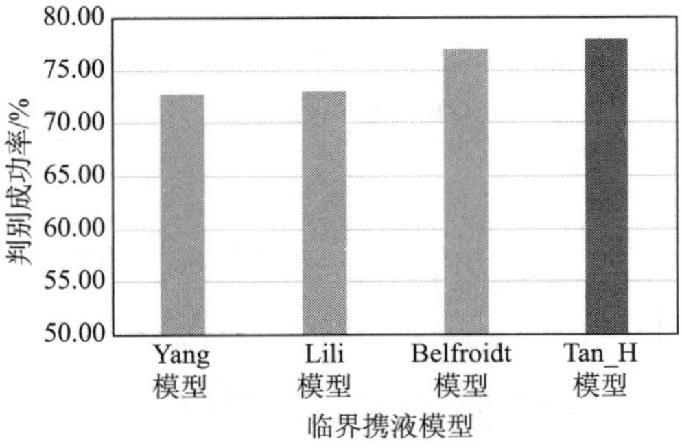

图2-3-31　$2\frac{3}{8}$in倾斜段临界携液模型积液判别成功率

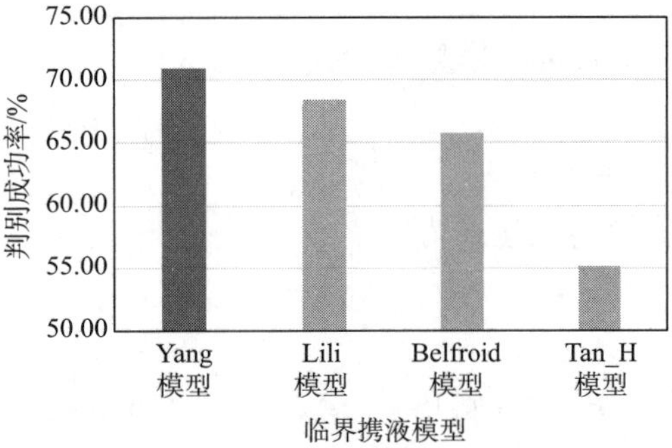

图2-3-32　$2\frac{7}{8}$in倾斜段临界携液模型积液判别成功率

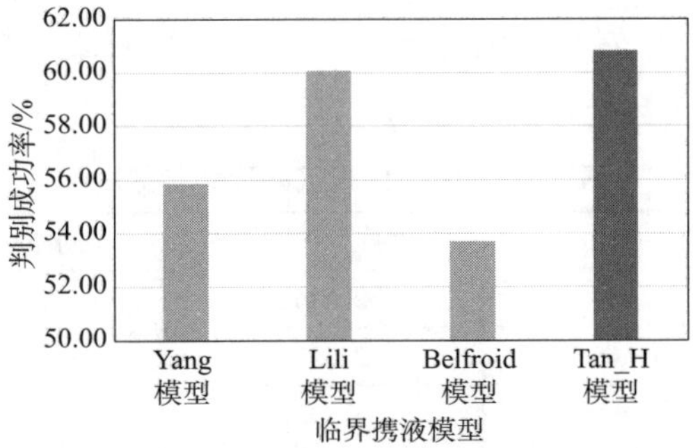

图2-3-33　5in倾斜段临界携液模型积液判别成功率

表2-3-8　现有临界携液模型优选

井　斜	油套尺寸		
	$2\frac{3}{8}$in	$2\frac{7}{8}$in	5in
垂直段	Zhou 模型	Coleman 模型	Li 模型
倾斜段	Tan_H 模型	Yang 模型	Tan_H 模型

(四)全井筒临界携液模型验证

通过现有的临界携液模型对比可以看出，现有模型的适用条件受限，并且积液判别成功率偏低，仍需要进一步提高积液预测精度。下面将本书建立的页岩气井全井筒临界携液模型与常用的临界携液模型进行比较，并验证新模型的有效性。

对于现场的直井积液预测评价，常用Turner模型和Coleman模型。Belfroid模型是在Turner模型的基础上，应用Fielder形状函数进行修正，同理可用类似的方法对Coleman模型进行修正，并应用于斜井(水平井)的积液预测。此外，选取陈德春等对Richter模型修正得到的斜井(水平井)液膜模型，与新模型进行比较。

本书根据涪陵页岩气井的现场温度和压力测试数据和生产动态数据，判断得出气井实际积液状态，选用Belfroid模型、修正Coleman模型、液膜模型及本书新模型计算现场气井的临界携液流量，并与气井实际产气量进行比较。

Belfroid 模型表达式为：

$$u_c = 6.6\left[\frac{\sigma(\rho_l - \rho_g)}{\rho_g^2}\right]^{0.25} \cdot \frac{\{\sin[1.7(90-\theta_d)]\}^{0.38}}{0.74} \tag{2-3-80}$$

修正 Coleman 模型表达式为：

$$u_c = 5.5\left[\frac{\sigma(\rho_l - \rho_g)}{\rho_g^2}\right]^{0.25} \cdot \frac{\{\sin[1.7(90-\theta_d)]\}^{0.38}}{0.74} \tag{2-3-81}$$

液膜模型表达式为：

$$u_c{}^2 = \frac{75}{N_B}\left[\left(1+\frac{N_B\cos\theta_d}{75^2 f_w}\right)-1\right]\frac{gD(\rho_l - \rho_g)}{\rho_g} \tag{2-3-82}$$

式中，θ_d 为井斜角，(°)；N_B 为邦德数，无因次；f_w 为壁面摩擦系数，无因次。

首先根据井筒压力梯度曲线判断出气井的实际积液情况，然后用 4 种模型分别预测气井积液情况，并与气井的实际积液情况进行对比，最终得出预测结果最优的临界携液模型。

初步整理出现场 26 口页岩气井的井筒压力梯度分布曲线，判断出气井的实际积液情况，气井的现场参数见表 2-3-9。

表 2-3-9　页岩气井现场参数表

井　号	油压/MPa	产气量/($10^4m^3/d$)	产水量/(m^3/d)	气井状态
JY10-2HF	5.1	2.4361	0.3	积液
JY25-1HF	3.1	2.0232	6.0	积液
JY47-1HF	无油管	3.7321	26.4	积液
JY3HF	无油管	5.2465	3	积液
JY51-2HF	5.2	2.01	20.0	积液
JY59-1HF	4.4	1.877	9.1	积液
JY63-1HF	3.6	2.0769	17	积液
JY64-2HF	无油管	2.0163	14	积液
JY10-2HF	5.1	2.4361	0.3	积液
JY1-3HF	5.7	1.8974	1	接近积液
JY56-6HF	1.5	3.6304	1.3	接近积液
JY50-6HF	9.6	3.0046	43.5	接近积液
JY50-3HF	6.1	2.9571	19.6	不积液
JY190-2HF	6.8	3.0278	4.0	不积液
JY68-2HF	5.9	5.621	8.7	不积液
JY64-1HF	4.3	2.0153	21	不积液
JY63-3HF	5.9	4.6624	16	不积液
JY38-2HF	6.0	3.3624	82	不积液
JY24-4HF	4.6	7.8936	8.0	不积液
JY41-3HF	4.9	3.6436	1.6	不积液
JY56-1HF	4.8	6.0482	4.4	不积液

续表

井　号	油压/MPa	产气量/(10^4m^3/d)	产水量/(m^3/d)	气井状态
JY60－5HF	2.8	3.6484	3.9	不积液
JY61－1HF	4.8	2.4021	9.0	不积液
JY62－3HF	5.0	2.762	26.5	不积液
JY67－2HF	5.6	6.7775	9.7	不积液
JY70－3HF	8.8	2.5732	9.3	不积液

根据表2－3－9的生产动态数据，以及各井的井筒压力、温度分布数据与井身结构数据，分别用Belfroid模型、修正Coleman模型、液膜模型和本书新模型这4种模型，根据全井筒条件计算26口井的全井筒临界携液流量，并取所有临界携液流量中的最大值，作为积液判断的标准，得到的结果见表2－3－10。

表2－3－10　4种方法计算临界携液流量结果

井　号	Belfroid模型/(10^4m^3/d)	修正Coleman模型/(10^4m^3/d)	液膜模型/(10^4m^3/d)	新模型/(10^4m^3/d)	气井状态
JY10－2HF	2.4361	4.0316	3.1527	1.5327	积液
JY25－1HF	2.0232	6.9975	5.4720	2.6602	积液
JY47－1HF	3.7321	29.3373	22.9418	11.1532	积液
JY3HF	5.2465	32.3999	25.3367	12.3175	积液
JY51－2HF	2.01	7.3256	5.7286	2.785	积液
JY59－1HF	1.877	6.1444	4.8049	2.3359	积液
JY63－1HF	2.0769	6.5821	5.1472	2.5023	积液
JY64－2HF	2.0163	28.3058	22.1351	10.761	积液
JY10－2HF	2.4361	4.0316	3.1527	1.5327	积液
JY1－3HF	4.7304	3.942	3.6992	1.7984	接近积液
JY56－6HF	6.0656	5.0547	4.7433	2.306	接近积液
JY50－6HF	5.7457	4.7881	4.4931	2.1843	接近积液
JY50－3HF	4.897327	4.081106	3.8297	1.8618	不积液
JY190－2HF	4.847899	4.039916	3.7911	1.8430	不积液
JY68－2HF	4.400703	3.667252	3.4413	1.6730	不积液
JY64－1HF	4.675886	3.896572	3.6565	1.7776	不积液
JY63－3HF	6.895701	5.746418	5.3924	2.6215	不积液
JY38－2HF	5.2112	4.3427	4.0752	1.9812	不积液
JY24－4HF	5.8118	4.8431	4.5448	2.2095	不积液
JY41－3HF	6.4236	5.353	5.0233	2.4421	不积液
JY56－1HF	5.7659	4.805	4.5089	2.1920	不积液
JY60－5HF	3.4696	2.8914	2.7132	1.3190	不积液
JY61－1HF	4.5164	3.7637	3.5318	1.7170	不积液
JY62－3HF	4.7168	3.9307	3.6885	1.7932	不积液
JY67－2HF	6.4164	5.347	5.0176	2.4393	不积液
JY70－3HF	4.4752	3.7293	3.4996	1.7013	不积液

根据表 2－3－10 中的数据绘制出 4 种方法的临界携液流量—实际流量对比示意图，如图 2－3－34～图 2－3－37 所示。图中，对角线的左上方区域表示气井不积液，右下方区域表示气井积液，对角线附近区域表示气井处在接近积液的临界状态。通过对比可知，对于涪陵页岩气井的气井积液预测，Belfroid 模型、修正 Coleman 模型和液膜模型均存在较大偏差，临界流量计算结果普遍偏大。只有新模型的积液预测结果与实际积液情况最相符，积液预测精度达 92.3%。各个模型的预测精度对比见表 2－3－11。把新模型用于涪陵页岩气现场临界流量预测时，计算结果可能偏于下限，可以作为下限参考值。

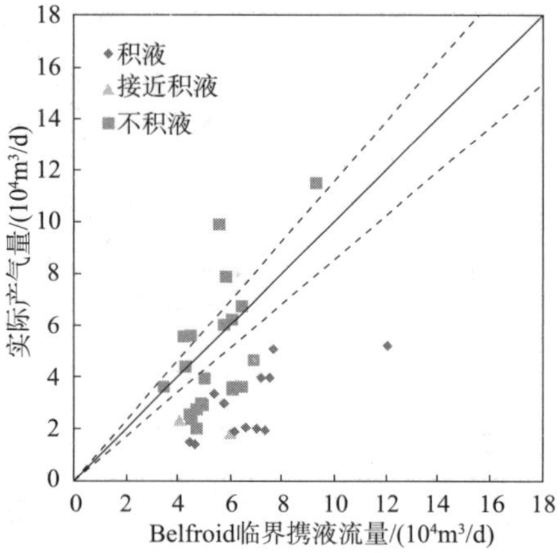

图 2－3－34　Belfroid 模型临界携液流量—实际流量对比

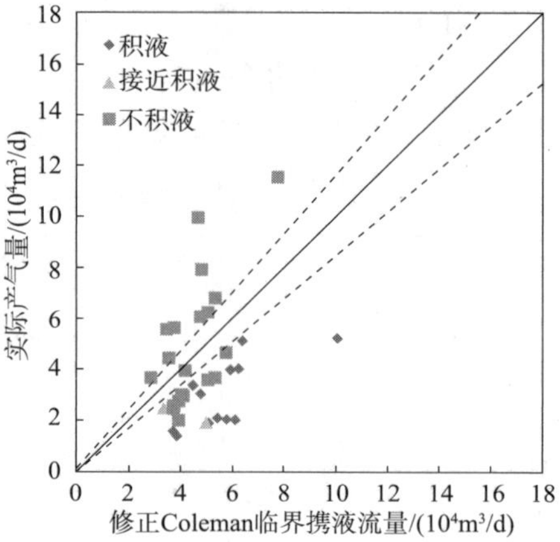

图 2－3－35　修正 Coleman 模型临界携液流量—实际流量对比

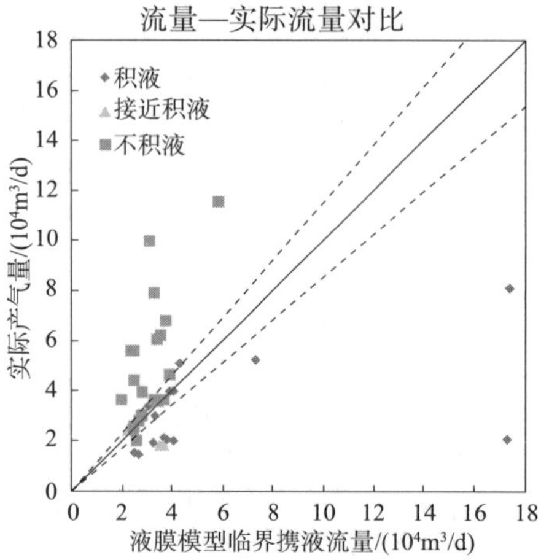

图 2－3－36　液膜模型临界携液流量—实际流量对比

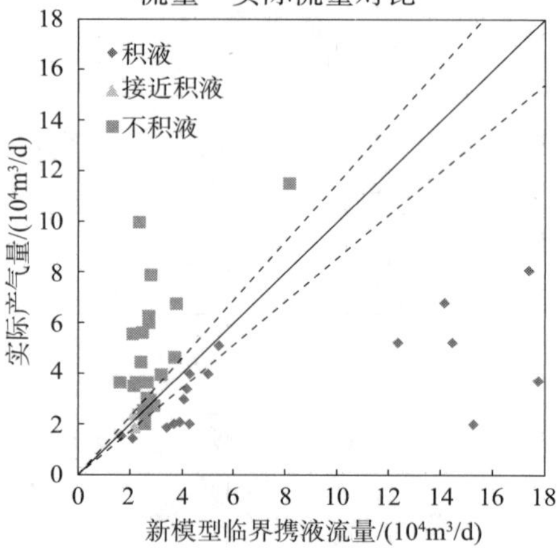

图 2－3－37　新模型临界携液流量—实际流量对比

表 2－3－11　4 种方法积液预测精度结果

类　型	井数与预测准确数	Belfroid 模型	修正 Coleman 模型	液膜模型	新模型
不积液井	井数	21	21	21	21
	预测准确数	9	9	18	18

续表

类　型	井数与预测准确数	Belfroid 模型	修正 Coleman 模型	液膜模型	新模型
接近积液井	井数	2	2	2	2
	预测准确数	0	0	1	2
积液井	井数	16	16	16	16
	预测准确数	16	16	13	16
总预测精度/%		64.1	64.1	82.1	92.3

将新模型在涪陵页岩气田推广应用，得到的积液诊断结果见表 2-3-12。

表 2-3-12　修正后的临界携液流量模型判别积液结果

井　号	产气量/($10^4m^3/d$)	产水量/(m^3/d)	模型判别积液与否	压力梯度积液与否	井　号	产气量/($10^4m^3/d$)	产水量/(m^3/d)	模型判别积液与否	压力梯度积液与否
JY108-2HF	5.68	7.00	未积液	未积液	JY38-2HF	1.50	84.10	积液	积液
JY108-2HF	6.10	6.00	未积液	未积液	JY38-3HF	3.79	81.00	积液	积液
JY108-2HF	6.08	1.50	未积液	未积液	JY38-3HF	3.49	110.50	积液	积液
JY108-2HF	9.13	3.00	积液	积液	JY64-1HF	1.82	21.00	积液	积液
JY108-2HF	11.30	18.00	积液	积液	JY64-1HF	2.28	22.50	积液	积液
JY185-1HF	4.30	11.15	未积液	积液	JY64-1HF	2.77	31.00	积液	积液
JY185-1HF	6.50	22.01	未积液	积液	JY64-1HF	3.16	27.00	积液	积液
JY185-1HF	8.00	25.71	积液	积液	JY64-2HF	2.25	14.00	积液	积液
JY185-1HF	9.50	45.00	积液	积液	JY64-2HF	2.97	26.60	积液	积液
JY185-1HF	6.60	12.00	积液	积液	JY64-2HF	2.83	28.00	积液	积液
JY185-1HF	11.90	20.00	积液	积液	JY64-2HF	5.02	80.00	积液	积液
JY185-2HF	3.70	10.64	积液	未积液	JY64-5HF	1.40	10.50	积液	未积液
JY185-2HF	4.10	11.50	积液	未积液	JY64-5HF	1.42	13.50	积液	未积液
JY185-2HF	4.37	12.25	积液	积液	JY64-5HF	2.03	23.00	积液	积液
JY185-2HF	5.30	35.00	积液	积液	JY64-5HF	2.08	25.00	积液	积液
JY185-2HF	5.90	0	积液	积液	JY64-5HF	2.31	31.00	积液	积液
JY185-2HF	8.20	95.00	积液	积液	JY64-5HF	2.96	39.00	积液	积液
JY185-3HF	2.90	1.56	积液	未积液	JY64-5HF	3.31	50.00	积液	积液
JY185-3HF	3.00	1.73	积液	积液	JY64-6HF	2.31	20.00	积液	积液
JY185-3HF	3.33	5.17	积液	积液	JY64-6HF	2.21	23.00	积液	积液
JY185-3HF	4.70	5.00	积液	积液	JY64-6HF	2.25	24.00	积液	未积液
JY185-3HF	3.30	0	积液	积液	JY64-6HF	3.13	29.00	积液	积液
JY187-1HF	10.10	25.00	积液	积液	JY64-6HF	3.62	29.40	积液	积液
JY187-1HF	12.00	41.00	积液	积液	JY64-6HF	8.08	62.00	积液	积液

续表

井 号	产气量/($10^4m^3/d$)	产水量/(m^3/d)	模型判别积液与否	压力梯度积液与否	井 号	产气量/($10^4m^3/d$)	产水量/(m^3/d)	模型判别积液与否	压力梯度积液与否
JY187－3HF	6.00	8.00	未积液	未积液	JY69－2HF	8.80	27.60	积液	未积液
JY187－3HF	5.30	21.00	积液	积液	JY69－2HF	12.10	23.00	积液	积液
JY187－3HF	10.20	36.00	积液	积液	JY69－2HF	14.98	47.00	积液	积液
JY189－3HF	3.52	11.00	积液	积液	JY69－3HF	5.10	10.40	未积液	未积液
JY189－3HF	3.20	18.00	积液	积液	JY69－3HF	5.46	16.00	未积液	未积液
JY189－3HF	3.50	12.00	积液	积液	JY69－3HF	6.60	15.10	未积液	未积液
JY189－3HF	3.00	34.00	积液	积液	JY69－3HF	7.32	16.70	未积液	未积液
JY189－3HF	3.10	79.00	积液	积液	JY69－3HF	7.83	18.80	未积液	未积液
JY189－3HF	7.65	21.00	积液	积液	JY69－3HF	8.35	25.60	未积液	未积液
JY189－3HF	8.20	27.00	积液	积液	JY69－3HF	8.38	39.00	未积液	积液
JY189－3HF	7.64	42.00	积液	积液	JY69－3HF	7.50	55.00	未积液	积液
JY189－3HF	7.10	39.00	积液	积液	JY69－3HF	14.00	40.00	积液	未积液
JY189－7HF	10.63	8.00	未积液	未积液	JY69－3HF	19.60	46.80	未积液	未积液
JY189－7HF	14.00	18.00	积液	未积液	JY69－3HF	18.64	61.00	积液	积液
JY189－7HF	15.00	15.00	积液	积液	JY69－3HF	18.12	50.00	积液	积液
JY189－7HF	7.60	12.00	积液	积液	JY7HF	3.63	52.00	积液	积液
JY190－1HF	3.30	1.00	未积液	未积液	JY7HF	4.00	22.00	积液	积液
JY190－1HF	3.20	1.00	未积液	未积液	JY87－3HF	7.10	266.00	未积液	积液
JY190－1HF	5.13	5.00	未积液	未积液	JY88－3HF	5.00	12.00	未积液	未积液
JY190－1HF	3.98	3.00	积液	积液	JY88－3HF	6.10	17.50	未积液	未积液
JY190－1HF	4.73	6.00	积液	积液	JY88－3HF	7.20	22.00	积液	积液
JY190－1HF	6.76	9.00	积液	积液	JY88－3HF	9.70	31.00	积液	积液
JY190－1HF	7.50	19.00	积液	积液	JY88－3HF	14.50	55.00	积液	未积液
JY190－1HF	5.37	11.00	积液	积液	JY88－3HF	12.27	98.00	积液	积液
JY190－1HF	5.67	19.00	积液	积液	JY88－3HF	11.12	135.00	积液	积液
JY190－1HF	6.67	16.00	积液	积液	JY89－1HF	5.60	21.00	未积液	未积液
JY190－2HF	3.00	3.00	未积液	未积液	JY89－1HF	6.08	35.00	未积液	未积液
JY190－2HF	3.01	2.00	未积液	未积液	JY89－1HF	6.50	30.00	未积液	未积液
JY190－2HF	3.00	2.00	未积液	未积液	JY89－1HF	7.00	53.10	积液	积液
JY190－2HF	3.10	3.00	未积液	未积液	JY89－1HF	8.00	46.38	积液	积液
JY190－2HF	3.37	4.00	未积液	未积液	JY89－1HF	9.80	54.80	积液	未积液
JY190－2HF	3.32	1.00	积液	积液	JY89－1HF	12.90	103.52	积液	未积液
JY190－2HF	3.75	12.00	积液	积液	JY89－1HF	19.12	98.58	积液	未积液

续表

井　号	产气量/($10^4m^3/d$)	产水量/(m^3/d)	模型判别积液与否	压力梯度积液与否	井　号	产气量/($10^4m^3/d$)	产水量/(m^3/d)	模型判别积液与否	压力梯度积液与否
JY190－2HF	2.53	5.00	积液	积液	JY89－1HF	19.73	109.16	积液	积液
JY190－2HF	4.10	10.00	积液	积液	JY89－3HF	3.90	12.00	积液	未积液
JY190－2HF	4.76	17.00	积液	积液	JY89－3HF	6.40	19.00	未积液	未积液
JY190－2HF	4.72	32.00	积液	积液	JY89－3HF	6.87	20.00	未积液	未积液
JY190－2HF	3.73	14.00	积液	积液	JY89－3HF	6.90	21.00	未积液	未积液
JY190－4HF	3.87	2.00	未积液	未积液	JY89－3HF	7.80	82.00	积液	积液
JY190－4HF	3.60	6.00	未积液	未积液	JY89－3HF	14.40	44.20	积液	未积液
JY190－4HF	1.70	11.00	积液	积液	JY89－3HF	14.70	32.26	积液	未积液
JY192－3HF	3.29	1.98	未积液	未积液	JY89－3HF	20.37	81.74	积液	未积液
JY192－3HF	3.22	4.70	未积液	未积液	JY89－3HF	19.82	88.21	积液	积液
JY192－3HF	4.20	11.73	未积液	未积液	JY90－2HF	2.60	48.00	积液	积液
JY192－3HF	4.80	15.00	未积液	积液	JY90－2HF	4.00	85.00	积液	积液
JY192－3HF	6.00	80.00	积液	积液	JY90－2HF	10.80	104.46	积液	积液
JY192－6HF	8.10	6.80	未积液	未积液	JY90－3HF	9.40	36.00	未积液	未积液
JY192－6HF	8.68	4.64	未积液	未积液	JY90－3HF	10.20	66.00	未积液	未积液
JY192－6HF	12.00	23.40	未积液	未积液	JY90－3HF	11.00	167.00	积液	积液
JY192－6HF	15.40	16.70	未积液	积液	JY90－4HF	2.60	45.00	积液	积液
JY192－6HF	9.71	25.00	积液	积液	JY90－4HF	3.60	81.00	积液	积液
JY192－6HF	17.00	78.00	积液	积液	JY91－2HF	4.00	35.00	积液	积液
JY38－1HF	4.69	48.00	积液	积液	JY91－2HF	10.00	89.00	积液	积液
JY38－1HF	4.29	24.75	积液	积液	JY91－3HF	8.60	87.00	未积液	未积液
JY38－1HF	4.33	46.80	积液	积液	JY91－3HF	5.43	167.00	木积液	积液
JY38－1HF	4.79	65.80	积液	积液	JY91－4HF	7.36	32.00	积液	积液
JY38－1HF	4.05	113.21	积液	积液	JY91－4HF	7.36	53.00	积液	积液
JY38－1HF	4.09	120.00	积液	积液	JY91－4HF	9.97	172.00	积液	积液
JY38－2HF	3.61	82.00	积液	积液	JY91－5HF	3.97	164.00	积液	积液
JY38－2HF	2.84	79.00	积液	积液	JY91－5HF	3.06	190.00	积液	积液
JY38－2HF	2.79	115.52	积液	积液					

(五)页岩气井临界携液流量计算图版

利用页岩气井临界携液流量新模型，绘制1.5in、2in、$2\frac{3}{8}$in、$2\frac{7}{8}$in和5.5in管径条件下的垂直段临界携液流量，如图2－3－38～图2－3－42所示，相应的临界携液流量值见表2－3－13～表2－3－17。

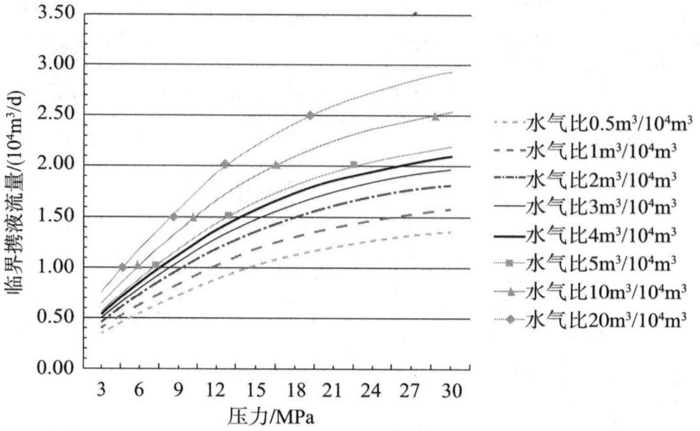

图 2－3－38　1.5in 管径条件下的临界携液流量图版

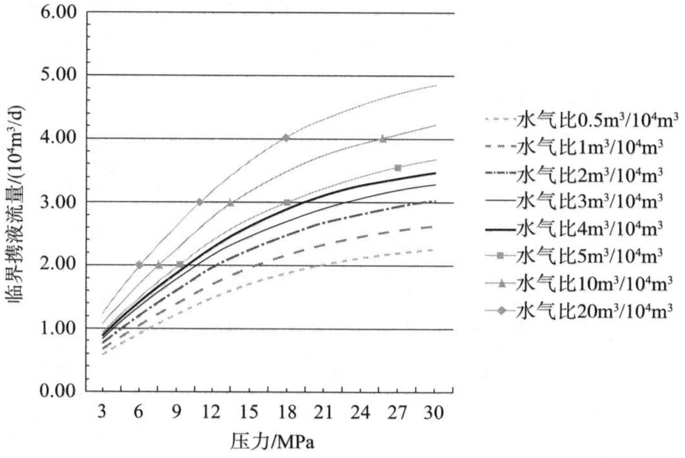

图 2－3－39　2in 管径条件下的临界携液流量图版

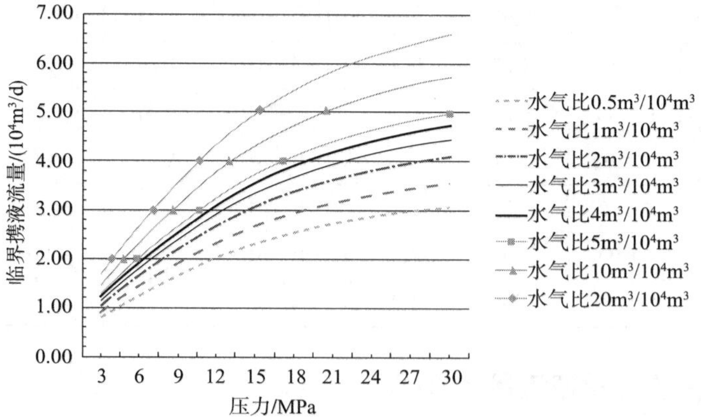

图 2－3－40　$2\frac{3}{8}$in 管径条件下的临界携液流量图版

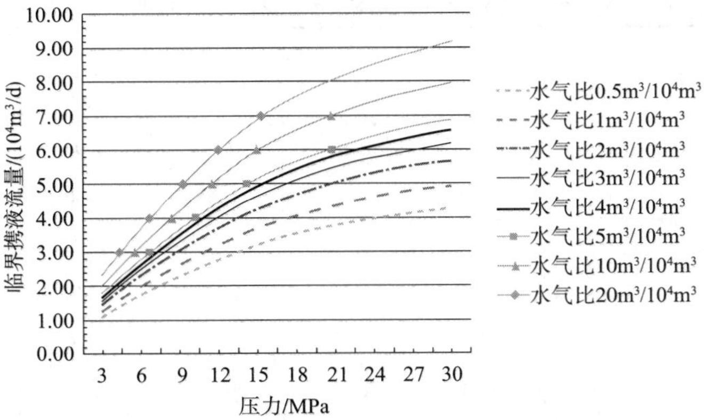

图 2-3-41 2⅞in 管径条件下的临界携液流量图版

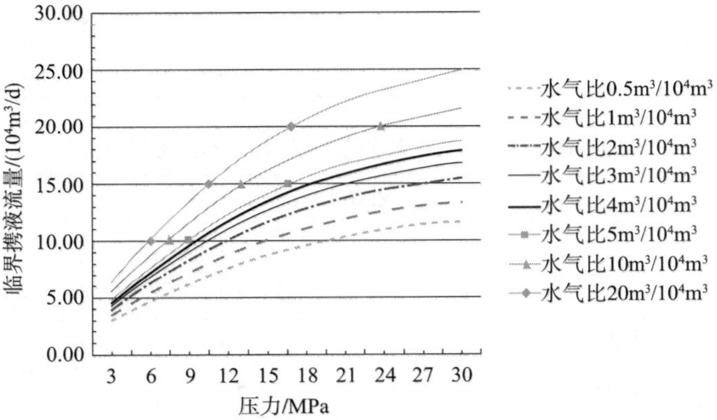

图 2-3-42 5.5in 管径条件下的临界携液流量图版

表 2-3-13 1.5in 管径条件下的临界携液流量值

压力/MPa	水气比/($m^3/10^4m^3$)							
	0.5	1	2	3	4	5	10	20
3	0.35	0.40	0.47	0.51	0.54	0.57	0.65	0.75
6	0.56	0.64	0.74	0.81	0.86	0.90	1.04	1.20
9	0.74	0.85	0.98	1.07	1.14	1.19	1.37	1.59
12	0.90	1.04	1.20	1.30	1.38	1.45	1.67	1.93
15	1.03	1.19	1.37	1.49	1.58	1.66	1.91	2.21
18	1.13	1.31	1.51	1.64	1.74	1.83	2.11	2.43
21	1.21	1.40	1.62	1.76	1.87	1.95	2.26	2.60
24	1.27	1.47	1.70	1.85	1.96	2.05	2.37	2.74
27	1.32	1.53	1.76	1.92	2.04	2.13	2.46	2.84
30	1.36	1.58	1.82	1.98	2.10	2.20	2.54	2.93

表 2-3-14　2in 管径条件下的临界携液流量值

压力/MPa	水气比/($m^3/10^4m^3$)							
	0.5	1	2	3	4	5	10	20
3	0.58	0.67	0.78	0.85	0.90	0.94	1.09	1.25
6	0.93	1.07	1.24	1.35	1.43	1.50	1.73	2.00
9	1.23	1.42	1.64	1.78	1.89	1.98	2.29	2.64
12	1.49	1.72	1.99	2.16	2.30	2.40	2.78	3.20
15	1.71	1.97	2.28	2.48	2.63	2.76	3.18	3.67
18	1.88	2.17	2.51	2.73	2.90	3.03	3.50	4.04
21	2.02	2.33	2.69	2.92	3.10	3.25	3.75	4.33
24	2.12	2.45	2.82	3.07	3.26	3.41	3.94	4.55
27	2.20	2.54	2.93	3.19	3.39	3.55	4.09	4.73
30	2.27	2.62	3.02	3.29	3.49	3.66	4.22	4.87

表 2-3-15　2⅜in 管径条件下的临界携液流量值

压力/MPa	水气比/($m^3/10^4m^3$)							
	0.5	1	2	3	4	5	10	20
3	0.79	0.91	1.05	1.14	1.21	1.27	1.47	1.70
6	1.26	1.45	1.67	1.82	1.93	2.03	2.34	2.70
9	1.66	1.92	2.21	2.41	2.56	2.68	3.09	3.57
12	2.02	2.33	2.69	2.93	3.10	3.25	3.75	4.33
15	2.31	2.67	3.08	3.36	3.56	3.73	4.31	4.97
18	2.55	2.94	3.40	3.69	3.92	4.11	4.74	5.47
21	2.73	3.15	3.63	3.95	4.20	4.39	5.07	5.85
24	2.87	3.31	3.82	4.16	4.41	4.62	5.33	6.15
27	2.98	3.44	3.97	4.32	4.58	4.80	5.54	6.39
30	3.07	3.54	4.09	4.45	4.72	4.94	5.71	6.59

表 2-3-16　2⅞in 管径条件下的临界携液流量值

压力/MPa	水气比/($m^3/10^4m^3$)							
	0.5	1	2	3	4	5	10	20
3	1.10	1.27	1.46	1.59	1.69	1.77	2.04	2.36
6	1.75	2.02	2.33	2.53	2.69	2.82	3.25	3.76
9	2.31	2.67	3.08	3.35	3.56	3.72	4.30	4.96
12	2.80	3.24	3.74	4.07	4.32	4.52	5.22	6.03
15	3.22	3.71	4.29	4.66	4.95	5.19	5.99	6.91
18	3.54	4.09	4.72	5.13	5.45	5.71	6.59	7.60

续表

压力/MPa	水气比/($m^3/10^4m^3$)							
	0.5	1	2	3	4	5	10	20
21	3.79	4.38	5.05	5.50	5.83	6.11	7.05	8.14
24	3.99	4.60	5.31	5.78	6.13	6.42	7.41	8.55
27	4.14	4.78	5.52	6.00	6.37	6.67	7.70	8.89
30	4.27	4.93	5.69	6.18	6.56	6.87	7.93	9.16

表2-3-17　5.5in管径条件下的临界携液流量值

压力/MPa	水气比/($m^3/10^4m^3$)							
	0.5	1	2	3	4	5	10	20
3	2.99	3.45	3.99	4.34	4.61	4.83	5.57	6.43
6	4.76	5.50	6.35	6.90	7.33	7.67	8.86	10.23
9	6.29	7.27	8.39	9.12	9.68	10.14	11.71	13.51
12	7.64	8.82	10.18	11.08	11.76	12.31	14.21	16.40
15	8.76	10.12	11.68	12.70	13.48	14.12	16.29	18.80
18	9.65	11.13	12.85	13.98	14.83	15.54	17.93	20.69
21	10.32	11.92	13.76	14.96	15.88	16.63	19.19	22.14
24	10.85	12.53	14.46	15.72	16.69	17.48	20.17	23.28
27	11.27	13.01	15.02	16.33	17.33	18.15	20.95	24.18
30	11.62	13.41	15.48	16.83	17.86	18.71	21.59	24.91

第三章　页岩气水平井排水采气新技术及关键工具开发

运用气液旋流降耗理论和柱塞降压增能机理，研发了多种页岩气井智能排水采气工具，具体包括喷射旋流复合排液工具和大斜度井智能柱塞工具。

第一节　喷射旋流复合排液工具

一、喷射旋流复合排液工具结构设计

(一)工具结构

在众多排水采气技术中，兴起了一种涡流排水采气工艺，其核心工具是涡流工具。涡流工具的主要作用是将密度不同的混合流体通过改变其运动方式实现流动区域分离。当井下气液混合流体通过涡流工具时，受到螺旋叶片的引导，混合流体的运动变为旋流，在旋流过程中受到切向力的作用，导致密度大的液体被甩向管壁，气体则在中心流动，此时井筒中产生了明显的气旋流、液旋流，两种流体在流动中相互之间的阻力作用减小，从而降低了能量损失。液体沿管壁上升时形成液膜流动，能够防止液体滑脱，提高了气体的携液效率。

涡流排水采气工艺首次出现于 2003 年，它由涡流输送粉尘转化而来。美国得克萨斯州农工大学利用其旋流分离的特点，将它应用于油气田的管线集输中，主要用于解决管线积液的问题。我国由中国石油天然气集团有限公司于 2011 年引进涡流工具，目前已经在部分油田进行了试验和推广，在部分井中取得了良好效果，但有些井的效果还有待进一步验证和提高。

本书中所述喷射旋流复合排液工具是在现有涡流工具的基础上，充分借鉴目前成熟的射流泵的工作原理，将喷射功能和旋流功能进行有机结合，不仅可以降低管线对流体的流动摩阻与滑脱损失，还可以有效提高两相流体的流速。其外观结构如图 3－1－1 所示。

图 3－1－1　喷射旋流复合排液工具三维结构图

该工具主要由弹簧卡箍、喷射接头、喉管、导流管及旋流体组成。其中，弹簧卡箍位于工具的最下方，利用投放工具将研制的喷射旋流复合排液工具下入预定位置后，上提使弹簧卡箍张开，并固定在油管接箍处。喷射接头的内径由大变小，能够加速生产流体，并

便于后续分相。在喉管处形成低压，完成工具环空流体与内部流体的汇聚；导流管引导流体进入螺旋通道；螺旋体的下部呈锥形，能够减小导流管中流体能量的损失，在螺旋翼上开槽，放入密封条，遇水膨胀后密封螺旋通道，保证流体螺旋运动，上部是打捞头，用于工具的投放与起出。

其工作原理为喷射旋流复合排液工具投放在井下一定位置后，井下气体通过喷射接头进入工具，由于喷射接头出、入口面积不同，气体经过后势能减小、动能增大，在喉管入口处的积液被射流带走而形成低压，同时喉管附近的液体由小孔进入喉管与后续气体混合，两种流体在喉管内混合完全并产生动量交换达到流速一致，但速度仍大于入口流速，而后通过导流管进入油管再通过旋流体向井口流动，由于螺旋片的作用，混合流体的流动状态由直线紊流变为旋流，产生切向速度，其中液体由于密度较大，被甩向油管壁并沿管壁流动，而气体由于密度较小，在油管中心以旋流方式运动，此时两相流体在各自流道内流动，不再互相干扰，滑脱损失大大减小，不仅增加了气体的流速，还提高了气体的携液量。

喷射旋流复合排液工具的设计如图 3－1－2 所示。

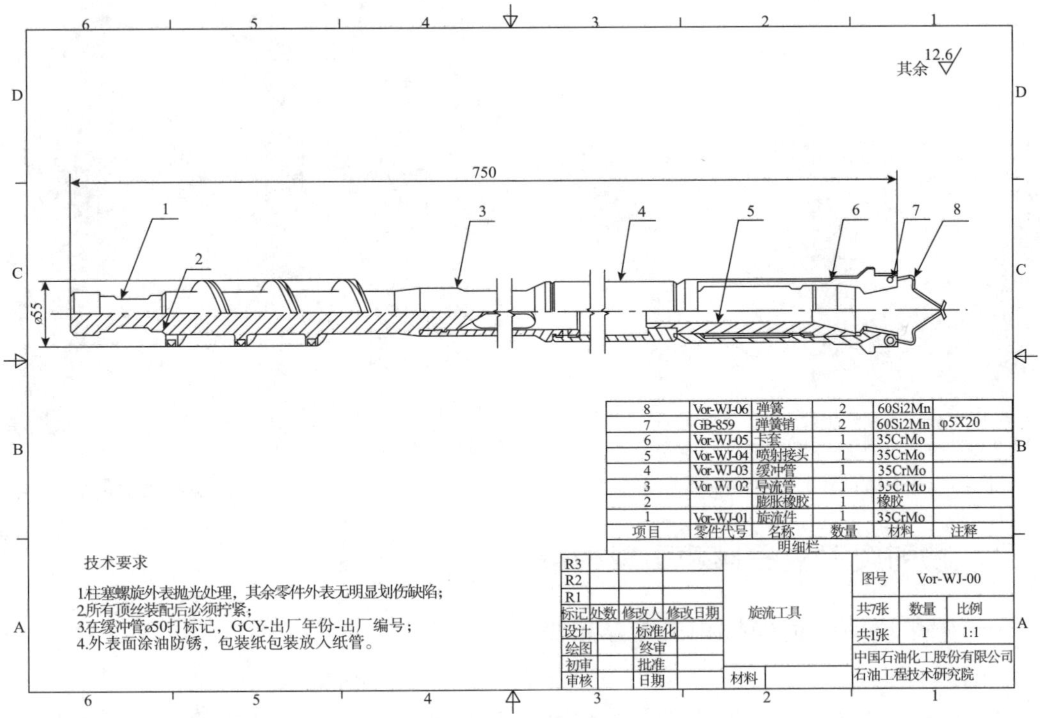

图 3－1－2　喷射旋流复合排液工具设计图纸

（二）工具试制

应用 3D 打印技术，利用 3D 打印机试制出不同规格、结构的喷射旋流复合排液工具。3D 打印机如图 3－1－3 所示。

试制的喷射旋流复合排液工具整体结构如图 3－1－4 所示。

不同的喷嘴直径和喷嘴喉管距组合如图 3－1－5 所示。

不同的结构参数组合的螺旋体如图 3－1－6 所示。

图 3－1－3　3D 打印机

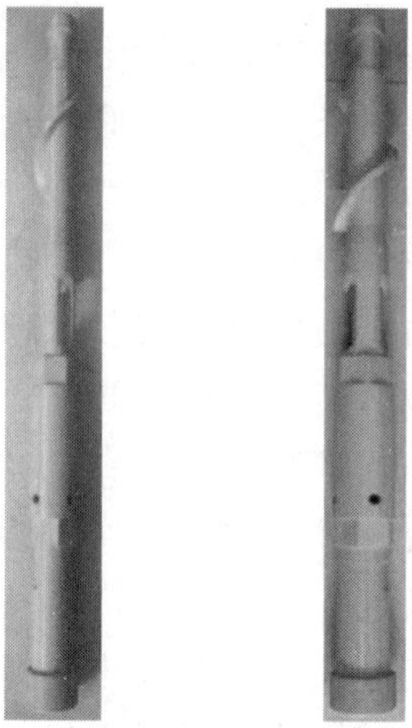

图 3－1－4　喷射旋流复合排液工具整体结构

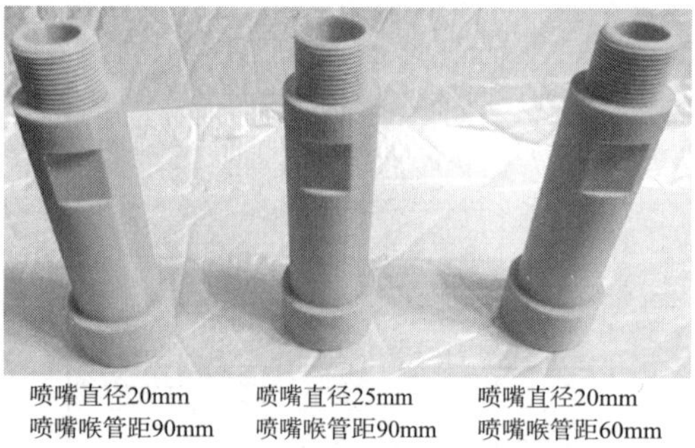

图 3－1－5　不同的喷嘴直径和喷嘴喉管距组合

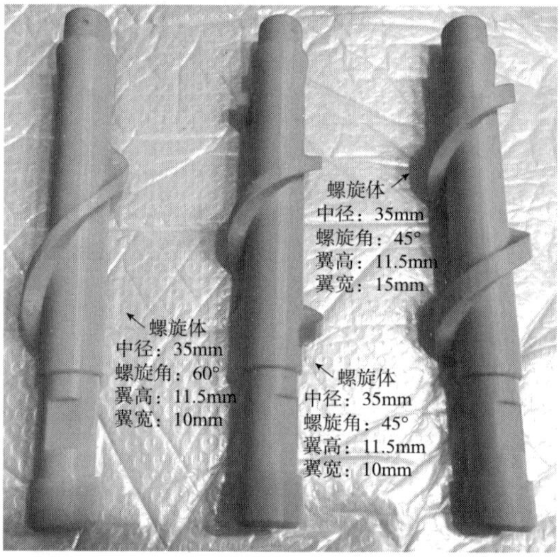

图 3－1－6　不同的结构参数组合的螺旋体

二、喷射旋流复合排液工具模拟

（一）喷射旋流数值模拟相关数学模型

1. 湍流模型

湍流是空间中不规则和时间上无秩序的一种高度复杂的非线性流体运动。在湍流中，流体的各个物理参数，如压力、温度、速度等都随着时间与空间发生随机变化。目前，关于湍流的数值模拟方法主要有直接模拟、大涡模拟（LES）及应用 Reynolds 时均方程（Reynolds averaging equations）的模拟方法。由于湍流脉动造成方程不封闭，因此必须作出假设，也即建立湍流模型。所谓湍流模型（又称封闭模型），就是依据湍流的理论知识、实验数据，对 Reynolds 应力作出各种假设，从而使湍流的平均 Reynolds 方程封闭。

1）Spalart－Allmaras 模型

Spalart－Allmaras（S－A）模型是由 Spalart 和 Allmaras 于 1992 年提出的，是一种相对简

单的通过求解输运方程而得到湍流黏度的单方程模型。

S－A 模型的变量中，$\tilde{v}$ 是湍流流动黏滞率(除了近壁区域)，方程是：

$$\frac{\partial}{\partial t}(\rho\tilde{v}) + \frac{\partial}{\partial x_i}(\rho\tilde{v}u_i) = G_v + \frac{1}{\sigma_{\tilde{v}}}\left\{\frac{\partial}{\partial x_j}\left((\mu+\rho\tilde{v})\frac{\partial\tilde{v}}{\partial x_j}\right) + C_{b2}\rho\left(\frac{\partial\tilde{v}}{\partial x_j}\right)^2\right\} - Y_v + S_{\tilde{v}} \tag{3-1-1}$$

式中，G_v为湍流黏度生成的；Y_v为被湍流黏度消去的，发生在近壁区域；$S_{\tilde{v}}$ 为用户定义的。

湍流黏度μ_t由公式(3－1－2)计算：

$$\mu_t = \rho\tilde{v}f_{v1} \tag{3-1-2}$$

f_{v1}由式(3－1－3)计算：

$$f_{v1} = \frac{\chi^3}{\chi^3 + C_{v1}^3} \tag{3-1-3}$$

并且

$$\chi \equiv \frac{\tilde{v}}{v} \tag{3-1-4}$$

G_v由式(3－1－5)计算：

$$G_v = C_{b1}\rho\tilde{S}\tilde{v} \tag{3-1-5}$$

其中：

$$\tilde{S} \equiv S + \frac{\tilde{v}}{k^2d^2}f_{v2},\ f_{v2} = 1 - \frac{\chi}{1+\chi\cdot f_{v1}} \tag{3-1-6}$$

式中，C_{b1}、k 为常数；d 为离墙的距离；S 为变形张量。

式(3－1－6)中 S 可由式(3－1－7)计算：

$$S \equiv \sqrt{2\Omega_{ij}\Omega_{ij}} \tag{3-1-7}$$

其中：

$$\Omega_{ij} = \frac{1}{2}\left(\frac{\partial u_i}{\partial x_j} - \frac{\partial u_j}{\partial x_i}\right) \tag{3-1-8}$$

将湍流产生的平均应变考虑进去，对模型中的 S 进行修正，这种修正中包括旋度和应变，在 S 中定义：

$$S \equiv |\Omega_{ij}| + C_{prod}\min(0, |S_{ij}| - |\Omega_{ij}|) \tag{3-1-9}$$

式(3－1－9)中

$$C_{prod} = 2.0,\ |\Omega_{ij}| = \sqrt{2\Omega_{ij}\Omega_{ij}},\ |S_{ij}| = \sqrt{2S_{ij}S_{ij}} \tag{3-1-10}$$

平均应变率 S_{ij}定义为：

$$S_{ij} = \frac{1}{2}\left(\frac{\partial u_j}{\partial x_i} + \frac{\partial u_i}{\partial x_j}\right) \tag{3-1-11}$$

$$Y_v = C_{w1}\rho f_w\left(\frac{\tilde{v}}{d}\right)^2 \tag{3-1-12}$$

其中

$$f_w = g\left(\frac{1+C_{w3}^6}{g^6+C_{w3}^6}\right)^{1/6} \tag{3-1-13}$$

$$g = r + C_{w2}(r^6 - r) \tag{3-1-14}$$

$$r \equiv \frac{\tilde{v}}{\tilde{S}k^2 d^2} \tag{3-1-15}$$

上述模型中常量有 C_{b1}、C_{b2}、$\sigma_{\tilde{v}}$、C_{v1}、C_{w1}、C_{w2}、C_{w3}、k，它们的值分别为 $C_{b1} = 0.1335$、$C_{b2} = 0.622$、$\sigma_{\tilde{v}} = \frac{2}{3}$、$C_{v1} = 7.1$、$C_{w1} = \frac{C_{b1}}{k^2} + \frac{1 + C_{b2}}{\sigma_{\tilde{v}}}$、$C_{w2} = 0.3$、$C_{w3} = 2.0$、$k = 0.4187$。

S－A 模型是相对简单的单方程模型，只需要求解湍流黏度的输运方程，不需要求解当地剪切层厚度的长度尺度；由于没有考虑长度尺度的变化，这对一些流动尺度变换比较大的流动问题不太适合，比如平板射流问题，从有壁面影响流动突然变化到自由剪切流，流场尺度变化明显等。

2）标准、RNG 和带旋流修正 $k-\varepsilon$ 模型

（1）标准 $k-\varepsilon$ 模型。

最简单的完整湍流模型是两个方程的模型，要解两个变量，即速度和长度尺度。标准 $k-\varepsilon$ 模型自从被 Launder 和 Spalding 提出之后，就变成工程流场计算中主要的工具了。其适用范围广、经济、合理且精度高。它是个半经验的公式，是从实验现象中总结出来的。

湍流动能方程 k：

$$\frac{\partial}{\partial t}(\rho k) + \frac{\partial}{\partial x_i}(\rho k u_i) = \frac{\partial}{\partial x_j}\left[\left(\mu + \frac{\mu_t}{\sigma_k}\right)\frac{\partial k}{\partial x_j}\right] + G_k + G_b - \rho\varepsilon - Y_M + S_k \tag{3-1-16}$$

扩散方程 ε：

$$\frac{\partial}{\partial t}(\rho\varepsilon) + \frac{\partial}{\partial x_i}(\rho\varepsilon u_i) = \frac{\partial}{\partial x_j}\left[\left(\mu + \frac{\mu_t}{\sigma_\varepsilon}\right)\frac{\partial \varepsilon}{\partial x_j}\right] + C_{1\varepsilon}\frac{\varepsilon}{k}(G_k + C_{3\varepsilon}G_b) - C_{2\varepsilon}\rho\frac{\varepsilon^2}{k} + S_\varepsilon \tag{3-1-17}$$

方程中 G_k 表示由层流速度梯度产生的湍流动能，计算式为：

$$G_k = -\rho\overline{u'_i}\overline{u'_j}\frac{\partial u_j}{\partial x_i} \tag{3-1-18}$$

为了评估 G_k，假设

$$G_k = \mu_t S^2 \tag{3-1-19}$$

式中，S 为系数。

S 定义为：

$$S \equiv \sqrt{2S_{ij}S_{ij}} \tag{3-1-20}$$

$$S_{ij} = \frac{1}{2}\left(\frac{\partial u_j}{\partial x_i} + \frac{\partial u_i}{\partial x_j}\right) \tag{3-1-21}$$

湍流速度 μ_t 由式（3－1－22）确定：

$$\mu_t = \rho C_\mu \frac{k^2}{\varepsilon} \tag{3-1-22}$$

式中，C_μ 为常量。

从实验中可以得到上述模型中的常量分别为：$C_{1\varepsilon} = 1.44$、$C_{2\varepsilon} = 1.92$、$C_{3\varepsilon} = 0.09$、

$\sigma_k=1.0$、$\sigma_\varepsilon=1.3$。

湍流动能输运方程是通过精确的方程推导得到的，耗散率方程是通过物理推理，通过数学上模拟相似原型方程得到的。

应用范围：该模型假设流动为完全湍流，分子黏性的影响可以忽略，此标准 $k-\varepsilon$ 模型只适合完全湍流的流动过程模拟。

(2) RNG $k-\varepsilon$ 模型。

RNG $k-\varepsilon$ 模型来自严格的统计技术。它和标准 $k-\varepsilon$ 模型很相似，但是有以下改进：

①RNG 模型在 ε 方程中加了一个条件，有效地提高了精度。

②考虑到湍流漩涡，提高了在这方面的精度。

③RNG 理论为湍流普朗特数提供了一个解析公式，然而标准 $k-\varepsilon$ 模型使用的是用户提供的常数。

④标准 $k-\varepsilon$ 模型是一个高雷诺数的模型，RNG 理论提供了一个考虑低雷诺数流动黏性的解析公式。这些公式的效用依靠正确地对待近壁区域这些特点使得 RNG $k-\varepsilon$ 模型比标准 $k-\varepsilon$ 模型在更广泛的流动中有更高的可信度和精度。

RNG $k-\varepsilon$ 模型是从暂态 N－S 方程中推导出的，使用了一种叫"renormalization group（重正化群）"的数学方法。解析性是由它直接从标准 $k-\varepsilon$ 模型转变而来的，还有其他一些功能。

湍流动能方程 k：

$$\frac{\partial}{\partial t}(\rho k)+\frac{\partial}{\partial x_i}(\rho k u_i)=\frac{\partial}{\partial x_j}\left(\alpha_k\mu_{eff}\frac{\partial k}{\partial x_j}\right)+G_k+G_b-\rho\varepsilon-Y_M+S_k \quad (3-1-23)$$

扩散方程 ε：

$$\frac{\partial}{\partial t}(\rho\varepsilon)+\frac{\partial}{\partial x_i}(\rho\varepsilon u_i)=\frac{\partial}{\partial x_j}\left(\alpha_\varepsilon\mu_{eff}\frac{\partial\varepsilon}{\partial x_j}\right)+C_{1\varepsilon}\frac{\varepsilon}{k}(G_k+C_{3\varepsilon}G_b)-C_{2\varepsilon}\rho\frac{\varepsilon^2}{k}-R_\varepsilon+S_\varepsilon$$

$$(3-1-24)$$

式中，G_k为由层流速度梯度而产生的湍流动能。

G_k 计算式为：

$$G_k=-\rho\overline{u'_i}\,\overline{u'_j}\frac{\partial u_j}{\partial x_i} \quad (3-1-25)$$

为了评估 G_k，假设

$$G_k=\mu_t S^2 \quad (3-1-26)$$

式中，S 为系数。

S 定义为：

$$S\equiv\sqrt{2S_{ij}S_{ij}} \quad (3-1-27)$$

$$S_{ij}=\frac{1}{2}\left(\frac{\partial u_j}{\partial x_i}+\frac{\partial u_i}{\partial x_j}\right) \quad (3-1-28)$$

式中，G_b为由浮力产生的湍流动能。

G_b计算式为：

$$G_b=\beta g_i\frac{\mu_t}{Pr_t}\frac{\partial T}{\partial x_i} \quad (3-1-29)$$

式中，Pr_t 为湍流能量普朗特数；g_i 为重力在 i 方向上的分量。

对于标准和带旋流修正 $k-\varepsilon$ 模型，Pr_t 的默认值是0.85。在RNG模型中，$Pr_t=1/\alpha$，这里 α 是普朗特数，但是 $\alpha_0=1/Pr=k/(u\mathrm{C}p)$。

热膨胀系数 β，定义为：

$$\beta=-\frac{1}{\rho}\left(\frac{\partial\rho}{\partial T}\right)_p \tag{3-1-30}$$

因此，对于理想气体 G_b 可表示为：

$$G_b=-g_i\frac{\mu_t}{\rho Pr_t}\frac{\partial\rho}{\partial x_i} \tag{3-1-31}$$

从 k 方程中可以看出，湍流动能趋向于增长在不稳定层中。对于稳定层，浮力倾向于抑制湍流。当然浮力对 k 方程的影响相对来讲比较清楚，而对 ε 方程就不是十分清楚了。然而也可以包含浮力对 ε 方程的影响。ε 方程受浮力影响的程度取决于常数 $C_{3\varepsilon}$，由式(3-1-32)计算：

$$C_{3\varepsilon}=\tanh\left|\frac{v}{u}\right| \tag{3-1-32}$$

式中，v 为流体平行于重力的速度分量；u 为垂直于重力的分量。

这样，对于速度方向和重力相同的层流 $C_{3\varepsilon}$，将会是1；对于浮力应力层，它是垂直重力速度 $C_{3\varepsilon}$，将会变成0。

Y_M 是在可压缩湍流中，过度的扩散产生的波动，计算公式由Sarkar提出：

$$Y_M=2\rho\varepsilon M_t^2,\ M_t=\sqrt{\frac{k}{a^2}} \tag{3-1-33}$$

式中，M_t 为湍流马赫数；a 为声速。

这种修正是在理想气体的压缩时进行的可压缩修正。

α_k 和 α_ε 是 k 方程和 ε 方程的湍流普朗特数，由以下公式计算：

$$\left|\frac{\alpha-1.3929}{\alpha_0-1.3929}\right|^{0.6321}\left|\frac{\alpha+2.3929}{\alpha_0+2.3929}\right|^{0.3679}=\frac{\mu_{mol}}{\mu_{eff}} \tag{3-1-34}$$

这里 $\alpha_0=1.0$，在大雷诺数下，$\alpha_k=\alpha_\varepsilon\approx1.393$。

ε 方程中 R_ε 的计算公式为：

$$R_\varepsilon=\frac{C_\mu\rho\eta^3(1-\eta/\eta_0)}{1+\beta\eta^3}\frac{\varepsilon^2}{k} \tag{3-1-35}$$

式(3-1-35)中，$\eta\equiv Sk/\varepsilon$，$\eta_0=4.38$，$\beta=0.012$。

考虑这一项的影响，将 *RNG* ε 方程第3项、第4项进行合并，得到的方程可以写为：

$$\frac{\partial}{\partial t}(\rho\varepsilon)+\frac{\partial}{\partial x_i}(\rho\varepsilon u_i)=\frac{\partial}{\partial x_j}\left(\alpha_\varepsilon\mu_{eff}\frac{\partial\varepsilon}{\partial x_j}\right)+C_{1\varepsilon}\frac{\varepsilon}{k}(G_k+C_{3\varepsilon}G_b)-C_{2\varepsilon}^*\rho\frac{\varepsilon^2}{k} \tag{3-1-36}$$

这里 $C_{2\varepsilon}^*$ 可由式(3-1-37)给出：

$$C_{2\varepsilon}^*\equiv C_{2\varepsilon}+\frac{C_\mu\rho\eta^3(1-\eta/\eta_0)}{1+\beta\eta^3} \tag{3-1-37}$$

当 $\eta<\eta_0$ 时，R 项为正，$C_{2\varepsilon}^*$ 要大于 $C_{2\varepsilon}$。按照对数，$\eta\approx3.0$，给定 $C_{2\varepsilon}^*\approx2.0$，这和标准

$k-\varepsilon$ 模型中的 $C_{2\varepsilon}$ 十分接近。结果是，对于适度的应力流，RNG 模型算出的结果要大于标准 $k-\varepsilon$ 模型。当 $\eta>\eta_0$ 时，R 项为负，使 $C_{2\varepsilon}^*$ 要小于 $C_{2\varepsilon}$。与标准 $k-\varepsilon$ 模型相比较，ε 变大，而 k 变小，最终影响到黏性。结果在瞬变流中，RNG 模型产生的湍流黏度要低于标准 $k-\varepsilon$ 模型。因而，RNG 模型相比于标准 $k-\varepsilon$ 模型，对瞬变流和流线弯曲的影响能作出更好的反映，这也可以解释 RNG 模型在某类流动中有很好的表现。

方程中模型常量 $C_{1\varepsilon}$ 和 $C_{2\varepsilon}$ 由 RNG 理论分析得到，分别为 $C_{1\varepsilon}=1.42$，$C_{2\varepsilon}=1.68$。

有效速度在 RNG 模型中消除尺度的过程可由式(3-1-38)得到：

$$\mathrm{d}\left(\frac{\rho^2 k}{\sqrt{\varepsilon\mu}}\right)=1.72\frac{\hat{v}}{\sqrt{\hat{v}^3-1+C_v}}\mathrm{d}\hat{v} \tag{3-1-38}$$

式中，$\hat{v}=u_{\mathrm{eff}}/\mu$，$C_v\approx 100$。

从式(3-1-38)中可以得到湍流变量怎样影响雷诺数，使得模型对低雷诺数和近壁流有更好的表现。

在大雷诺数限制下得出：

$$u_t=\rho C_u\frac{k^2}{\varepsilon} \tag{3-1-39}$$

$C_u=0.0845$，这个值与标准 $k-\varepsilon$ 模型的 0.09 很接近。

(3)带旋流修正 $k-\varepsilon$ 模型。

带旋流修正 $k-\varepsilon$ 模型由 Shih 提出，并作出如下改进：

①改进了漩涡黏度。

②为扩散作出新的方程。

湍流动能方程 k：

$$\frac{\partial}{\partial t}(\rho k)+\frac{\partial}{\partial x_i}(\rho k u_j)=\frac{\partial}{\partial x_i}\left[\mu+\left(\frac{\mu_t}{\sigma_k}\right)\frac{\partial k}{\partial x_j}\right]+G_k+G_b-\rho\varepsilon-Y_M+S_k \tag{3-1-40}$$

扩散方程 ε：

$$\frac{\partial}{\partial t}(\rho\varepsilon)+\frac{\partial}{\partial x_j}(\rho\varepsilon u_j)=\frac{\partial}{\partial x_j}\left[\left(\mu+\frac{\mu_t}{\sigma_\varepsilon}\right)\frac{\partial_\varepsilon}{\partial x_j}\right]+\rho C_1 S_\varepsilon-\rho C_2\frac{\varepsilon^2}{k+\sqrt{v\varepsilon}}+C_{1\varepsilon}\frac{\varepsilon}{k}C_{3\varepsilon}G_b+S_\varepsilon \tag{3-1-41}$$

$$C_1=\max\left[0.43,\frac{\eta}{\eta+5}\right] \tag{3-1-42}$$

$$\eta=S\frac{K}{\varepsilon} \tag{3-1-43}$$

式中，G_b 为由浮力产生的湍流动能；Y_M 为在可压缩湍流中，过度的扩散产生的波动；C_1、C_2、$C_{1\varepsilon}$ 为常量；σ_k、σ_ε 为 k 方程和 ε 方程的湍流普朗特数；S_k、S_ε 为用户定义的。

此处的 k 方程和标准 $k-\varepsilon$ 模型及 RNG 模型的 k 方程是一样的，常量除外。

与其他 $k-\varepsilon$ 模型一样，漩涡黏度由式(3-1-44)计算：

$$\mu_t=\rho C_\mu\frac{k^2}{\varepsilon} \tag{3-1-44}$$

带旋流修正 $k-\varepsilon$ 模型与标准 $k-\varepsilon$ 模型和 RNG$k-\varepsilon$ 模型的区别在于 C_μ 不再是常量，它由式(3-1-45)计算：

$$C_\mu = \frac{1}{A_0 + A_s \frac{kU^*}{\varepsilon}} \tag{3-1-45}$$

$$U^* = \sqrt{S_{ij}S_{ij} + \tilde{\Omega}_{ij}\tilde{\Omega}_{ij}} \tag{3-1-46}$$

$$\tilde{\Omega}_{ij} = \Omega_{ij} - 2\varepsilon_{ijk}\omega_k \tag{3-1-47}$$

$$\Omega_{ij} = \overline{\Omega}_{ij} - \varepsilon_{ijk}\omega_k \tag{3-1-48}$$

这里，$\overline{\Omega}_{ij}$ 是柱坐标下的带有角速度的 ω_k 层流速度，模型常量 A_0 为：

$$A_0 = 4.04 \tag{3-1-49}$$

$$A_s = \sqrt{6}\cos\phi \tag{3-1-50}$$

$$\phi = \frac{1}{3}\cos^{-1}(\sqrt{6}W) \tag{3-1-51}$$

$$W = \frac{S_{ij}S_{jk}S_{ki}}{\tilde{S}} \tag{3-1-52}$$

$$\tilde{S} = \sqrt{S_{ij}S_{ij}} \tag{3-1-53}$$

$$S_{ij} = \frac{1}{2}\left(\frac{\partial u_j}{\partial x_i} + \frac{\partial u_i}{\partial x_j}\right) \tag{3-1-54}$$

由式(3－1－43)可知，C_μ 是层流应变和旋度的函数、系统旋转的角速度，以及湍流范围。C_μ 可以看作对惯性层流的标准值0.09在平衡边界层的重新计算，$C_{1\varepsilon} = 1.44$，$C_2 = 1.9$，$\sigma_k = 1.0$，$\sigma_\varepsilon = 1.2$。

旋流修正 $k-\varepsilon$ 模型优点体现在对于平板和圆柱射流的发散比率能够更为精确地预测，而且它对于旋转流动、强逆压梯度的边界层流动、流动分离和二次流有很好的表现。$k-\varepsilon$ 模型和RNG $k-\varepsilon$ 模型都显现出比标准 $k-\varepsilon$ 模型在强流线弯曲、漩涡和旋转上有更好的表现。

不足主要是在计算旋转和静态流动区域时不能提供自然的湍流黏度。这是因为带旋流修正 $k-\varepsilon$ 模型在定义湍流黏度时考虑了平均旋度的影响。

3)标准和SST$k-\omega$ 模型。

标准和SST$k-\omega$ 模型有相似的形式，都有方程 k 和方程 ω。标准和SST$k-\omega$ 模型的不同之处如下：

①从边界层内部的标准 $k-\omega$ 模型到边界层外部的高雷诺数的 $k-\varepsilon$ 模型的逐渐转变。

②考虑到湍流剪应力的影响，修改了湍流黏度公式。

(1)标准 $k-\omega$ 模型。

标准 $k-\omega$ 模型是一种经验模型，是基于湍流能量方程和扩散速率方程推导的。标准 $k-\omega$ 模型基于Wilcox $k-\omega$ 模型，它是为考虑低雷诺数、可压缩性和剪切流传播而修改的。Wilcox $k-\omega$ 模型预测了自由剪切流传播速率，像尾流、混合流动、平板绕流、圆柱绕流和放射状喷射，因而可以应用于墙壁束缚流动和自由剪切流动。

湍流动能方程 k：

$$\frac{\partial}{\partial t}(\rho k) + \frac{\partial}{\partial x_i}(\rho k u_i) = \frac{\partial}{\partial x_j}\left(\Gamma_k \frac{\partial k}{\partial x_j}\right) + G_k - Y_k + S_k \tag{3-1-55}$$

扩散方程 ω：

$$\frac{\partial}{\partial t}(\rho\omega)+\frac{\partial}{\partial x_i}(\rho\omega u_i)=\frac{\partial}{\partial x_j}\left(\Gamma_\omega\frac{\partial\omega}{\partial x_j}\right)+G_\omega-Y_\omega+S_\omega \tag{3-1-56}$$

$$\Gamma_k=\mu+\frac{\mu_t}{\sigma_k} \tag{3-1-57}$$

$$\Gamma_\omega=\mu+\frac{\mu_t}{\sigma_\omega} \tag{3-1-58}$$

式中，σ_k、σ_ω 为湍流能量普朗特数。

湍流黏度：

$$\mu_t=\beta^*\frac{\rho k}{\omega} \tag{3-1-59}$$

低雷诺数修正：

系数 α^* 使得湍流黏度产生的低雷诺数修正公式为：

$$\alpha^*=\alpha_\infty^*\left(\frac{\alpha_0^*+Re_t/R_k}{1+Re_t/R_k}\right) \tag{3-1-60}$$

其中：

$$Re_t=\frac{\rho k}{\mu\omega} \tag{3-1-61}$$

式(3-1-62)中，G_k为由层流速度梯度产生的湍流动能，计算式为：

$$G_k=-\rho\bar{u}'_i\bar{u}'_j\frac{\partial u_j}{\partial x_i} \tag{3-1-62}$$

为了评估 G_k，假设 $G_k=\mu_t S^2$

式中，S 为表面张力系数。

G_ω 的定义：

$$G_\omega=\frac{\alpha_\infty}{\alpha^*}\left(\frac{\alpha_0+Re_t/R_\omega}{1+Re_t/R_\omega}\right) \tag{3-1-63}$$

系数 α 的定义为：

$$\alpha=\frac{\alpha_\infty}{\alpha^*}\left(\frac{\alpha_0+Re_t/R_\omega}{1+Re_t/R_\omega}\right) \tag{3-1-64}$$

式中，$R_\omega=2.95$，在高雷诺数的 $k-\omega$ 模型中，$\alpha=\alpha_\infty=1$。

湍流分离模型：

k 的分离公式为：

$$Y_k=\rho\beta^*f_{\beta*}k\omega \tag{3-1-65}$$

其中：

$$f_{\beta*}=\begin{cases}1, & x_k\leqslant 0\\ \dfrac{1+680x_k^2}{1+400x_k^2}, & x_k>0\end{cases} \tag{3-1-66}$$

其中：

$$x_k\equiv\frac{1}{\omega^3}\frac{\partial k}{\partial x_j}\frac{\partial\omega}{\partial x_j} \tag{3-1-67}$$

$$\beta^* = \beta_i^*[1 + \zeta^* F(M_t)] \quad (3-1-68)$$

$$\beta_i^* = \beta_\infty^* \left[\frac{4/15 + (Re_t/R_\beta)^4}{1 + (Re_t/R_\beta)^4}\right] \quad (3-1-69)$$

式中，$\zeta^* = 1.5$，$R_\beta = 8$，$\beta_\infty^* = 0.09$。

ω 的分离公式为：

$$Y_\omega = \rho\beta f_\beta \omega^2 \quad (3-1-70)$$

其中：

$$f_\beta = \frac{1 + 70x_\omega}{1 + 80_\omega} \quad (3-1-71)$$

$$x_\omega = \left|\frac{\Omega_{ij}\Omega_{jk}S_{kj}}{(\beta_\infty^*\omega)^3}\right| \quad (3-1-72)$$

$$\Omega_{ij} = \frac{1}{2}\left(\frac{\partial u_i}{\partial x_j} - \frac{\partial u_j}{\partial x_i}\right) \quad (3-1-73)$$

$$S_{ij} = \frac{1}{2}\left(\frac{\partial u_j}{\partial x_i} + \frac{\partial u_i}{\partial x_j}\right) \quad (3-1-74)$$

$$\beta = \beta_i\left[1 - \frac{\beta_i^*}{\beta_i}\zeta^* F(M_t)\right] \quad (3-1-75)$$

对于可压性修正：

$F(M_t)$ 公式：

$$F(M_t)\begin{cases} 0, M_t \leqslant M_{t0} \\ M_t^2 - M_{t0}^2, M_t > M_{t0} \end{cases} \quad (3-1-76)$$

其中：

$$M_t^2 \equiv \frac{2k}{a^2} \quad (3-1-77)$$

$$M_{t0} = 0.25 \quad (3-1-78)$$

$$a = \sqrt{\gamma RT} \quad (3-1-79)$$

在高雷诺数的 $k-\omega$ 模型中，$\beta_i^* = \beta_\infty^*$，在不可压缩的公式中 $\beta^* = \beta_i^*$。

模型的常数项为：$\alpha_\infty^* = 1$，$\alpha_\infty = 0.52$，$\alpha_0 = \frac{1}{9}$，$\beta_\infty^* = 0.09$，$\beta_i = 0.072$，$R_\beta = 8$，$R_k = 6$，$R_\omega = 2.95$，$\zeta^* = 1.5$，$M_{t0} = 0.25$，$\sigma_k = 2.0$，$\sigma_\omega = 2.0$。

（2）SST$k-\omega$ 模型。

SST$k-\omega$ 模型适合对流减压区的计算，同时它还考虑了正交发散项，从而使方程在近壁面和远壁面都适合。SST$k-\omega$ 模型由 Menter 发展，以便使得在广泛的领域中可以独立于 $k-\omega$ 模型，使得在近壁自由流中 $k-\omega$ 模型有广泛的应用范围和精度。为了达到此目的，$k-\omega$ 模型变成了 $k-\omega$ 公式。SST$k-\omega$ 模型和标准 $k-\omega$ 模型相似，但有以下改进：

SST$k-\omega$ 模型和 $k-\omega$ 模型的变形增长与混合功能和双模型加在一起。混合功能是为近壁区域设计的，这个区域对标准 $k-\omega$ 模型有效，以及自由表面对 $k-\omega$ 模型的变形有效。

SST$k-\omega$ 模型合并了来自 ω 方程中的交叉扩散。

湍流黏度考虑了湍流剪应力的传播。

模型常量不同。

这些改进使得 SST$k-\omega$ 模型比标准 $k-\omega$ 模型在广泛的流动领域中有更高的精度和可信度。

湍流动能方程 k：

$$\frac{\partial}{\partial t}(\rho k)+\frac{\partial}{\partial x_{i}}(\rho k u_{i})=\frac{\partial}{\partial x_{j}}\left(\Gamma_{k}\frac{\partial k}{\partial x_{j}}\right)+G_{k}-Y_{k}+S_{k} \tag{3-1-80}$$

扩散方程 ω：

$$\frac{\partial}{\partial t}(\rho\omega)+\frac{\partial}{\partial x_{i}}(\rho\omega u_{i})=\frac{\partial}{\partial x_{j}}\left(\Gamma_{\omega}\frac{\partial\omega}{\partial x_{j}}\right)+G_{\omega}-Y_{\omega}+D_{\omega}+S_{\omega} \tag{3-1-81}$$

式中，G_k 为湍流动能；G_ω 为 ω 方程；Y_k、Y_ω 为 k 与 ω 的发散项；D_w 为正交发散项；S_k、S_ω 为用户自定义。

Γ_k、Γ_ω 分别代表 k 与 ω 的有效扩散项，其扩散方程为：

$$\Gamma_{k}=\mu+\frac{\mu_{t}}{\sigma_{k}} \tag{3-1-82}$$

$$\Gamma_{\omega}=\mu+\frac{\mu_{t}}{\sigma_{\omega}} \tag{3-1-83}$$

式中，σ_k、σ_ω 为 k 与 ω 的湍流普朗特数。

湍流黏度计算如下：

$$\mu_{t}=\frac{\rho_{k}}{\omega}\frac{1}{\max\left[\alpha^{*},\frac{\Omega F_{2}}{a_{1}\omega}\right]} \tag{3-1-84}$$

其中：

$$\Omega\equiv\sqrt{2\Omega_{ij}\Omega_{ij}} \tag{3-1-85}$$

$$\sigma_{k}=\frac{1}{F_{1}/\sigma_{k,1}+(1-F_{1})/\sigma_{k,2}} \tag{3-1-86}$$

$$\sigma_{\omega}=\frac{1}{F_{1}/\sigma_{\omega,1}+(1-F_{1})/\sigma_{\omega,2}} \tag{3-1-87}$$

式中，Ω_{ij} 为旋率。

α^* 由公式(3-1-60)给出。

F_1、F_2 定义为：

$$F_{1}=\tanh(\Phi_{1}^{4}) \tag{3-1-88}$$

$$\Phi_{1}=\min\left[\max\left(\frac{\sqrt{k}}{0.09\omega y},\frac{500\mu}{\rho y^{2}\omega}\right),\frac{4\rho k}{\sigma_{\omega,2}D_{\omega}^{+}y^{2}}\right] \tag{3-1-89}$$

$$D_{\omega}^{+}=\max\left[2\rho\frac{1}{\varpi_{\omega,2}}\frac{1}{\omega}\frac{\partial k}{\partial x_{j}}\frac{\partial\omega}{\partial x_{j}},10^{-20}\right] \tag{3-1-90}$$

$$F_{2}=\tanh(\Phi_{2}^{2}) \tag{3-1-91}$$

$$\Phi_{2}=\max\left[2\frac{\sqrt{k}}{0.09\omega y},\frac{500\mu}{\rho y^{2}\omega}\right] \tag{3-1-92}$$

式中，y 为到另一个面的距离；D_ω^+ 为正交扩散项的正方向。

湍流产生模型：

k 项与标准 $k-\omega$ 模型相同，G_ω 代表 ω 方程，定义为：

$$G_\omega = \frac{\alpha}{vt}G_k \tag{3-1-93}$$

k 的发散项：

Y_ω 代表 ω 的发散项，定义类似标准 $k-\omega$ 模型，不同在于标准 $k-\omega$ 中 β_i 为常数，SST 模型 f_β 为常数。

正交发散修正：

SST 模型建立在标准 $k-\omega$ 模型和标准 $k-\varepsilon$ 模型基础上。综合考虑，得到正交发散项 D_ω。其方程为：

$$D_\omega = 2(1-F_1)\rho\sigma_{\omega,2}\frac{1}{\omega}\frac{\partial k}{\partial x_j}\frac{\partial \omega}{\partial x_j} \tag{3-1-94}$$

模型常数：$\sigma_{k,1}=1.176$，$\sigma_{\omega,1}=2.0$，$\sigma_{k,2}=1.0$，$\sigma_{\omega,2}=1.168$，$a_1=0.31$，$\beta_{i,1}=0.075$，$\beta_{i,2}=0.0828$。

其他常数与标准 $k-\omega$ 模型相同。

4）雷诺应力模型（RSM）

在 FLUENT 中，RSM 是最精细制作的模型。放弃等方性边界速度假设，RSM 使得雷诺平均 $N-S$ 方程封闭，解决了关于方程中的雷诺压力和耗散速率。这意味着在二维流动中加入了 4 个方程，而在三维流动中加入了 7 个方程。

由于 RSM 比单方程和双方程模型更加严格地考虑了流线型弯曲、漩涡、旋转和张力的快速变化，它对于复杂流动有更高的精度预测潜力。但是，这种预测仅仅限于与雷诺应力有关的方程。压力张力和耗散速率被认为是使 RSM 模型预测精度降低的主要因素。

雷诺应力流动方程：

$$\begin{aligned}
&\underbrace{\frac{\partial}{\partial t}(\rho\overline{u'_i u'_j})}_{\text{Local Time Derivative}} + \underbrace{\frac{\partial}{\partial x_k}(\rho u_k \overline{u'_i u'_j})}_{C_{ij}\equiv\text{Convection}} \\
&= \underbrace{-\frac{\partial}{\partial x_k}\left[\overline{\rho u'_i u'_j u'_k} + \overline{p(\delta_{kj}u'_i + \delta_{ik}u'_j)}\right]}_{D_{T,ij}\equiv\text{Turbulent Diffusion}} + \underbrace{\frac{\partial}{\partial x_k}\left[\mu\frac{\partial}{\partial x_k}(\overline{u'_i u'_j})\right]}_{D_{L,ij}\equiv\text{Molecular Diffusion}} \\
&\quad \underbrace{-\rho\left(\overline{u'_i u'_k}\frac{\partial u_j}{\partial x_k} + \overline{u'_j u'_k}\frac{\partial u_j}{\partial x_k}\right)}_{P_{ij}\equiv\text{Stress Production}} \underbrace{-\rho\beta(g_i\overline{u'_j\theta} + g_i\overline{u'_j\theta})}_{G_{ij}\equiv\text{Buoyancy Production}} \\
&\quad + \underbrace{\overline{p\left(\frac{\partial u'_i}{\partial x_j} + \frac{\partial u'_j}{\partial x_i}\right)}}_{\phi_{ij}\equiv\text{Pressure Strain}} \underbrace{-2\mu\overline{\frac{\partial u'_i}{\partial x_k}\frac{\partial u'_j}{\partial x_k}}}_{\varepsilon_{ij}\equiv\text{Dissipation}} \\
&\quad \underbrace{-2\rho\Omega_k(\overline{u'_j u'_m}\varepsilon_{ikm} + \overline{u'_j u'_m}\varepsilon_{jkm})}_{F_{ij}\equiv\text{Production by System Rotation}} + \underbrace{\text{Suser}}_{\text{User-Defined Source Term}}
\end{aligned} \tag{3-1-95}$$

在这些项中，C_{ij}、$D_{L,ij}$、P_{ij}、F_{ij} 不需要模型，而 $D_{T,ij}$、G_{ij}、ϕ_{ij}、ε_{ij} 需要建立模型方程使方程组封。

湍流扩散模型：

$$D_{T,ij} = \frac{\partial}{\partial x_k}\left(\frac{\mu_t}{\partial x_k}\frac{\partial\overline{u'_i u'_j}}{\partial x_k}\right) \tag{3-1-96}$$

Lien 和 Leschziner 用此方程在类似的平面剪切流动中得到 σ_k 为 0.82，而在标准的 $k-\omega$ 模型中，σ_k 为1.0。

线性应力—应变模型：

ϕ_{ij} 的求解方法为：

$$\phi_{ij} = \phi_{ij,1} + \phi_{ij,2} + \phi_{ij,\omega} \tag{3-1-97}$$

式中，$\phi_{ij,1}$ 为慢压力应变项；$\phi_{ij,2}$ 为快应力应变项；$\phi_{ij,\omega}$ 为壁面反射项。

$\phi_{ij,1}$ 计算公式：

$$\phi_{ij,1} \equiv -C_1\rho\frac{\varepsilon}{k}\left[\overline{u'_i u'_j} - \frac{2}{3}\delta_{ij}k\right] \tag{3-1-98}$$

其中，$C_1 = 1.8$。

$\phi_{ij,2}$ 计算公式：

$$\phi_{ij,2} \equiv -C_2\left[(P_{ij} + F_{ij} + G_{ij} - C_{ij}) - \frac{2}{3}\delta_{ij}(P + G - C)\right] \tag{3-1-99}$$

其中，$C_2 = 0.60$。P_{ij}、F_{ij}、G_{ij} 和 C_{ij} 在公式(3-1-30)中给出：

$$P = \frac{1}{2}P_{kk} \tag{3-1-100}$$

$$G = \frac{1}{2}G_{kk} \tag{3-1-101}$$

$$C = \frac{1}{2}C_{kk} \tag{3-1-102}$$

$\phi_{ij,\omega}$ 主要为壁面处应力再分配，抑制应力的垂直分量，而加强平行壁面的分量，其方程为：

$$\begin{aligned}\phi_{ij,\omega} \equiv\ & C'_1\frac{\varepsilon}{k}\left(\overline{u'_k u'_m}n_k n_m\delta_{ij} - \frac{3}{2}\overline{u'_i u'_k}n_j n_k - \frac{3}{2}\overline{u'_j u'_k}n_i n_k\right)\frac{k^{3/2}}{C_\lambda\varepsilon d}\\ & + C'_2\frac{\varepsilon}{k}\left(\phi_{km,2}n_k n_m\delta_{ij} - \frac{3}{2}\phi_{ik,2}n_j n_k - \frac{3}{2}\phi_{jk,2}n_i n_k\right)\frac{k^{3/2}}{C_\lambda\varepsilon d}\end{aligned} \tag{3-1-103}$$

其中，$C'_1 = 0.5$，$C'_2 = 0.3$，n_k 为壁面处的一个单元，d 为到壁面的距离，$C_\lambda = C_\mu^{3/4}/k$，$C_\mu = 0.09$，$k$ 为常数0.4187。

二次压力张量模型：

该模型用于许多基本流动，包括平面流、漩涡流和轴对称流，其准确性很高，很适合工程中复杂的流动情况，也可用于黏性表面流动，其方程为：

$$\begin{aligned}\phi_{ij} =\ & -(C_1\rho\varepsilon + C_1^* P)b_{ij} + C_2\rho\varepsilon\left(b_{ik}b_{jk} - \frac{1}{3}b_{mn}S_{mn}\delta_{ij}\right) + (C_3 - C_3^*\sqrt{b_{ij}b_{jk}})\rho k S_{ij} +\\ & C_4\rho k\left(b_{ik}S_{jk} + b_{jk}S_{ik} - \frac{2}{3}b_{mn}S_{mn}\delta_{ij}\right) + C_5\rho k(b_{ik}\Omega_{jk} + b_{jk}\Omega_{ik})\end{aligned} \tag{3-1-104}$$

式中，b_{ij}为雷诺各项异性张量。

b_{ij}定义为：

$$b_{ij} = -\left(\frac{-\rho\overline{u'_i u'_j} + \frac{2}{3}\rho k\delta_{ij}}{2\rho k}\right) \tag{3-1-105}$$

式中，S_{ij} 为平均张率。

S_{ij} 定义为：

$$S_{\mathrm{ij}} = \frac{1}{2}\left(\frac{\partial u_{\mathrm{j}}}{\partial x_{\mathrm{i}}} + \frac{\partial u_{\mathrm{i}}}{\partial x_{\mathrm{j}}}\right) \tag{3-1-106}$$

平均张量旋率 Ω_{ij} 定义为：

$$\Omega_{\mathrm{ij}} = \frac{1}{2}\left(\frac{\partial u_{\mathrm{i}}}{\partial x_{\mathrm{j}}} - \frac{\partial u_{\mathrm{j}}}{\partial x_{\mathrm{i}}}\right) \tag{3-1-107}$$

常数为：$C_1 = 3.4$，$C_1^* = 1.8$，$C_2 = 4.2$，$C_3 = 0.8$，$C_3^* = 1.3$，$C_4 = 1.25$，$C_5 = 0.4$。

5) LES 模型

湍流流场中起主导作用的是大尺寸的漩涡，小尺寸的漩涡主要引起湍流动量的扩散。理论上，可以直接通过数值模拟(DNS)尺寸的湍流模型，但是在实际工程中并不可行，因为它的计算代价太大，不实用。传统的流场计算方法是用 $N-S$ 方程，即 RANS 法，在此方法上，所有的湍流流场都可以模拟，其结果可以保存。理论上，LES 法处于 DNS 与 RANS 之间，大尺寸漩涡用 LES 法，而小尺寸漩涡用 RANS 方程求解，使用 LES 法的原则如下：

(1) 动量、质量、能量主要由大尺寸漩涡传输。

(2) 大涡在流动中起主导作用，它们主要由流动的几何边界条件来确定。

(3) 小涡不起主导作用(尺寸上)，单其解决方法更具有通用性。

(4) 当仅有小涡时，更容易建立通用的模型。

然而，LES 模型也存在缺点，当解决仅有大涡或者仅有小涡的问题时，所受的限制要比 DNS 法少得多。在实际工程中，不仅需要很好的网格划分，而且需要付出很大的计算代价，只有计算机硬件性能大幅提高，或者采用并行运算，LES 法才可能用于实际工程。

LES 方程通过在傅里叶或空间域 $N-S$ 方程中滤掉时间项得到方程，再计算，可以有效地滤掉比过滤网格小的漩涡，从而得到大涡的动量方程。

过滤的变量定义为：

$$\bar{\phi}(x) = \int_D \phi(x') G(x,x') \mathrm{d}x' \tag{3-1-108}$$

式中，D 为流场区域；G 为决定过滤尺寸的函数。

在 FLUENT 中离散化本身就提供了过滤操作：

$$\bar{\phi}(x) = \frac{1}{V}\int_v \phi(x') \mathrm{d}x', x'\varepsilon v \tag{3-1-109}$$

式中，V 为计算单元的体积。

过滤函数 $G(x,x')$ 定义为：

$$G(x,x') = \begin{cases} 1/V, x'\varepsilon v \\ 0, x'\text{otherwise} \end{cases} \tag{3-1-110}$$

式中，μ_t 为亚网格湍流黏滞力；$\bar{S}_{\mathrm{ij}}$ 为其张量旋率。

2. 多相流模型

在 FLUENT 中，使用欧拉－欧拉法和欧拉－拉格朗日法对多相流进行研究，欧拉－欧拉法通过观察空间的点，记录空间每个点上的物理量变化，欧拉－拉格朗日法通过观察流体质点，记录每一质点的每一位置和每一时间点的每个物理量变化。在多相流模型中，欧拉－欧拉法用来研究连续介质，属于欧拉－欧拉型模型。

FLUENT 提供了三种欧拉－欧拉型多相流模型：VOF(Volume Of Fluid)模型、混合模型和欧拉模型。

1)VOF 模型

VOF 模型为一种应用于固定的欧拉网格上的界面追踪技术。一般可以利用该模型得到互不相容流体间的交界面。该模型中，一套动量方程用于每一相流体，在整个计算域内追踪每一相所占有的体积率。VOF 模型可以求得任意液气分界面的稳态或者瞬态分界面。特别对空气和水的混合流动时，最好的方法就是利用 VOF 模型来研究。如在分离液相和气相的移动界面的不可压缩流体中，运用 VOF 模型来实现体积/质量守恒和界面捕获。在对流计算中，VOF 模型为解决体积分数的构件。在应用中，若每个控制体中第一相的体积含量为 β。如果 $\beta=0$，则控制体不含第一相；如果 $\beta=1$，则含第一相；如果 $0<\beta<1$，则证明控制体有两相交界面。另外，VOF 模型采用体积分数函数表示自由面的位置和流体所占的体积，这在计算机运行时，占据内存小，方便快速计算。

2)混合模型

混合模型是一种简化的两(多)相流模型，它的相可以是流体或颗粒，并被互相穿插的连续统一体。也用于相间速度有差异的两(多)相流进行数值模拟，但是在短空间计算时，必须假设一部分相与相间耦合很强。同时，也用于模拟有很强烈耦合的各向同性相流和各相以相对运动的两(多)相流。参考 VOF 和混合多相流模型在空泡流模拟中的应用，书中采纳了简化了的混合模型，运用单一流体——空泡流体，来模拟忽略重力和考虑重力各相不同速度的多相流。另外，混合模型也非常适用于含气泡的流体。在基于不同多相流模型的气浮接触区流动的模拟研究中，混合多相流模型对典型的气浮接触区流动进行动态模拟研究，研究气泡在混合区中的均匀度接触和浓度变化。混合模型也在旋风分离器中应用广泛，这对除砂器的设计有重要帮助。通常，在设计除砂器时，都是假设气、砂两相混合流，此时用混合模型研究是最优选择。因为在多相流进入旋流分离器时速度有差别。

3)欧拉模型

欧拉模型是两(多)相流中非常繁杂的两(多)相流模型，叫作流体模型。在模拟中，液体、气体和固体可以随意组合，也能互相作用，其中连续相与分散相被视为连续的一体。另外，欧拉模型对每相使用欧拉方法进行描述，然后列出动量方程和连续性方程，对压力和相间互换系数的耦合进行计算。气旋中的气固流：欧拉－欧拉方法研究中，分别对清洁空气流稀释后的空气流和玻璃球颗粒采用欧拉模型，进行压降测试，模拟常规旋风分离器中的稀释气固流。欧拉模型通常应用于流化床和悬浮颗粒等。

应用选择基本原则：VOF 模型用于流动清晰的相界面。适用的流型有活塞流、分层流，以及自由流动表面。最优模型是空气和水的流动模型。混合模型是一种简化的、各相以不同速度流动的多相流模型。在模型中，各相允许相互穿插。另外，还可以模拟各相以同一速度流动、耦合强的均匀多相流。混合模型没有欧拉模型精确度高，当相间曳力不容易测量时，混合模型是最好的选择。当分散相分布不集中如除砂器除砂时，分布很散，采用混合模型研究方便、快速。对于泥浆流和水力输送，采用混合模型；对于粒子流、流化床、沉降等可以采取欧拉模型。另外，如果分散相主要集中在一小块区域时，采用欧拉模型比较好，因为与混合模型相比，欧拉模型计算精度高，那么计算区域集中的部分，用欧拉模型精确分析，结果更准确。对相间曳力规律明显的流体流动，采用欧拉模型是最好的选择。

在处理多相流时，根据研究相最重要的流动特征，选择最合适的模型，进行处理分析、建模和数值模拟。每种模型既有优点，又有一定的缺陷，如，欧拉模型计算精确度比混合模型高，但是计算过程复杂，在一些复杂运算中，稳定性也没有混合模型稳定，主要是因为解的收敛性受到了限制。

（二）湍流模型的筛选与验证

1. 模型建立和网格划分

根据喷射旋流工具结构参数设计，运用 Solideworks 建立其三维模型，具体结构如图 3－1－7 所示。在三维模型的基础上，运用布尔运算抽取工具流体域，而后采用 Meshing 进行网格划分，如图 3－1－8 所示。图 3－1－9 为网格质量检验图，可以看出网格主要分布在 0.25 左右，标准偏差在 0.16，最大值小于 0.9。网格平滑，满足目标偏度，且网格质量良好，符合要求。

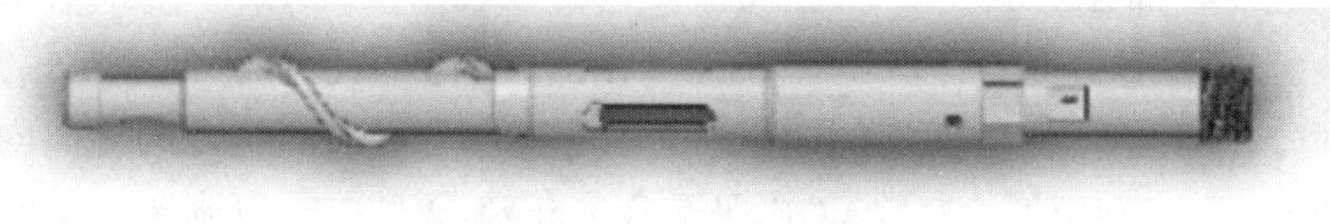

图 3－1－7　工具模型图

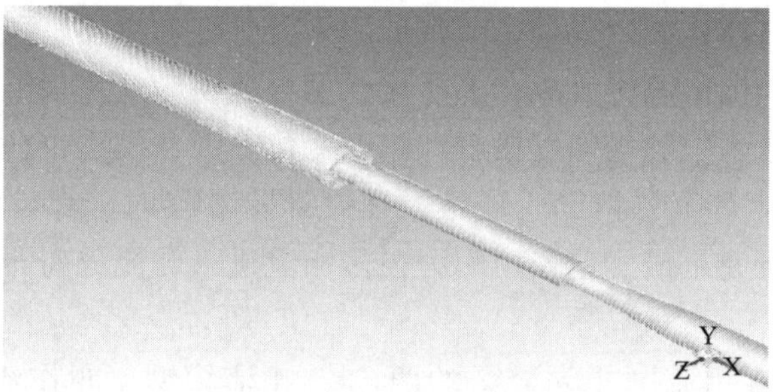

图 3－1－8　网格划分图

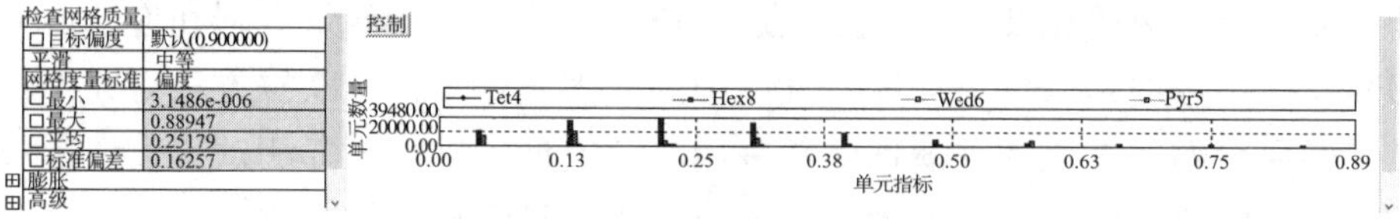

图 3－1－9　网格质量检验图

2. 网格无关性检验

1）结构化网格

结构化网格是指网格区域内所有的内部点都具有相同的毗邻单元。具有以下优点：

（1）它可以很容易地实现区域边界拟合，适用于流体和表面应力集中等的计算。

（2）网格生成质量好。

（3）数据结构简单。

(4)对曲面或空间的拟合大多数采用参数化或样条插值的方法得到，区域光滑，与实际的模型更容易接近。

其缺点如下：

(1)适用范围比较狭窄，只适用于形状规则的图形。

(2)同一单元的边长尺寸相差很大，或整个区域网格尺寸变化很大，造成单元质量差很大。

(3)由于每个单元的节点相应的单元数一样，所以无法实现光滑的尺寸过渡，从而造成整个区域大部分网格过密，增加不必要的节点。

2)非结构化网格

非结构化网格是指网格区域内的内部点不具有相同的毗邻单元。即与网格剖分区域内的不同内点相连接的网格数目不同。具有以下优点：

(1)非结构化网格在其生成网格的过程中采用一定的准则进行优化判断，因而能生成高质量的网格。

(2)很容易控制网格大小和节点密度。

(3)采用随机的数据结构，有利于实现网格自适应。

(4)一旦在边界指定网格的分布，在边界可以自动生成网格，无须分块和用户干预，而且不需要在子域之间传递信息。

其缺点如下：

(1)不能很好地处理黏性问题，在附层内只采用三角形或四面体网格，其网格数量将极其巨大。

(2)对于相同的物理空间，网格填充率不高，在满足同样流场计算条件的情况下，它产生的网格数量比结构网格大得多。

3)无关性验证

喷射旋流工具进行流体仿真，其网格质量对仿真结果具有一定影响。目前，针对井下喷射旋流工具的流体仿真可借鉴案例寥寥无几，而对射流和涡流工具流体仿真的网格划分方法没有一致性，且对结构化网格与非结构化网格的好坏比较尚无明确定论，通常是基于仿真者的个人经验，结合不同的仿真需求而采取不同的网格划分方式。而对特定几何模型进行网格划分时，划分的网格体积越小，网格数量越多，计算精度越高。但是，较多的网格数量增加了计算时长，同时其对精度的影响也并不是线性相关的，因此对模型进行网格无关性检验。

针对结构网格与非结构网格、网格数量对计算精度的影响，设计了如表3-1-1所示的模拟方案，以此验证各因素对模拟精度的影响。

表3-1-1 网格数量等级

方案名称	方案1	方案2	方案3	方案4	方案5	方案6
结构网格数量	889511	1265345	1684313	2097224	2488799	2936852
非结构网格数量	818433	1368472	1634247	2184569	2588384	3057643

在相同的工况条件下对6种方案进行数值模拟，以旋流产生高度为评价指标，对6种

方案所得旋流高度与网格数量建立折线图，如图 3-1-10 所示。

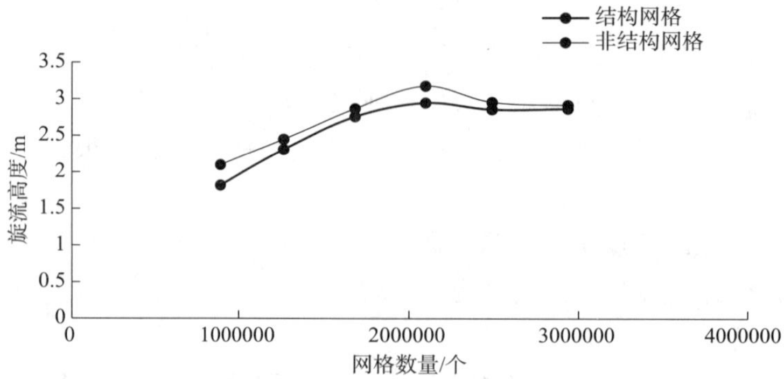

图 3-1-10　网格无关性检验视图

通过图 3-1-10 可以直观看出随着网格数量增加，旋流高度在一定程度地增加。结构性网格数量为 2097224 个时，旋流高度最高为 2.95m，当网格数量继续增加时，旋流高度降低；非结构网格数量为 2184569 个时，旋流高度最高为 3.18m，当网格数量继续增加时，旋流高度降低。以上两种不同结构的网格数量共同说明了网格数量存在一个最优值，并不是网格数量越多越好。同时，两种网格划分方式对涡流螺旋高度的影响规律基本一致，说明结构性网格与非结构性网格的网格划分方式对计算精度影响较小。

与非结构化网格相比较，结构化网格收敛性较好。综上所述，本次工程案例仿真模拟主体网格选用结构化网格，而对模型结构较复杂的区域选用非结构化网格的方法进行网格划分，局部非结构化网格划分图如图 3-1-11 所示。

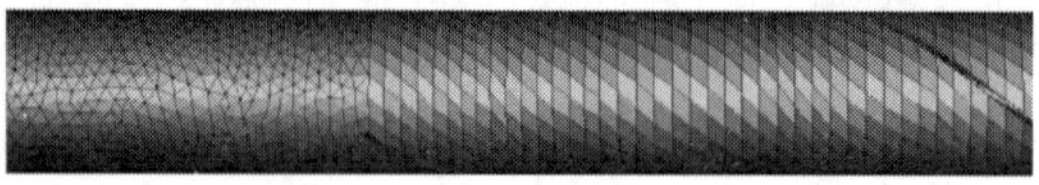

图 3-1-11　局部非结构网格划分视图

3. 边界条件设置

将流体设置为气和水，入口边界条件与室内实验工况条件一致，流量为 $60m^3/h$，出口边界条件为压力出口，选用标准壁面函数。松弛因子设置为 0.3，采用 SinPLE 算法一阶迎风格式进行求解，松弛因子各项分别设置为 0.3、1、1、0.3、0.1、0.3、0.3、0.4 和 0.5。

4. 多相流模型的选择

1) 欧拉模型的确定

通常，在气、液两相流中使用何种模型，主要取决于气相的流型、气体体积分数、气体在液体中的分布情况。一般情况下，VOF 模型适用的流型有活塞流、分层流，以及自由流动表面。对于气泡流，除对大型气泡的模拟使用 VOF 模型外，在气泡作为小气泡群或微气泡群且作为离散相的气泡体积分数大于 10% 的情况大都使用混合模型或欧拉模型。

喷射旋流工具在井底主要用于气井排水采气，且此种情况下，液体主要依靠气体能量带出，气体为主相，液体为第二相。气、液两相在井筒流动过程中分界不明显，且处于混合状态，因此对于喷射旋流工具进行数值模拟时 VOF 模型不适用，仅有混合模型和欧拉模型适用。而针对湍流模型进行筛选验证时，多相流模型的精度的影响至关重要，应该将其考虑在内，其精度越高越好，与混合模型相比较，欧拉模型计算精度高，因此采用欧拉模型进行精确分析，结果更准确。

2)欧拉模型的控制方程

欧拉模型对每一项使用欧拉方法进行处理，假设各项共享相同压力，对每一项求解连续性方程和动量方程。欧拉模型不区分流体—流体多相流和流体—固体(颗粒)多相流，颗粒流仅仅是有一相被指定为颗粒相的流动。

欧拉模型的基本假设如下：

(1)流体被看作不可压缩的，且各项共用一个压力场。

(2)对各项分别求动量方程和连续方程。

(3)相间动量的传递通过相间曳力协同函数建模，此函数表示当地相间滑移速度。

(4)对任一项的湍动分别建模。

3)体积分数

对被看作相互穿插的连续统一体的多相流的描述采用体积分数的概念，体积分数代表每一项所占据的空间，而每一项均独立满足质量守恒和动量守恒定律，守恒方程是通过对每一相局部瞬时平衡的总体平均或混合理论方法推导得到的。

令 α_q 为第 q 相的体积分数，则定义该相的体积 V_q 为：

$$V_q = \int_V \alpha_q \mathrm{d}V \tag{3-1-111}$$

式中

$$\sum_{q=1}^{n} \alpha_q = 1 \tag{3-1-112}$$

第 q 相的有效密度为：

$$\hat{\rho}_q = \alpha_q \rho_q \tag{3-1-113}$$

4)守恒方程

(1)质量守恒。

第 q 相的连续性方程为：

$$\frac{\partial}{\partial t}(\alpha_q \rho_q) + \nabla \cdot (\alpha_q \rho_q \vec{v}_q) = \sum_{p=1}^{n} (\dot{m}_{qp} - \dot{m}_{pq}) + S_q \tag{3-1-114}$$

式中，$\vec{v}_q$ 为第 q 相的速度；$\dot{m}_{qp}$ 为从 q 相到 p 相的传质；$\dot{m}_{pq}$ 为从 p 相到 q 相的传质，传质机制可以单独指定；S_q 为源项，其缺省值为零，也可以指定为常数或用户定义源项。

各项体积分数由连续方程求解得到：

$$\frac{1}{\rho_{rq}}\left[\frac{\partial}{\partial t}(\alpha_q \rho_q) + \nabla \cdot (\alpha_q \rho_q \vec{v}_q)\right] = \sum_{p=1}^{n} (\dot{m}_{qp} - \dot{m}_{pq}) \tag{3-1-115}$$

式中，ρ_{rq} 为相参考密度，即在计算域内第 q 相的体积平均密度。

基本相的体积分数由所有相的体积分数之和为 1 约束条件计算。这种处理对于流体—流体多相流和流体—固体多相流是相同的。

(2)动量守恒方程。

第 q 相的动量守恒方程为：

$$\frac{\partial}{\partial t}\left(\alpha_q \rho_q \vec{v}_q\right) + \nabla \cdot \left(\alpha_q \rho_q \vec{v}_q \vec{v}_q\right) = -\alpha_q \nabla p + \nabla \cdot \bar{\bar{\tau}}_q + \alpha_q \rho_q \vec{g} + \sum_{p=1}^{n}\left(\vec{R}_{pq} + \dot{m}_{pq}\vec{v}_{pq} - \dot{m}_{qp}\vec{v}_{qp}\right) + \left(\vec{F}_q + \vec{F}_{lift,q} + \vec{F}_{vm,q}\right) \tag{3-1-116}$$

$$\bar{\bar{\tau}}_q = \alpha_q \mu_q (\nabla \vec{v}_q + \vec{v}_q^T) + \alpha_q \left(\lambda_q - \frac{2}{3}\mu_q\right)\nabla \cdot \vec{v}_q \bar{\bar{I}} \qquad (3-1-117)$$

式中，μ_q、λ_q 为第 q 相的剪切黏力系数和体积黏力系数；$\vec{F}_q$ 为外部体积力；$\vec{F}_{lift,q}$ 为升力；$\vec{F}_{vm,q}$ 为虚质量力；$\vec{R}_{pq}$ 为相间相互作用力；p 为各相共享的相同压力；$\vec{g}$ 为重力加速度；$\bar{\bar{\tau}}_q$ 为第 q 相的应力—应变张量；$\vec{v}_{pq}$ 为相速度。其定义如下：

如果 $\dot{m}_{pq} > 0$（即第 p 相质量向第 q 相传递），则 $\vec{v}_{pq} = \vec{v}_p$；

如果 $\dot{m}_{pq} < 0$（即第 p 相质量向第 q 相传递），则 $\vec{v}_{pq} = \vec{v}_q$。

必须用相间相互作用力 $\vec{R}_{pq}$ 的适当表达式使式(3－1－109)封闭。相间作用力与摩擦力、压力、粘连等效应有关，并满足 $\vec{R}_{pq} = -\vec{R}_{qp}$ 和 $\vec{R}_{qq} = 0$ 的条件。FLUENT 中采用一个简单的形式：

$$\sum_{p=1}^{n} \vec{R}_{pq} = \sum_{p=1}^{n} K_{pq}(\vec{v}_p - \vec{v}_q) \qquad (3-1-118)$$

式中，$K_{pq} = K_{qp}$，为相间动量交换系数。

5. 湍流模型的筛选与验证

1）湍流模型的筛选

通过对上文中相关湍流模型的描述，我们可以知道，没有任何一个湍流模型对于所有问题是通用的，各个模型都有其各自的特点，且具有一定的应用范围。传统上，对某一问题进行数值模拟时，其湍流模型的选择主要依靠以下几点：流体是否可压、建立特殊的可行的问题、精度的要求、计算机的能力及时间的限制。在排除网格划分精度的影响情况下，在进行湍流模型选择时，大多数数值模拟者对于湍流模型的选择主要依靠不同条件下不同湍流模型的适用范围和限制而进行。通过这种方式对湍流模型进行选择，存在一定的局限性：首先，此种选择具有一定主观性，其表现为对于同一问题如果具有多个湍流模型适用，此种情况下湍流模型的选择主要依靠数值模拟者的经验和主观倾向；其次，在上述情况中，通过理论和主观倾向而选择的湍流模型仅进行数值模拟，其精度可信度较低。因此，对于特定问题的流体，在仿真时进行模型筛选与验证至关重要。采用喷射旋流排水采气工具对其进行流体仿真时，对其湍流模型应该进行筛选和验证，因此本书对此开展了研究。

从关于湍流模型的介绍中可以看出，在 FLUENT 所提供的湍流模型中，仅有 $k-\varepsilon$ 模型和雷诺应力模型(RSM)适用于喷射旋流工具的数值模拟。$k-\varepsilon$ 模型中包含三个湍流模型，即标准 $k-\varepsilon$ 模型、RNG $k-\varepsilon$ 模型和 realizable $k-\varepsilon$ 模型。而在 $k-\varepsilon$ 模型中，标准 $k-\varepsilon$ 模型假定流场完全是湍流，分子之间的黏性可以忽略，因此该模型仅对完全是湍流的流场有效。RNG $k-\varepsilon$ 模型是在标准 $k-\varepsilon$ 模型上进行修正，它与标准 $k-\varepsilon$ 模型相比，能够对瞬变流和流线弯曲的影响作出更好的反映，因此该模型在某些流动中具有较好的表现。realizable $k-\varepsilon$ 模型对于广泛的流动是有效的，包括旋转均匀剪切流、喷射和混合流、管道和边界流、分离流。不难看出，在 $k-\varepsilon$ 模型的三个模型中，仅 RNG $k-\varepsilon$ 模型和 realizable $k-\varepsilon$ 模型适用喷射旋流复合排液工具的模拟。

本书以流体经过工具前、后的压力差值为评价指标，依据室内模拟实验优选出的最优结构参数喷射旋流工具，即喷嘴直径 25mm、喉嘴距离 38mm、喉管长度 247mm、螺旋体中径 45mm、螺旋角度 60°、螺旋翼宽度 4mm 的喷射旋流工具，分别在与实际室内实验相同的气量 $60m^3/h$、$70m^3/h$、$80m^3/h$ 的工况下进行模拟，对模拟所得经工具前、后压力差值与室内试验压力差进行对比分析，进而对湍流模型进行验证。

表 3－1－2 为室内实验所得经工具前、后的压差值表。

表 3－1－2　室内实验所得工具进、出口的压差值表

气量/(m^3/h)	60	70	80
实验压差/kPa	4. 18	5. 38	5. 95

分别选用 RNG $k-\varepsilon$ 模型、realizable $k-\varepsilon$ 模型和雷诺应力模型（RSM）进行最优结构参数喷射旋流工具的数值模拟。流体仿真管段长度与实验管段长度一致，因此在模拟流场中建立与室内实验相同坐标位置的压力 1 和压力 2 监测点，即可得到经工具前、后的压力值。如图 3－1－12 所示的残差图，该图为气量 $60m^3/h$，湍流模型为雷诺应力的残差图，上部为残差曲线，整体在 0. 00001～0. 001 之间，收敛性较好；下部为工具进、出口压力监测点的值，即图中 p_1、p_2 值。

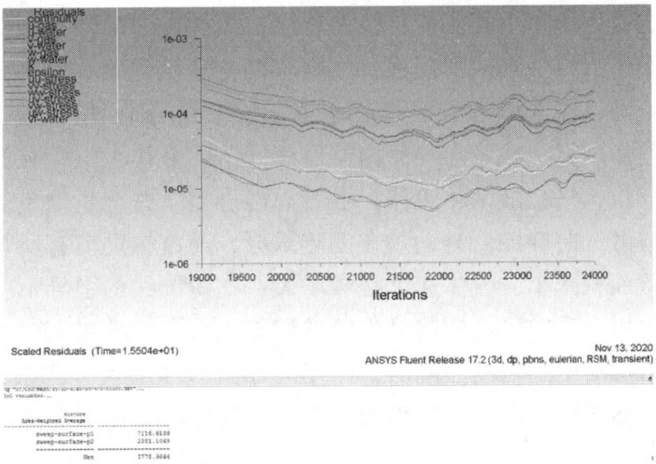

图 3－1－12　残差图

在 $60m^3/h$、$70\ m^3/h$、$80\ m^3/h$ 的气量下，RNG $k-\varepsilon$ 模型、realizable $k-\varepsilon$ 模型和雷诺应力模型（RSM）三种湍流模型所得结果见表 3－1－3～表 3－1－5。可以看出，在不同气量下，雷诺应力模型（RSM）模拟结果较好，其误差小、精度高。

表 3－1－3　气量 $60m^3/h$ 条件下不同模型工具进、出口的压力差值表

数学模型	RNG $k-\varepsilon$	realizable $k-\varepsilon$	RSM
工具进、出口压差/kPa	96. 3	106. 5	4. 74
相对误差/%	22	24	0. 13

表 3－1－4　气量 $70m^3/h$ 条件下不同模型工具进、出口的压力差值表

数学模型	RNG $k-\varepsilon$	realizable $k-\varepsilon$	RSM
工具进、出口压差/kPa	124. 4	156. 03	5. 81
相对误差/%	22	28	0. 07

表 3－1－5　气量 $80m^3/h$ 条件下不同模型工具进、出口的压力差值表

数学模型	RNG $k-\varepsilon$	realizable $k-\varepsilon$	RSM
工具进、出口压差/kPa	10.59	167.7	6.13
相对误差/%	1	27	0.03

2）湍流模型的验证

仅通过室内实验优化的喷射旋流工具对湍流模型进行筛选，其结果不具有普遍性，且存在一定偶然性，因此应用雷诺应力模型（RSM），选取室内实验 32 组工具组合中的较优工具逐一验证。

（三）结果分析

1. 流动速度及轨迹变化

如图 3－1－13 所示的通过喷射旋流工具的速度分布云图，图中喷嘴部位速度较高，这是由于喷射接头变径段的作用，流体经过后势能减小，动能增大，速度成倍数增长，在喉管入口处形成低压区；在喉管两侧速度趋于 0，是因为该部位是油管壁与喉管壁之间的空隙，该区域基本无气流通过，主要为液滴回落区域。由于喉管入口处形成低压区，在压差作用下，喉管与油管内壁之间回落的液体由喉管孔洞进入喉管与后续气体混合。在喉管部位，气、液两相流体在喉管内混合完全并产生动量交换达到流速一致，而后通过导流管扩散，向旋流器流动。在涡流部分，速度较之前有所加快，这是由于流体流量不变时，横截面积减小，流体速度必然增大；在螺旋线的引导下，流体获得离心加速度，较重的液体被甩向管壁形成液膜，沿管壁螺旋上升，形成旋流，如图 3－1－14 所示，较轻的气体则沿油管中间流动。同时，由于气体具有压缩性，当液体被甩向管壁造成中心区压力降低，气体膨胀，井筒过流面积不变，井筒中心处气体流速增大，而管壁液膜处速度较小。

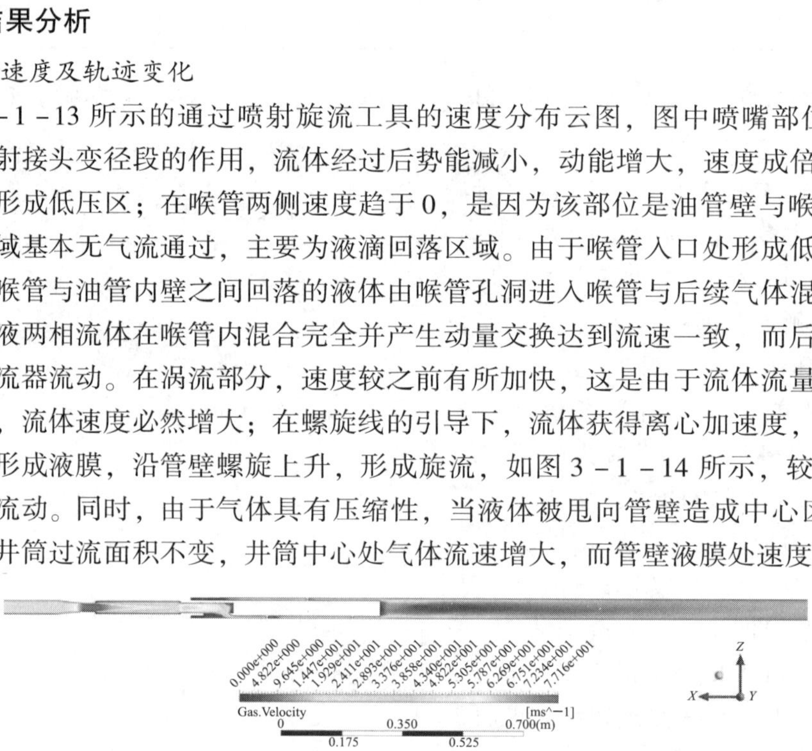

图 3－1－13　气相速度云图

图 3－1－14　经旋流器后流体轨迹图

2. 相态分布

图 3－1－15 为气相分布云图，可以看出气、液两相混合物经喷射旋流工具旋流器段后，管段中大部分被气体占据，井筒中心及大部分井壁气相体积分数为 1，仅有少量液体存在于管壁处。图 3－1－16 为液相体积分数云图，通过该图更能直观看出液相分布状态。通过气、液两相分布云图可以看出，在横截面上，液体在管壁处并不是均匀的环形，只有少量以弧状分布，这是由于液体通过旋流器时速度大，在螺旋线的引导下，液体获得离心加速度，较重的液体被甩向管壁形成液膜，并获得惯性，继续保持原有截面形状运动，形

成沿管壁螺旋上升的线条状旋流。

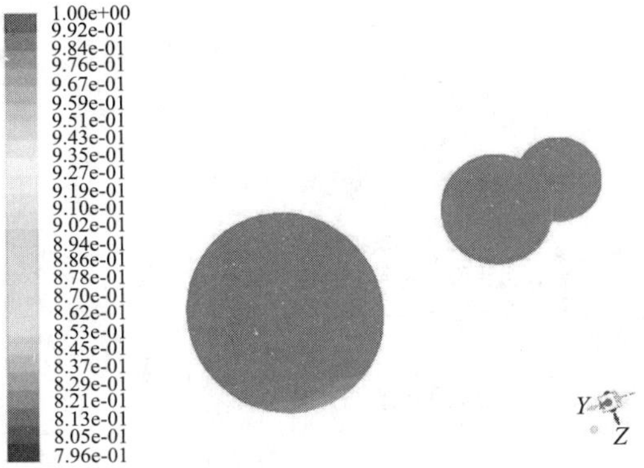

图 3－1－15　气相分布云图

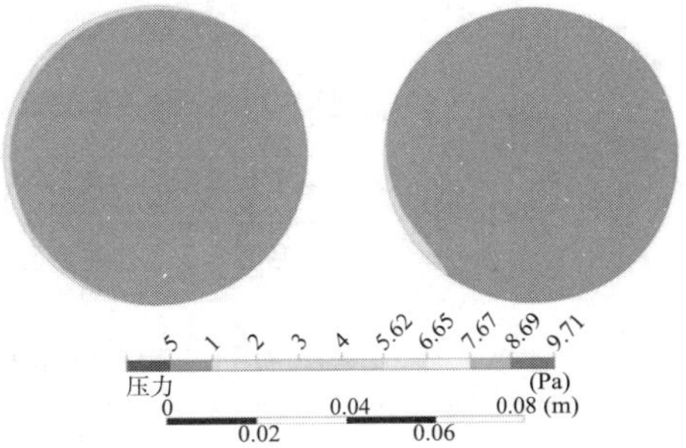

图 3－1－16　液相体积分数云图

3. 压力变化

如图 3－1－17、图 3－1－18 所示，在工具入口处前段，由于喷嘴处流道横截面积逐渐减小，造成截流憋压，压力值较高；同时，由于喷嘴的节流损失，流体经喷嘴后造成部分能量损失，压力降低；在经过喉管后部混合后，压力有所上升，直至旋流器 1/3 处；在旋流器后段，压力呈现阶段性下降。

图 3－1－17　压力分布云图

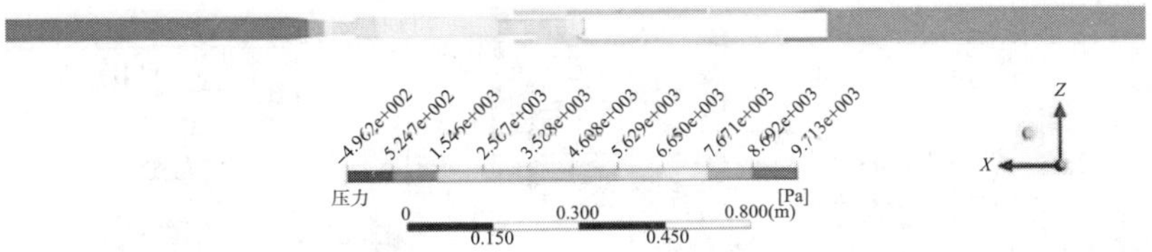

图 3－1－18　局部压力分布云图

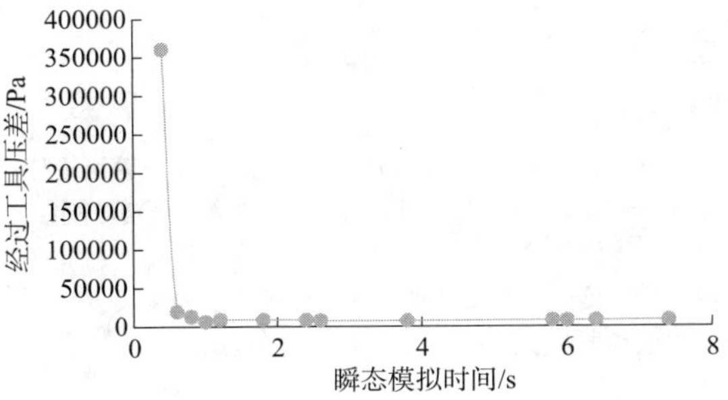

图 3－1－19　瞬态模拟经过工具压差随时间变化图

图 3－1－19、图 3－1－20 为瞬态模拟状态下与同种实验下经过工具压差随时间变化趋势。可以明显看出，随时间变化，压差先急剧减小而后趋于平稳，说明在气量稳定的情况下，喷射旋流工具能够保持稳定生产，同时也证明了基于经过工具前、后压差值对湍流模型值的验证是正确的。

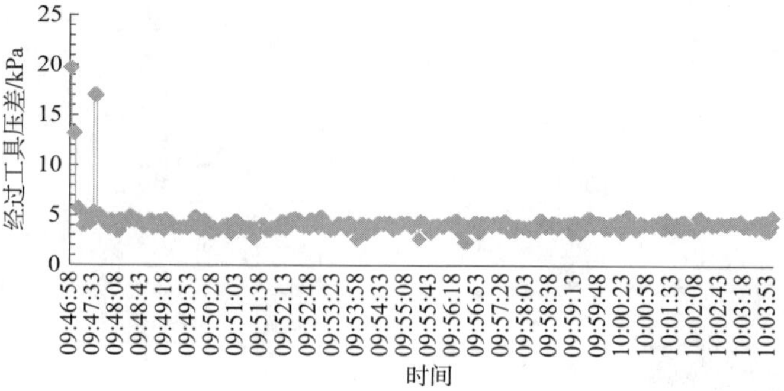

图 3－1－20　气量 $60m^3/h$ 工具压差随时间变化图

三、喷射旋流复合排液工具实验

(一) 实验设备与步骤

1. 实验设备

喷射旋流复合排液工具性能评价实验装置包括注水系统、注气系统及模拟井筒部分。其中：注气系统包括空气压缩机、储气罐、气路球阀机构、气体涡轮流量计机构；注水系统包括水罐、增压泵、水路球阀机构、液体涡轮流量计机构；模拟井筒部分包括喷射旋流工具夹持器、可视化实验管段及管段侧面的压差变送器。这里，注气、注水系统与模拟井筒之间由气液混合器相连。实验装置示意图如图 3－1－21 所示。

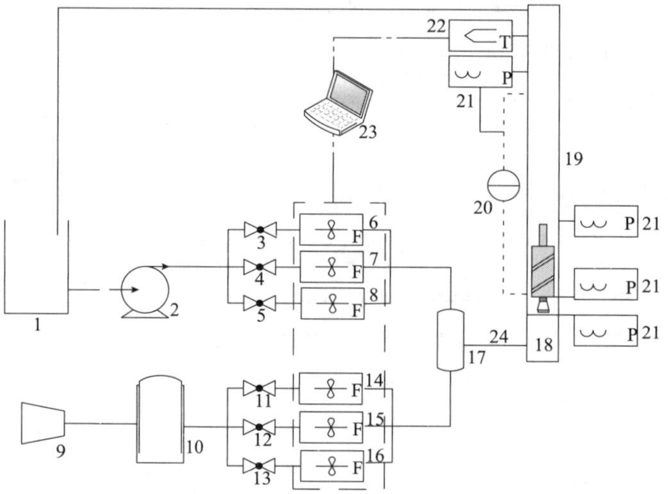

图 3－1－21　实验设备流程图

1—储水罐；2—离心泵；3—第一液路球阀；4—第二液路球阀；5—第三液路球阀；6—第一液体涡轮流量计；7—第二液体涡轮流量计；8—第三液体涡轮流量计；9—气体压缩机；10—储气罐；11—第一气路球阀；12—第二气路球阀；13—第三气路球阀；14—第一气体涡轮流量计；15—第二气体涡轮流量计；16—第三气体涡轮流量计；17—气液混合器；18—喷射旋流工具夹持器；19—可视化实验管段；20—压差传感器；21—压力传感器；22—温度传感器；23—PC 机；24—导流软管

模拟井筒入口端设有喷射旋流工具夹持器，能够保证气、液通过喷射旋流工具后进入可视化实验管段，且喷射旋流工具在实验过程中不会产生旋转；夹持器对于旋流工具的夹持主要通过固定圆环的挤压实现；喷射旋流工具夹持器由上法兰盘、中间扶正器和下端盘组成，其中上法兰盘固定在实验管段固定角钢上，扶正器与喷射旋流工具相连，通过下端盘对扶正器的挤压实现喷射旋流工具的固定与扶正。如图 3－1－22～图 3－1－24 所示。

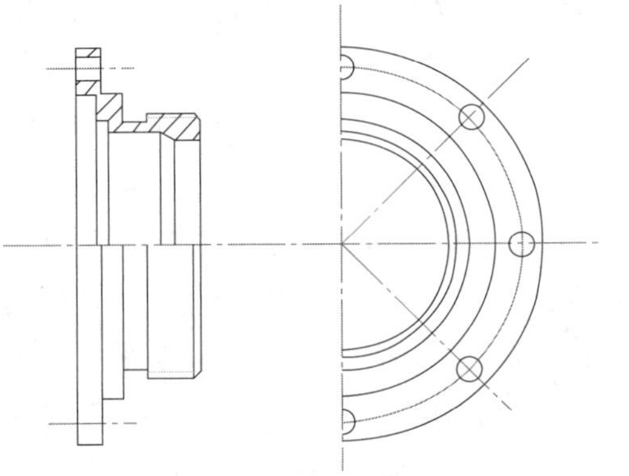

图 3－1－22　上法兰盘

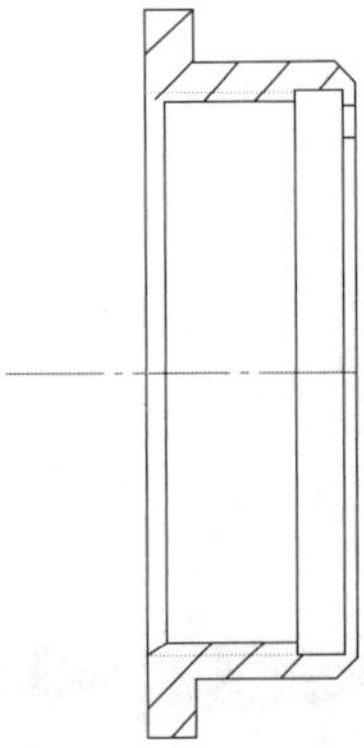

图 3－1－23　扶正器

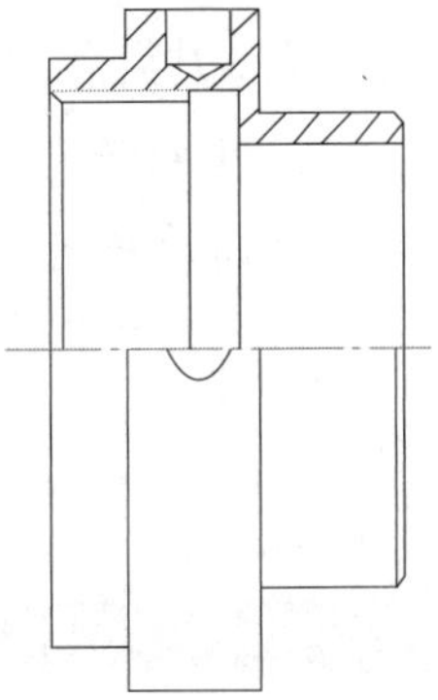

图 3－1－24　下端盘

气路涡轮流量计机构包括第一气体涡轮流量计、第二气体涡轮流量计和第三气体涡轮流量计，气路球阀机构包括第一气路球阀、第二气路球阀和第三气路球阀，第一气体涡轮流量计与第一气路球阀相连，第二气体涡轮流量计与第二气路球阀相连，第三气体涡轮流量计与第三气路球阀相连，第一气路球阀、第二气路球阀和第三气路球阀均与储气罐相连，第一气体涡轮流量计、第二气体涡轮流量计和第三气体涡轮流量计均与气液混合器相连；第一气体涡轮流量计、第二气体涡轮流量计和第三气体涡轮流量计的量程依次增大。

液路涡轮流量计机构包括第一液体涡轮流量计、第二液体涡轮流量计和第三液体涡轮流量计，液路球阀机构包括第一液路球阀、第二液路球阀和第三液路球阀，第一液体涡轮流量计与第一液路球阀相连，第二液体涡轮流量计与第二液路球阀相连，第三液体涡轮流量计与第三液路球阀相连，第一液体涡轮流量计、第二液体涡轮流量计和第三液体涡轮流量计均与离心泵相连，第一液路球阀、第二液路球阀和第三液路球阀均与气液混合器相连。

注气系统中的储气罐和气液混合器之间有控制球阀机构和气体涡轮流量计机构，注液系统中的离心泵和气液混合器之间有控制球阀机构和液体涡轮流量计机构。导流软管一端与气液混合器相连，另一端与喷射旋流工具夹持器相连。实验管段出口端与水罐相连。计算机通过导线分别与气体涡轮流量计机构、液体涡轮流量计机构、压差传感器、压力传感器和温度传感器相连。

2. 实验步骤

主要完成两个实验：一个是不加载喷射旋流工具，保持一定的静液柱高度，通过调节流经静液柱气体流量的大小，测试不同气量下气体的排液量及井筒压力变化；另一个是加载不同结构参数的喷射旋流工具，同样保持一定的静液柱高度，通过调节流经静液柱气体流量的大小，测试不同气体流量下不同结构参数喷射旋流工具的排液量、旋流高度及井筒压力变化。

(1)加载或不加载喷射旋流工具。

(2)气体流量控制阀关闭，单向阀关闭，避免液体进入气管，将实验管段注入液体，液量为至混合器出口 30cm 处。

(3)液体流量控制阀关闭，打开气体流量阀门，分别做 $60m^3/h$、$70m^3/h$、$80m^3/h$ 三个不同气量下的气体带液能力测试。

(4)加载工具，重复步骤(2)和(3)，测试不同结构参数下的工具排液量、旋流高度及加载工具后井筒压力变化。

(二)实验流动现象分析

1. 不同材质工具的性能比较

加工实体工具周期较长，因此本书拟采用 3D 打印技术完成喷射旋流工具的成型，3D 打印工具虽然具有较多优点，但是其替代实体工具的可行性有待考证，出于此种考虑，加工了相同结构参数的现场用实体喷射旋流工具和 PLA 材质喷射旋流工具，如图 3－1－25所示。

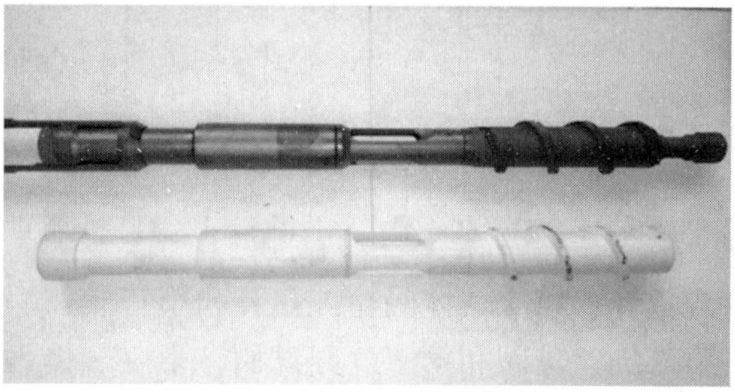

图 3－1－25　不同材质的喷射旋流工具整体装配图

但是，不同材质的工具其表面粗糙度不同，造成的阻力损失也必然不同，为了论证两种材质对气、液流动规律的影响，选取液量为 $0.1m^3/h$、$0.2m^3/h$、$0.3m^3/h$、$0.4m^3/h$、$0.5m^3/h$、$0.6m^3/h$、$0.8m^3/h$、$1m^3/h$ 情况下，分别对两种不同材质的喷射旋流工具进行实验。图 3－1－26 为一定气量不同液量下喷射旋流排水采气工具的排液量和压差，可以看出，在不同液量下，两种不同材质工具排液量基本一致，其趋势也一样；两种工具压差虽然有较小差距，但是其总体趋势是一致的。这说明在同一气量不同液量条件下，3D 打印工具能够较好反映喷射旋流复合工具排液量和压差变化规律，其代替实体工具具有可行性。

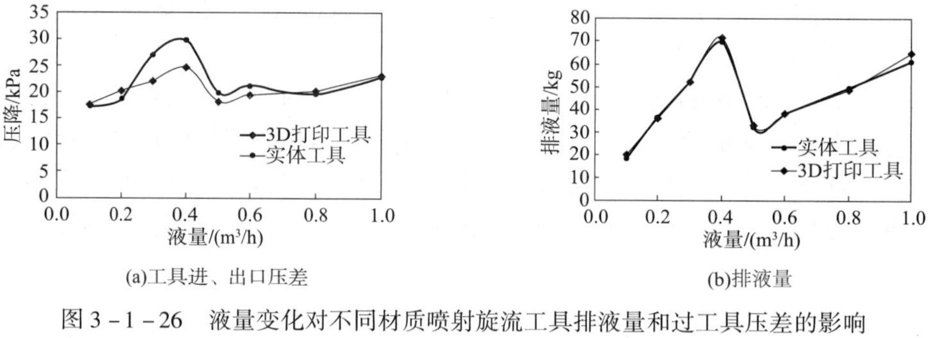

图 3－1－26　液量变化对不同材质喷射旋流工具排液量和过工具压差的影响

为验证 3D 工具在不同气量下也具有可行性，进行了定液量不同气量条件下的工具排液效果实验，两种工具的排液量和压差虽然存在较小差距，但是总体趋势是一致的，能够较好反映喷射旋流复合工具排液和压差变化趋势(图 3－1－27)。上述两组实验结果表明，3D 打印工具替代实体金属工具进行室内模拟实验是可行的，能够在一定程度上减小资金耗费、节约工具加工时间，同时也为同类室内模拟实验提供一定的借鉴作用。

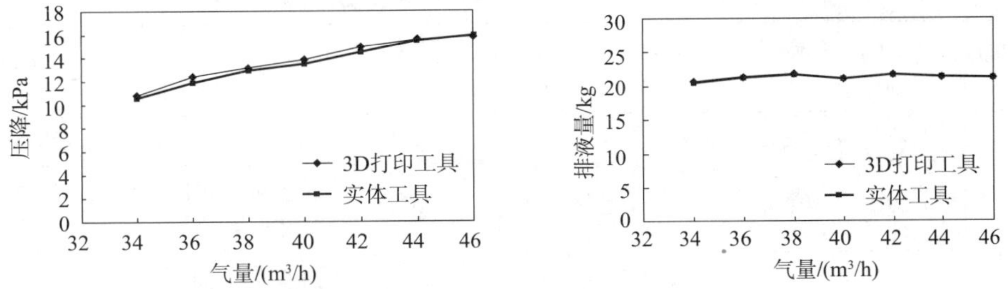

(a)工具进、出口压差　　(b)排液量

图3-1-27　气量变化对不同材质喷射旋流工具排液量和过工具压差的影响

上述工具材料对比分析表明，流体运动特性的主要影响因素是工具的结构。因此，本次实验对喷射旋流工具的加工采用3D技术打印工具，与实体金属相比较，3D打印技术具有以下优点：3D打印主要用料为PLA材料，获得方便、经济环保，且精度高，其精度为0.05mm，操作简单、方便，可操作性强，可依据实验需要对工具进行建模加工。

2. 不加载工具的携液实验

为了便于后面对喷射旋流工具的效果进行评价，在进行喷射旋流工具评价之前，首先进行没有工具时气流携带静液柱的实验(图3-1-28)。气量较小时，气体流速不足以将液体带出井筒，井筒中气、液流型主要表现为段塞流，液体被举升一定距离后明显回落，回落一段距离后又被举升，但液体始终未被举升至管柱出口位置[图3-1-29(a)]；气量中等时，气流能够将液体举升的高度更大，部分液体被携带出管柱，实验过程中井筒内气、液流型主要表现为扰动流，有部分液体在举升过程中回落[图3-1-29(b)]；气量较大时，气体流速完全能够将液体带出井筒，此时管柱中一般出现环状流，管柱中部为气芯，液体沿管壁向上运动[图3-1-29(c)]。

图3-1-28　不加载工具气流携静液柱实验

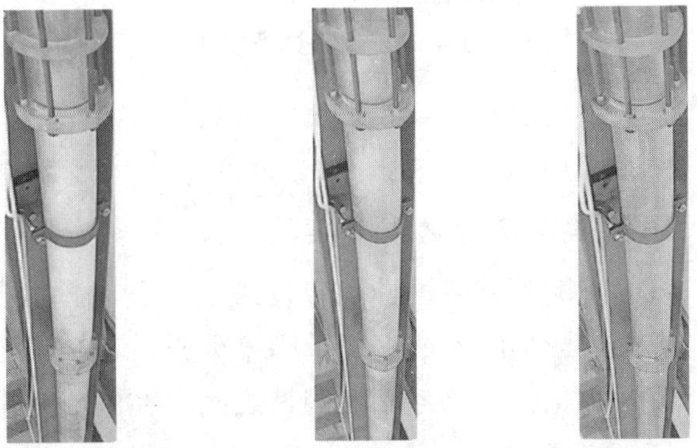

(a)液体明显回落(段塞流)　(b)液体部分回落(扰动流)　(c)连续携液(环状流)

图3-1-29　无工具加载气流携液井筒内流动形态

根据模拟实验现象及临界携液流速计算公式得到的临界携液流量，实验条件下气流正常携带液体的最小气量为70m³/h，因此携液实验及喷射旋流工具评价实验都在60m³/h、70m³/h和80m³/h这三个气量的条件下进行。

实验得到无工具气流携静液柱实验数据见表3-1-6。

表 3-1-6　无工具气流携液实验数据

理论气量/(m^3/h)	压力1/kPa	压力2/kPa	压力3/kPa	压差3/kPa	排液量/kg	旋流高度
60	11.28	8.38	5.57	2.22	0.13	下端搅动流高度5m，后部雾流
70	12.91	10.42	8.49	1.83	0.37	下端搅动流高度7m，后部有60cm长液体沿管壁回落
80	14.03	12.06	11.25	1.66	2.1.16	全井筒环状流

3. 加载工具的携液实验

由于流体通过喷射旋流工具后进入实验管柱，此时气、液在实验管柱中表现出来的流动形态与无工具时有很大差别。气、液从工具出来后液体沿管壁呈螺旋上升状态，气体在管柱中心以气芯状态流动，随着气体流量增大，沿管壁螺旋上升距离也会增加，螺旋流衰竭后管柱内开始出现扰动流，如图3-1-30和图3-1-31所示。

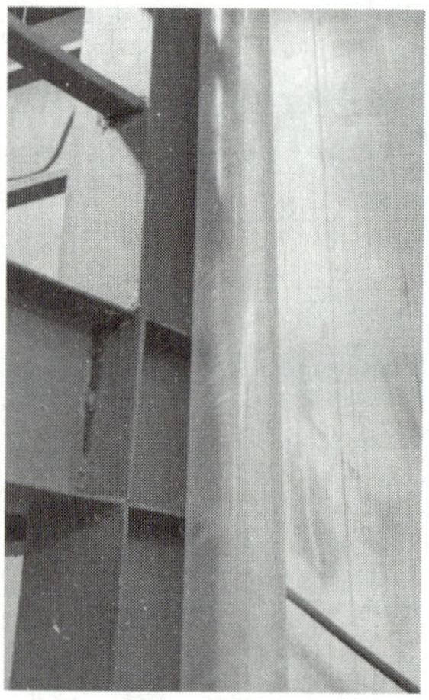

图3-1-30　过工具螺旋流

图3-1-31　螺旋与扰动流过渡区

实验现象表明，加载喷射旋流工具后气流举液能力明显增强，排液量和举液高度都有不同程度的增加。

(三)工具结构参数正交实验

从喷射旋流工具的设计可以发现，工具结构参数较多，且各因素之间存在相互影响，单一考虑某一影响因素或进行单因素分析，其结果是较为片面的，因此对于喷射旋流工具结构参数的优化，应该考虑各因素之间存在的相互影响。

1. 正交实验方案设计

陈德春等基于正交实验的方法对涡流工具结构参数进行了优化及相关影响因素研究。正交实验设计是数理统计学的一个重要分支，主要用于决定数据收集的方法、如何合理地安排实验及实验所得数据、如何进行分析等。正交实验设计具有以下特点：①对于特定实验组数，利用正交实验设计实验方案，能够用较少的实验组数获得较有价值的实验结果；②数据点分布均匀，具有正交性；③常用的分析方法有极差分析、方差分析及回归分析等。通过上述分析方法对实验结果进行分析，可以分析出诸因素中对实验结果影响的大小，即显著性大小，以及诸多影响因素中，主要影响因素是哪些，次要影响因素是哪些；正交实验能够考虑到各因素之间相互影响作用，同时能够找出在所给参数范围内，在一定实验条件下，最好的影响因素参数，即最优的工具结构参数组合。

前人研究结果表明，涡流工具最优螺旋角为45°~60°，槽深4~9mm，螺旋翼宽度主要影响涡流工具作用距离，其最佳值为2~14mm，螺旋体中径与体流量具有直接相关性，螺旋体直径每增加1mm，可使最低气量降低15%~20%。对于射流泵，陆宏圻认为最佳喉嘴距范围为0.5~1倍的喉管直径。郭燕楠运用数值模拟方法对射流涡流工具进行了优化，认为对射流涡流工具排液效果影响较大的因素依次为喷嘴直径、螺旋体中径、喉管长度、螺旋角、螺旋翼宽度、螺旋翼宽、螺旋翼高、喉管直径。考虑到上述关键因素，本书选取7个因素作为喷射旋流工具结构参数优化对象，分别是喉管侧孔洞、喉管长度、喷嘴直径、喉嘴距离、螺旋体中径、螺旋角和螺旋翼宽度。喉管侧孔选取2个水平，其他各因素分别选取4个水平。根据正交实验设计原则，选用L32($2^1 4^7$)混合正交表，各因素水平取值见表3-1-7，所得正交实验设计表见表3-1-8。在正交实验设计表中各组工具具体结构参数取值见表3-1-9。

表3-1-7　因素水平取值表

因素 / 水平	螺旋角/(°)	旋流体中径/mm	喷射管长度/mm	螺旋槽宽度/mm	旋流体长度/mm	吸入孔直径/mm	喷射管内径/mm
1	35	30	100	10	200	4	15
2	45	35	150	20	300	6	20
3	55	40	200	30	350	8	25
4	65	45	250	40	400	10	30

表3-1-8　正交实验设计表

序号	螺旋体长度/mm	螺旋角/(°)	螺旋体中径/mm	螺旋槽宽度/mm	喷射管内径/mm	喷射管长度/mm	吸入孔直径/mm
1	1	1	1	1	1	1	1
2	1	2	2	2	2	2	2
3	1	3	3	3	3	3	3
4	1	4	4	4	4	4	4
5	2	2	2	4	1	1	2
6	2	1	1	3	2	2	1
7	2	4	4	2	3	3	4
8	2	3	3	1	4	4	3
9	3	4	3	4	1	2	3
10	3	3	4	3	2	1	4
11	3	2	1	2	3	4	1
12	3	1	2	1	4	3	2
13	4	3	4	1	1	2	4
14	4	4	3	2	2	1	3
15	4	1	2	3	3	4	2
16	4	2	1	4	4	3	1

续表

序号	螺旋体长度/mm	螺旋角/(°)	螺旋体中径/mm	螺旋槽宽度/mm	喷射管内径/mm	喷射管长度/mm	吸入孔直径/mm
17	1	4	1	3	1	4	1
18	1	3	2	4	2	3	2
19	1	2	3	1	3	2	3
20	1	1	4	2	4	1	4
21	2	3	2	2	1	4	2
22	2	4	1	1	2	3	1
23	2	1	4	4	3	2	4
24	2	2	3	3	4	1	3
25	3	1	3	2	1	3	3
26	3	2	4	1	2	4	4
27	3	3	1	4	3	1	1
28	3	4	2	3	4	2	2
29	4	2	4	3	1	3	4
30	4	1	3	4	2	4	3
31	4	4	2	1	3	1	2
32	4	3	1	2	4	2	1

表3-1-9　正交实验工具结构参数取值表

序号	螺旋体长度/mm	螺旋角/(°)	螺旋体中径/mm	螺旋槽宽度/mm	喷射管内径/mm	喷射管长度/mm	吸入孔直径/mm
1	200	35	30	10	15	100	4
2	200	45	35	20	20	150	6
3	200	55	40	30	25	200	8
4	200	65	45	40	30	250	10
5	300	45	35	40	15	100	6
6	300	35	30	30	20	150	4
7	300	65	45	20	25	200	10
8	300	55	40	10	30	250	8
9	350	65	40	40	15	150	8
10	350	55	45	30	20	100	10
11	350	45	30	20	25	250	4
12	350	35	35	10	30	200	6
13	400	55	45	10	15	150	10
14	400	65	40	20	20	100	8
15	400	35	35	30	25	250	6
16	400	45	30	40	30	200	4
17	200	65	30	30	15	250	4
18	200	55	35	40	20	200	6
19	200	45	40	10	25	150	8
20	200	35	45	20	30	100	10

续表

序号	螺旋体长度/mm	螺旋角/(°)	螺旋体中径/mm	螺旋槽宽度/mm	喷射管内径/mm	喷射管长度/mm	吸入孔直径/mm
21	300	55	35	20	15	250	6
22	300	65	30	10	20	200	4
23	300	35	45	40	25	150	10
24	300	45	40	30	30	100	8
25	350	35	40	20	15	200	8
26	350	45	45	10	20	250	10
27	350	55	30	40	25	100	4
28	350	65	35	30	30	150	6
29	400	45	45	30	15	200	10
30	400	35	40	40	20	250	8
31	400	65	35	10	25	100	6
32	400	55	30	20	30	150	4

2. 正交实验数据分析与处理

依据正交设计表中的不同结构参数的工具组合，对喷射旋流工具结构参数进行优化，实验步骤为：

(1)首先将PE管段注入离混合器出口30cm的静液柱。

(2)关闭液体阀门，打开气体阀门，气体体积流量$60m^3/h$。

(3)记录观测产生旋流最大高度，并记录直至井筒内液体不能带出时的总排液量，记录井筒各压力点压力值。

(4)按照上述步骤对正交表内32组不同结构参数的工具组合逐一进行实验。

(5)重复上述步骤(1)~(4)，分别做气流量$60m^3/h$、$70m^3/h$、$80m^3/h$的实验。

按照上述步骤，对正交表内32组不同结构参数的工具组合逐一进行实验，不同结构参数的工具组合及实验结果见表3-1-10。

表3-1-10 不同气量下各组工具排液量表

序号	$60m^3/h$		$70m^3/h$		$80m^3/h$	
	总压降/kPa	携液量/(L/min)	总压降/kPa	携液量/(L/min)	总压降/kPa	携液量/(L/min)
1	12.23	0.05	14.07	0.84	14.72	1.88
2	12.71	0.08	15.05	0.54	16.63	1.59
3	14.69	0.08	15.41	0.35	15.82	1.43
4	10.69	0.56	10.92	1.56	9.19	2.25
5	9.85	0.09	10.93	0.73	13.78	1.64
6	12.05	0.22	12.35	0.73	11.09	1.68
7	10.07	0.50	13.29	1.50	15.05	2.30
8	9.30	0.58	7.98	0.81	7.05	1.74
9	8.00	0.09	9.90	0.75	10.17	1.54

续表

序号	60m³/h		70m³/h		80m³/h	
	总压降/kPa	携液量/(L/min)	总压降/kPa	携液量/(L/min)	总压降/kPa	携液量/(L/min)
10	10.81	0.49	10.98	1.00	13.03	1.52
11	9.33	0.18	11.25	0.54	11.59	1.44
12	7.52	0.31	7.95	0.62	7.98	1.65
13	9.20	0.23	11.66	0.86	13.72	1.98
14	9.56	0.22	10.99	0.71	12.64	1.86
15	10.69	0.22	12.66	0.65	14.69	2.08
16	10.02	0.54	8.13	1.22	7.86	1.87
17	9.13	0.19	11.29	0.86	12.10	1.93
18	9.49	0.20	10.93	0.71	12.78	1.71
19	9.98	0.04	12.07	0.48	14.34	2.11
20	8.38	0.12	9.71	0.96	9.99	2.06
21	9.69	0.33	11.74	0.51	16.54	1.94
22	12.93	0.37	12.67	0.84	14.39	1.51
23	11.91	0.32	13.22	0.75	16.61	2.09
24	8.69	0.29	9.92	1.06	9.19	1.77
25	11.07	0.26	13.29	0.55	15.05	1.36
26	12.10	0.28	13.56	0.92	15.51	2.03
27	8.80	0.11	6.72	0.74	6.72	1.46
28	7.44	0.28	8.63	0.84	6.91	1.97
29	8.83	0.32	10.24	1.30	11.87	2.06
30	8.62	0.19	10.33	0.47	12.58	2.01
31	9.56	0.19	10.09	0.65	10.97	2.00
32	6.21	0.34	7.39	1.47	6.28	2.49

用极差分析和方差分析方法，分别以总压降和排液量为因变量对三种不同气量条件下的实验数据进行分析和处理，结果见表3-1-11和表3-1-12。

表3-1-11　因变量为总压降的极差和方差分析结果

气量/(m^3/h)	中间参数	螺旋角/(°)	旋流体中径/mm	喷射管长度/mm	螺旋槽宽度/mm	旋流体长度/mm	吸入孔直径/mm	喷射管内径/mm	备注
60^P	K_1	10.91	10.31	10.09	10.35	9.75	10.58	10.57	$F_{0.1}(3, 21)=2.36$ $F_{0.05}(3, 21)=3.07$ $F_{0.01}(3, 21)=4.87$
	K_2	9.09	9.67	9.62	10.29	8.53	9.74	9.69	
	K_3	10.56	9.77	9.99	9.63	10.63	9.69	9.64	
	K_4	9.39	10.19	10.25	9.67	11.03	9.95	10.06	
	R	1.83	0.64	0.63	0.73	2.50	0.89	0.93	
	F	5.34	0.66	0.43	1.03	8.32	1.13	1.24	

续表

气量/(m^3/h)	中间参数	螺旋角/(°)	旋流体中径/mm	喷射管长度/mm	螺旋槽宽度/mm	旋流体长度/mm	吸入孔直径/mm	喷射管内径/mm	备　注
70^P	K_1	12.43	11.70	11.00	11.26	11.64	11.49	11.47	$F_{0.1}(3,6)=3.29$ $F_{0.05}(3,6)=4.76$ $F_{0.01}(3,6)=9.76$
	K_2	10.19	11.39	10.48	11.59	8.83	11.28	11.25	
	K_3	10.29	10.35	11.24	10.14	11.84	10.43	11.32	
	K_4	11.51	10.97	11.70	11.43	12.11	11.22	10.37	
	R	2.25	1.34	1.21	1.45	3.28	1.06	1.10	
	F	8.73	2.61	1.91	3.27	17.61	1.69	1.84	
80^P	K_1	13.20	12.41	12.34	12.53	13.49	12.60	12.84	$F_{0.1}(3,9)=2.81$ $F_{0.05}(3,9)=3.86$ $F_{0.01}(3,9)=6.99$
	K_2	12.96	12.35	11.84	13.12	8.06	11.97	12.60	
	K_3	10.87	11.30	11.21	12.10	13.22	11.38	11.49	
	K_4	11.33	12.35	12.97	10.59	13.58	12.41	11.43	
	R	2.33	1.12	1.76	2.53	5.52	1.22	1.41	
	F	4.50	2.49	1.87	3.87	24.15	0.99	1.77	

表 3-1-12　因变量为排液量的极差和方差分析结果

气量/(m^3/h)	中间参数	螺旋角/(°)	旋流体中径/mm	喷射管长度/mm	螺旋槽宽度/mm	旋流体长度/mm	吸入孔直径/mm	喷射管内径/mm	备　注
60^L	K_1	0.17	0.21	0.25	0.20	0.20	0.26	0.19	$F_{0.1}(3,21)=2.36$ $F_{0.05}(3,21)=3.07$ $F_{0.01}(3,21)=4.87$
	K_2	0.34	0.30	0.35	0.20	0.39	0.25	0.25	
	K_3	0.25	0.23	0.22	0.33	0.26	0.27	0.34	
	K_4	0.29	0.30	0.21	0.32	0.21	0.26	0.26	
	R	0.18	0.09	0.14	0.13	0.19	0.01	0.15	
	F	3.03	1.56	2.39	2.95	4.00	0.64	2.25	
70^L	K_1	0.80	0.70	0.79	0.99	0.91	0.84	0.75	$F_{0.1}(3,6)=3.29$ $F_{0.05}(3,6)=4.76$ $F_{0.01}(3,6)=9.76$
	K_2	0.74	0.85	0.87	0.80	0.66	0.80	0.85	
	K_3	0.71	0.81	0.75	0.70	0.65	0.89	0.85	
	K_4	1.07	0.96	0.92	0.83	1.11	0.79	0.87	
	R	0.36	0.27	0.17	0.29	0.46	0.10	0.11	
	F	5.79	2.64	1.28	3.10	10.48	0.40	0.57	
80^L	K_1	1.78	1.77	1.98	1.79	1.87	1.86	1.85	$F_{0.1}(3,9)=2.81$ $F_{0.05}(3,9)=3.86$ $F_{0.01}(3,9)=6.99$
	K_2	1.82	1.93	1.76	1.74	1.83	1.88	1.81	
	K_3	1.73	1.74	1.76	1.86	1.62	1.81	1.78	
	K_4	2.04	1.93	1.88	1.98	2.04	1.82	1.92	
	R	0.31	0.20	0.22	0.24	0.42	0.08	0.14	
	F	5.34	3.03	3.19	3.06	8.80	0.36	1.01	

从表 3-1-11 和表 3-1-12 中可以看出，井筒气量较小时，对井筒总压降有极大影

响的结构参数为螺旋体长度和螺旋角，其他参数的影响不显著；对井口携液量有较大影响的结构参数为螺旋体长度，有一定程度影响的结构参数为螺旋角和螺旋槽宽度，其他参数的影响不显著。随着气量的增大，对总压降和携液量有显著影响的结构参数越来越多。气量 $60m^3/h$ 时影响总压降和携液量结构参数的主次与 $70m^3/h$、$80m^3/h$ 有很大的不同。因变量为总压降和携液量时，不同结构参数的显著性及最优参数存在较大差异，因此低压低产井应以总压降为应变量，高压低产井应以携液量为因变量。

涪陵页岩气井产量小于临界携液流量，井筒出现积液时井口压力通常已经与外输压力持平，表现出低压低产状态，因此在对涪陵页岩气井进行喷射旋流工具参数优化时，应选取总压降为因变量。

从表 3－1－12 中各参数的极差表现出的结构参数的显著性顺序为：旋流体长度 > 螺旋角 > 螺旋槽宽度 > 旋流体中径 > 喷射管长度 > 喷射管直径 > 吸入孔直径，不同气量的最优结构参数见表 3－1－13 及图 3－1－32～图 3－1－38。

表 3－1－13　因变量为总压降时不同气量结构参数优化值

气量/(m^3/h)	旋流体长度/mm	螺旋角/(°)	旋流体中径/mm	螺旋槽宽度/mm	喷射管内径/mm	喷射管长度/mm	吸入孔直径/mm	备　注
60	300	45	35	30	25	150	8	小于临界携液流量
70	300	45	40	30	30	150	8	等于临界携液流量
80	300	55	40	40	30	200	8	大于临界携液流量

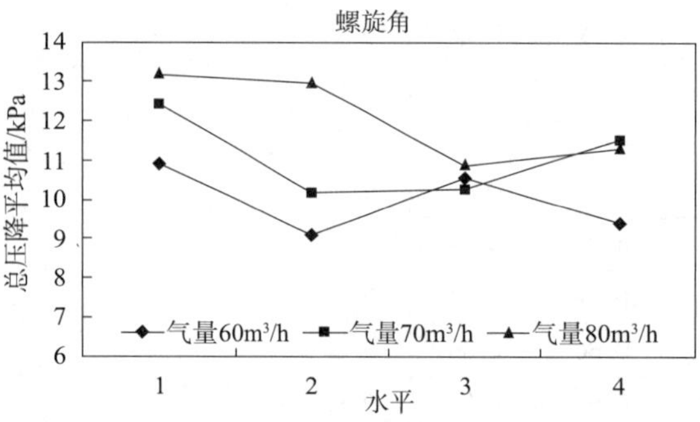

图 3－1－32　不同气量条件下螺旋角平均 *K* 值

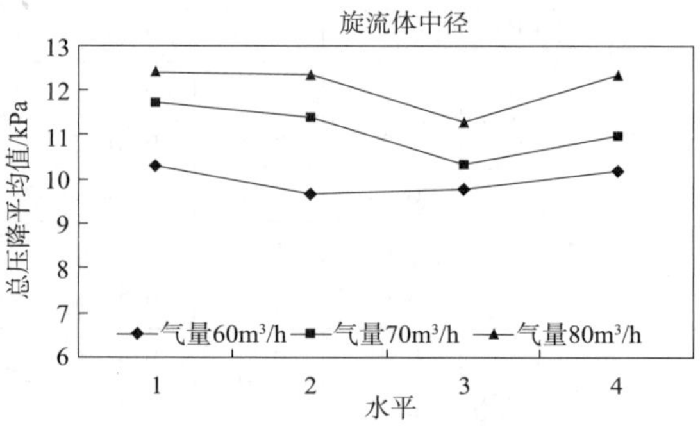

图 3－1－33　不同气量条件下旋流体中径平均 *K* 值

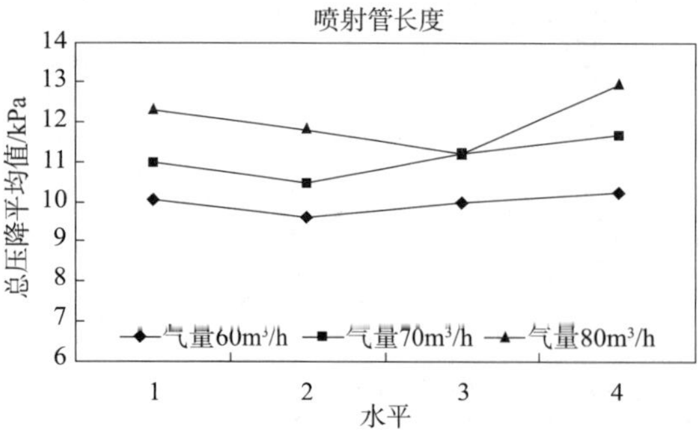

图 3－1－34　不同气量条件下喷射管长度平均 *K* 值

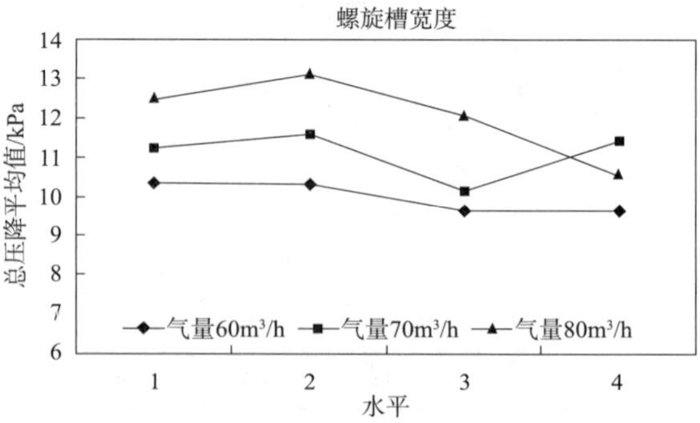

图 3－1－35　不同气量条件下螺旋槽宽度平均 *K* 值

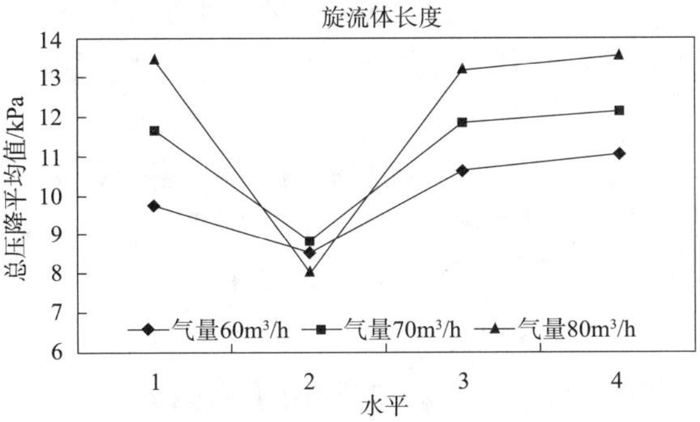

图 3－1－36 不同气量条件下旋流体长度平均 *K* 值

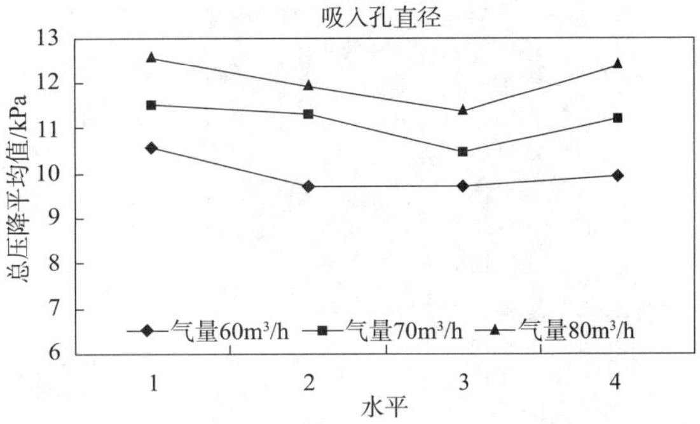

图 3－1－37 不同气量条件下吸入孔直径平均 *K* 值

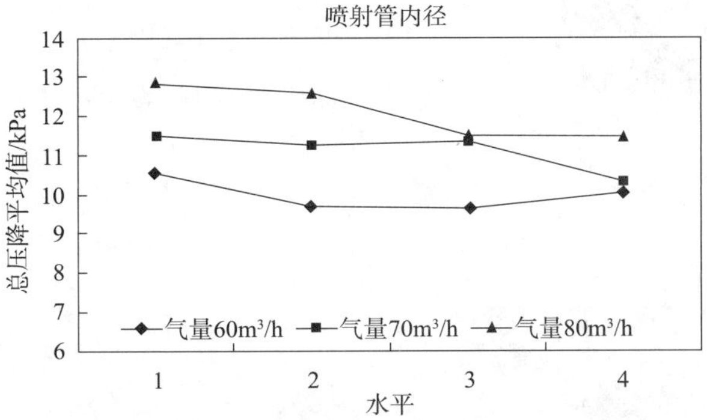

图 3－1－38 不同气量条件下喷射管内径平均 *K* 值

(四)工具性能测试实验

1. 工具固定与起出测试

实验目的为验证喷射旋流复合排液工具能够在井筒中固定与取出情况。

实验步骤与结果主要包括：

(1)竖直放置短油管，使喷射旋流复合排液工具的接箍卡套处于收缩状态(图 3－1－39)。

(2)将工具在短油管中下放，使工具底部下至油管接箍以下(图 3－1－40)。

图 3－1－39 工具入井前处于收缩状态

图 3－1－40 工具在油管接箍处的状态

图 3-1-41　模拟起出工具的状态

(3)上提工具经过油管接箍时，接箍卡套的卡爪弹开，固定在油管接箍处，上提力为0，表明工具能够正常固定。

(4)再次上提工具，同时记录上提力。当上提力达到2335N时，接箍卡套从油管接箍处弹出，说明利用普通打捞工具即可取出工具(图3-1-41)。

2. 硫化密封条性能测试

实验目的为掌握密封条在井筒中的膨胀情况，引导流体通过工具时能够螺旋运动。

实验步骤与结果包括：

(1)根据生产流体的性质配制模拟地层液体。

(2)竖直放置亚克力玻璃管，将喷射旋流复合排液工具置于亚克力玻璃管中。

(3)将模拟地层流体倒入亚克力玻璃管中，观察螺旋密封条的膨胀情况(图3-1-42)，并记录密封条的膨胀时间(图3-1-43)。

图 3-1-42　工具在模拟地层流体中膨胀

图 3-1-43　工具膨胀后的状态

密封条在50h内膨胀至井壁，远大于喷射旋流复合排液工具入井施工时间，说明密封条膨胀不会影响喷射旋流复合排液工具的下入。

3. 工具承压性能测试

实验步骤与结果包括：

(1)如测试工装图所示(图3-1-44)，将工具测试工装装入套管内。

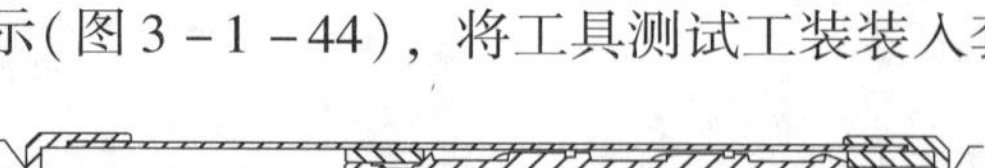

图 3-1-44　测试工装图

(2)将导热油升温至140℃，打压测试工具的承压性。

在 140℃下，分阶段打压至 50MPa，观察压力无泄漏，工具承压性能合格(图 3－1－45)。

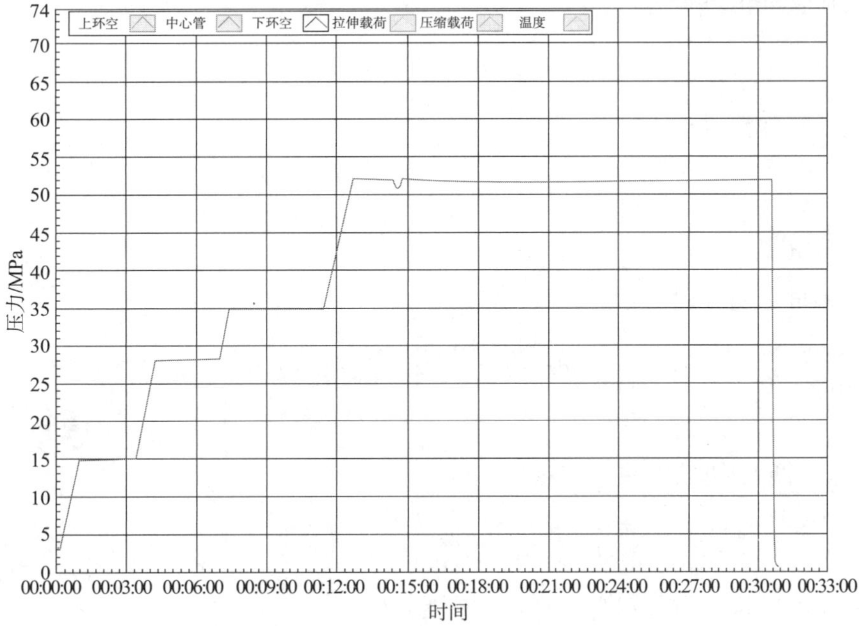

图 3－1－45　工具耐温、耐压测试曲线

四、喷射旋流复合排液工具优化设计

(一)旋流场压降模型

气、液两相流体通过喷射旋流复合排液工具以后进入油管中，液体以液膜的形式沿管壁螺旋向上运动，气体以气柱的形式在油管中心向上运动，其流型由气、液两相混合流动变为气、液分相运动，其物理模型如图 3－1－46 所示。

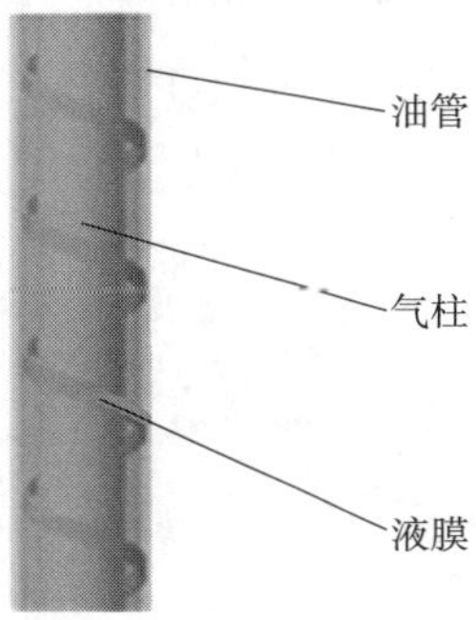

图 3－1－46　气、液分相运动物理模型

为了便于问题求解，须作出如下几个假设：

(1)气柱属于规则的圆柱体，其内径为油管内径与 2 倍液膜厚度的差值，长度为螺旋高度。

(2)液膜螺旋角与工具的螺旋角相同。

(3)过工具后的流体保持稳定流动。

(4)液膜宽度和厚度为常数。

分别取气柱微元段和液膜微元段，其受力分析如图 3－1－47 所示。

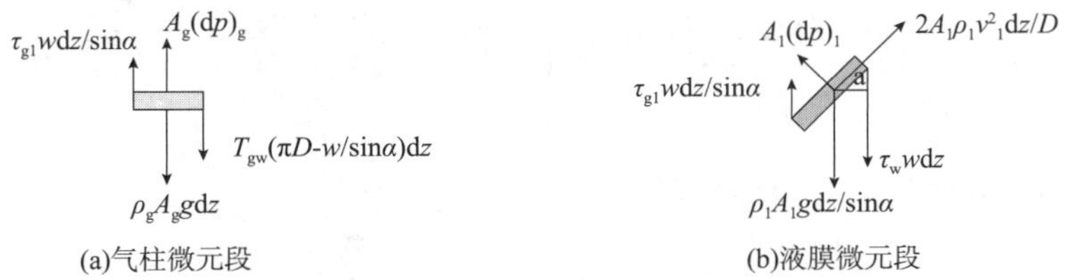

图 3－1－47　受力分析图

1. 质量守恒方程

气相的质量守恒方程为：

$$\frac{d}{dz}(\rho_g A_g v_g) = 0 \tag{3-1-119}$$

液相的质量守恒方程为：

$$\frac{d}{dz}(\rho_l A_l v_l) = 0 \tag{3-1-120}$$

2. 动量平衡方程

气相的动量平衡方程为：

$$-\frac{\tau_{gl} w dz}{\sin\alpha} - \tau_{gw}\left(\pi D - \frac{w}{\sin\alpha}\right)dz - \rho_g g A_g dz + p_1 A_g - p_2 A_g = \rho_g A_g v_{g2}^2 - \rho_g A_g v_{g1}^2 \tag{3-1-121}$$

式(3－1－121)两边同除以 dz，可得：

$$-A_g \frac{dp}{dz} = \frac{d}{dz}(\rho_g A_g v_g^2) + \frac{\tau_{gl} w}{\sin\alpha} + \tau_{gw}\left(\pi D - \frac{w}{\sin\alpha}\right) + \rho_g A_g g \tag{3-1-122}$$

轴向液相的动量平衡方程为：

$$\frac{\tau_{gl} w dz}{\sin\alpha} - \tau_w w \frac{dz}{\sin\alpha}\sin\alpha - \rho_l g A_l dz/\sin\alpha + p_1 A_l \cos\alpha - p_2 A_l \cos\alpha +$$

$$\rho_l A_l \frac{2 v_l^2}{D_t} dz\sin\alpha = \rho_l A_l v_{l2}^2 \sin\alpha - \rho_l A_l v_{l1}^2 \sin\alpha \tag{3-1-123}$$

式(3－1－123)两边同除以 dz，可得：

$$-A_l \frac{dp}{dz}\cos\alpha = -\frac{\tau_{gl} w}{\sin\alpha} + \tau_w w + \rho_l g A_l/\sin\alpha - \rho_l A_l \frac{2 v_l^2}{D_t}\sin\alpha + \frac{\partial}{\partial z}(\rho_l A_l v_l^2)\sin\alpha \tag{3-1-124}$$

联立式(3－1－122)和式(3－1－124)可得：

$$-(A_g + A_l\cos\alpha)\frac{dp}{dz}$$

$$= \tau_w w + \tau_{gw}\left(\pi D - \frac{w}{\sin\alpha}\right) + \rho_l g A_l/\sin\alpha + \rho_g g A_g$$

$$-\rho_l A_l \frac{2 v_l^2}{D_t}\sin\alpha + \frac{\partial}{\partial z}(\rho_l A_l v_l^2)\sin\alpha + \frac{\partial}{\partial z}(\rho_g A_g v_g^2) \tag{3-1-125}$$

将式(3－1－119)、式(3－1－120)代入式(3－1－125)，可得：

$$-\frac{dp}{dz} = \frac{\tau_w w}{A_g + A_l\cos\alpha} + \frac{\tau_{gw}}{A_g + A_l\cos\alpha}\left(\pi D - \frac{w}{\sin\alpha}\right) + \frac{\rho_l g A_l/\sin\alpha + \rho_g g A_g}{A_g + A_l\cos\alpha} - \frac{2\rho_l A_l v_l^2 \sin\alpha}{D(A_g + A_l\cos\alpha)} \tag{3-1-126}$$

由式(3－1－122)可得关于液膜厚度的关系式，即：

$$w = \frac{A_g \frac{dp}{dz} + \rho_g A_g g + \tau_{gw}\pi D}{\tau_{gw} - \tau_{gl}}\sin\alpha \tag{3-1-127}$$

将式(3－1－127)代入式(3－1－126)，可得：

$$-\frac{\mathrm{d}p}{\mathrm{d}z}=\frac{(\rho_g A_g g+\tau_{gw}\pi D)(\tau_{gl}-\tau_w\sin\alpha)-\left(\rho_l g A_l/\sin\alpha-\rho_l A_l\frac{2v_l^2}{D}\sin\alpha\right)(\tau_{gw}-\tau_{gl})}{A_g(\tau_{gl}-\tau_w\sin\alpha)-A_l\cos\alpha(\tau_{gw}-\tau_{gl})} \tag{3-1-128}$$

相关辅助方程包括：

气相速度为：

$$v_g=\frac{Q_g}{A} \tag{3-1-129}$$

液相速度为：

$$v_l=\frac{Q_l}{A} \tag{3-1-130}$$

气柱截面积为：

$$A_g=\frac{\pi}{4}(D-2\delta)^2 \tag{3-1-131}$$

液相截面积为：

$$A_l=\delta w \tag{3-1-132}$$

液膜与管壁之间的剪切力为：

$$\tau_l=\frac{f_l\rho_l v_l^2}{8} \tag{3-1-133}$$

气柱与液膜之间的剪切力为：

$$\tau_g=\frac{f_g\rho_g v_g^2}{8} \tag{3-1-134}$$

液膜的厚度可以由经验公式(3－1－135)得出：

$$\delta=0.1782D\exp\left(-0.34\,Fr^{0.25}\,Re^{0.25}\frac{\rho_g v_g}{\rho_l v_l+\rho_g v_g}\right) \tag{3-1-135}$$

将式(3－1－129)～式(3－1－135)代入式(3－1－128)，即可对整个井筒中的压力降进行求解。

(二)旋流场作用距离

当均匀的气、液两相混合流体经过涡流工具之后具有较大的切向速度，在这个切向速度的作用下，由于密度的不同会产生离心效果。根据旋流效果的不同可以将整个过程分成两个阶段，第一个阶段是旋流阶段，第二个阶段是失稳阶段。在第一个阶段主要是因为切向速度的存在使得外水内气的环状层流得以维持 z_1(前进距离)，在第二个阶段主要是环状层流因为RT(瑞利泰勒)不稳定性而逐渐失稳的过程。

假设这两个阶段分别前进的距离为 z_1 和 z_2，那么流经涡流工具之后的总持续距离为 $\Delta z_1+\Delta z_2=z$。

采用旋流数来表征经过涡流工具的螺旋流动的旋流强度，旋流数越大，螺旋运动越强，衰减越慢。根据 Gupta AK 所著 *Swirl Flows* 一书可以得到，切向动量通量与轴向动量通量之比即旋流数，可表示为：

$$S = \frac{\int \rho_m u_a u_1 r \mathrm{d}A}{\int \rho_m u_a^2 \mathrm{d}A} \tag{3-1-136}$$

式中，r 为管道半径，mm；u_a为混合轴向速度，m/s；u_1为混合切向速度，m/s；ρ_m为混合相密度，kg/m^3。

已知旋流强度沿轴向呈负指数衰减，公式可写为：

$$S = S_0 \exp\left(-B\frac{z-z_0}{D}\right) \tag{3-1-137}$$

式中，z_0为旋流起始点的轴向位置；S_0为初始旋流强度；D 为圆管直径，mm；B 为旋流强度的衰减系数。

在标称旋流相同的情况下，衰减系数 B 随雷诺数的增大呈逐渐减小的趋势；雷诺数相同的一组螺旋流，所对应的系数 B 基本上不随标称旋流数变化。由此得出，衰减系数 B 主要是雷诺数的函数，B 与 Re 的关系式有多种表示形式，一般可以表示成幂函数：

$$B = C \cdot Re^D \tag{3-1-138}$$

式中，C、D 为常数。

在螺旋运动中，惯性作用使得旋流得以保持，而黏性作用则会消耗流动的切向速度而使旋流逐渐衰弱。雷诺数越大，流体的惯性效应相对于黏性作用更大，螺旋流动保持旋流的能力越强，因而螺旋流动的旋流强度越大而且衰减更慢。由此，可以考虑用雷诺数衡量旋流的衰减程度。由上述可知：

$$Re_m = \frac{\rho_m u_a D}{\mu_m} \tag{3-1-139}$$

据已知条件联立上述公式，可计算得到第一阶段即旋流阶段的持续距离 z_1。因此，需要考虑连续变化的密度分布对不稳定发展的影响。假设不稳定区域的密度分布为：

$$\rho(y) = \rho_2 + \frac{1}{2}\Delta\rho e^{y/L}, y < 0 \tag{3-1-140}$$

$$\rho(y) = \rho_1 - \frac{1}{2}\Delta\rho e^{y/L}, y > 0 \tag{3-1-141}$$

其中，$\Delta\rho = \rho_1 - \rho_2$。在 $y=0$ 处，密度分布是连续变化的，经过线性分析，RT 不稳定性的增长率为：

$$\gamma = \sqrt{\frac{A_T k g}{1 + A_T k L}} \tag{3-1-142}$$

式中，A_T为阿托伍德数；g 为重力加速度，m/s^2；k 为波数，$2\pi/\lambda$。

可以看出，系统是否稳定可以通过阿托伍德数的正、负值表征。在阿托伍德数为正值的情况下，γ 为实数，系统呈现不稳定状态，界面扰动按指数规律增长；当阿托伍德数为负值时，γ 为虚数，系统呈现稳定状态，界面扰动进行谐波振动。阿托伍德数绝对值的变化范围从 1 到接近于 0。

式中，$L=\rho\,|\,\mathrm{d}\rho-\mathrm{d}y\,|$，$L$ 越大，不稳定区域内密度变化越缓慢时，不稳定性越弱。当 L 趋于无穷时，密度梯度趋于0，整个流体呈现均匀稳定状态；当 L 趋于0时，密度分布退化为锐边界分布，不稳定性增长率为最大值 $\sqrt{A_{\mathrm{T}}kg}$。根据流体力学基本原理，可以列出如下几个方程组：

$$\rho\left[\frac{\partial u}{\partial t}+(u\cdot\nabla)\right]=-\nabla p+\rho g \tag{3-1-143}$$

$$\frac{\mathrm{d}\rho}{\mathrm{d}t}+(\nabla\rho)\cdot u=0 \tag{3-1-144}$$

$$\nabla\cdot u=0 \tag{3-1-145}$$

其中，第一个方程为运动方程，第二个方程为连续性方程，最后一个方程表示不可压缩条件。经推导，可得到如下结果：

$$\gamma=\frac{2kR\sqrt{gL_0}}{\sqrt{R^2+4[\pi^2+k^2R^2]L_0^2}} \tag{3-1-146}$$

根据上述假设，有 $\rho(y)=\rho(0)\mathrm{e}^{R/L_0}$。则有如下关系成立：

$$\rho(R)=\rho(0)\mathrm{e}^{R/L_0} \tag{3-1-147}$$

扰动振幅近似按理论的线性失稳阶段计算：

$$a=a_0\mathrm{e}^{\gamma t} \tag{3-1-148}$$

式中，a_0 为初始扰动幅度；a 为扰动振幅，即扰动距离。

a 可由式(3－1－149)计算：

$$a=L=D-D\sqrt{\varphi_{\mathrm{w}}} \tag{3-1-149}$$

式中，φ_{w} 为液相体积分数。

失稳阶段持续距离为：

$$\Delta z_2=u_{\mathrm{a}}t \tag{3-1-150}$$

联立以上方程，根据已知条件和各参数值，可计算得到第二阶段即失稳阶段的持续距离 Δz_2。

根据前述计算得到的 Δz_1，则可以得到旋流总持续距离 Δz。

$$\Delta z=\Delta z_1+\Delta z_2 \tag{3-1-151}$$

(三)实例设计

下面以JY54－5HF井为例进行喷射旋流工具的参数设计，该井于2015年6月投产，初始采用套管生产，套压29.38MPa，目前日产气$4.18\times10^4\mathrm{m}^3$，日产水$3\mathrm{m}^3$。2015年12月下入油管，截至2020年10月，累计产气$9116\times10^4\mathrm{m}^3$，累计产水$6674\mathrm{m}^3$。气井基本参数见表3－1－14，井身轨迹如图3－1－48所示。

表3－1－14　JY54－5HF井生产参数

日均产气/$10^4\mathrm{m}^3$	油压/MPa	井口温度/℃	井底温度/℃	气体相对密度	液体相对密度
4.2	4	26	96	0.56	1.01

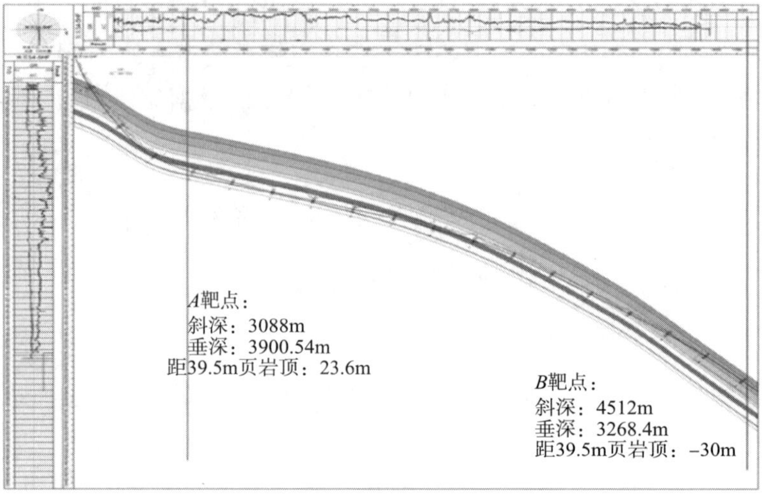

图 3－1－48　JY54－5HF 井井身轨迹

根据表 3－1－15 中的测压数据，可以计算得到 JY54－5HF 井的动态可采储量为 $1.7147\times10^8\mathrm{m}^3$，气井产能方程为：

$$p_r^2 - p_{\mathrm{wf}}^2 = 140.02Q_{\mathrm{sc}} - 8.0945Q_{\mathrm{sc}}^2 \qquad (3-1-152)$$

将产能方程与多相管流计算方法相结合，进行该井下入工具前的节点分析(图 3－1－49)，气井产量为 $4.18\times10^4\mathrm{m}^3/\mathrm{d}$，与实际生产数据吻合。

表 3－1－15　JY54－5HF 井测压数据

测试目的	测压日期	套压/MPa	油压/MPa	日产气/$10^4\mathrm{m}^3$	日产水/m^3	测压日累计产气/$10^4\mathrm{m}^3$	测压日累计产水/m^3	井口温度/℃	气层中部深度/m	气层中部压力/MPa	气层中部温度/℃	压力系数
测静压	2015/5/12	29.7	无油管	0				21.4	3084.47	35.98	96.7	1.166
测流压	2016/1/4	16	19.29	6	5	1295.8086	650.147	22.3	3084.47	23.31	96.1	0.756
测流压	2016/12/27	12.37	9.49	6.07	4.187	3493.6784	1717.913	25	3084.47	15.39	96	0.499
测流压	2017/6/2	6.8	4.721	6.88	8.324	4481.7433	2788.604	27.9	3084.47	8.41	94.8	0.273
测流压	2017/9/6	6.3	4.429	5.57	7.096	5076.9481	3576.504	26.8	3084.47	7.85	96.4	0.255
测流压	2017/12/10	6.1	3.871	4.84	5.522	5561.102	4188.492	25.9	3084.47	7.19	97	0.233
测流压	2018/3/14	6.1	4.181	4.19	3.184	5985.2231	4546.809	24.5	3084.47	7.58	97	0.246

气井产量接近临界携液流量 $4.26\times10^4\mathrm{m}^3/\mathrm{d}$，工具最优结构参数取实验气量 $70\mathrm{m}^3/\mathrm{h}$ 时的参数，即螺旋体长度 300mm、螺旋角 45°、旋流体中径 40mm、螺旋槽宽度 30mm、喷射管内径 30mm、喷射管长度 150mm、吸入孔直径 8mm、螺旋圈数 1.5 圈、导流管直径 30mm。

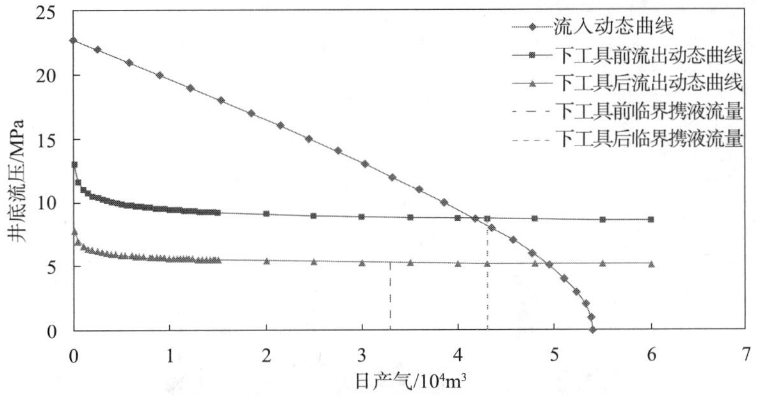

图 3－1－49 JY54－5HF 井系统分析

用螺旋流压降计算方法分析工具下入后的流出动态，气井的产量增至 $4.95 \times 10^4 m^3/d$，临界携液流量降为 $3.32 \times 10^4 m^3/d$，喷射旋流工具效果明显。然后根据旋流衰减和 RT 不稳定理论得到各级工具的有效作用距离，确定下入级数及位置，结果见表 3－1－16。

表 3－1－16 JY54－5HF 井喷射旋流工具下入级数及位置

工具级数	旋流距离 (z_1)/m	扰动流距离 (z_2)/m	有效作用距离 (z_1+z_2)/m	保险作用距离 $[0.8(z_1+z_2)]$/m	下入深度/m	井斜角/(°)
一级工具	112	1704	1816	1452	2800	40
二级工具	113	1918	2031	1625	1400	4

第二节 大斜度井智能柱塞工具

一、大斜度井智能柱塞结构设计

(一) 页岩气井柱塞排水采气标准化井口设计

为有效解决页岩气井生产井口存在扩径的问题，设计了页岩气井柱塞排水采气标准化井口(图 3－2－1)。柱塞排水采气标准化井口具有以下特点：

(1) 柱塞生产流程与井口原流程相互独立，不因增加了柱塞装置而影响原生产流程。

(2) 新增回形管路采用模块化设计，便于后期拆离，可实现重复使用。

(二) 创新设计组合柱塞

为通过生产管柱的 *X* 形工作筒，并保证通过柱塞井口装置时的密封性和扶正性，创新设计了弹块式组合柱塞。弹块式组合柱塞主要由上、下两组弹块及中间的连接杆组成，如图 3－2－2所示。

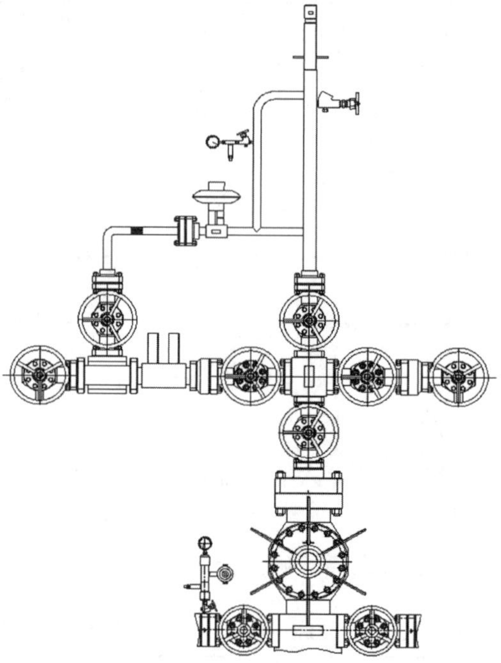

图 3-2-1　页岩气井柱塞井口装置结构示意图

图 3-2-2　组合柱塞结构示意图

(1) 当柱塞进入井口变径段时，至少有一组弹块能保证在小通径内扶正柱塞，使柱塞能顺利通过。

(2) 可以保证一组弹块在通过变径发生收缩时，始终有另一组弹块可以正常工作，最大限度地控制漏失率。

(3) 为实现不同的功能需要，在弹块式组合柱塞的基础上，研制形成了可卸载弹块式组合柱塞、测温测压弹块式组合柱塞及机械收拢式弹块组合柱塞。

(三) 大斜度井智能柱塞

在目前在用柱塞的基础上，缩短了柱塞的总长度，使之能够下至大井斜段；增加了滚轮结构，能够减小柱塞运行的摩擦损失。柱塞下入深度由井斜角 46°增加到 68°，平均下入深度增加 150m。其工具结构原理为：

(1) 在柱塞上设置流速开关，当柱塞下行时，在低速流体环境中，流速开关打开，使其能够穿过动态流下行，举升更多液柱；能够在不关井情况下，实现柱塞举升 + 井口增压的组合排采工艺。

(2) 可通过远程终端进行柱塞气井运行制度、生产参数的监测和调整。

(3) 可利用柱塞测取全井筒的温度、压力及液位信息。

工具结构设计如图 3-2-3 所示。

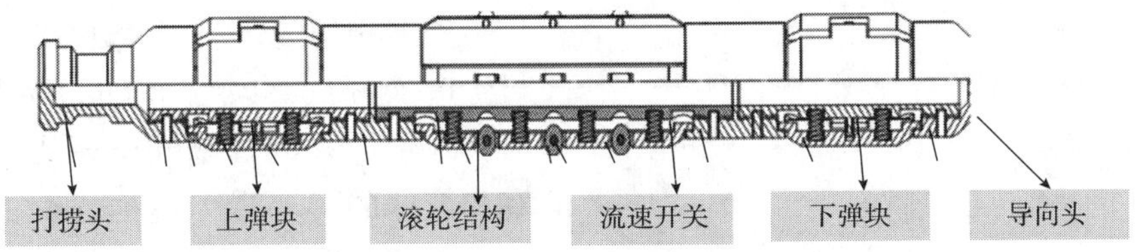

图 3－2－3　大斜度井智能柱塞

形成了 3 种不同规格完井管柱的工具系列，见表 3－2－1。

表 3－2－1　大斜度井智能柱塞规格参数

项目/规格	ϕ60.3mm	ϕ73mm	ϕ88.9mm
长度/m	0.97	0.97	0.97
刚体外径/mm	44.5	54.6	69.8
浮动外径/mm	50.8	62.2	76.2
弹片数量/片	4	4	4

研制了大斜度井智能柱塞的关键配套工具，形成了大斜度井智能柱塞排水采气系统，如图3－2－4所示。

通过 T 形流量控制器调节井口流量，以适配压缩机进行增压开采，创造了柱塞不关井连续运行条件。

利用大斜度井智能柱塞在低流速下下行、高流速下上行的特点，完成大井斜动态流举升排液，实现在不关井情况下柱塞举升＋井口增压的组合排水采气工艺。

利用适应大井斜的井下定位流体控制器加大柱塞排液深度，减小液柱回落速度，并形成较高的井筒泡状流。

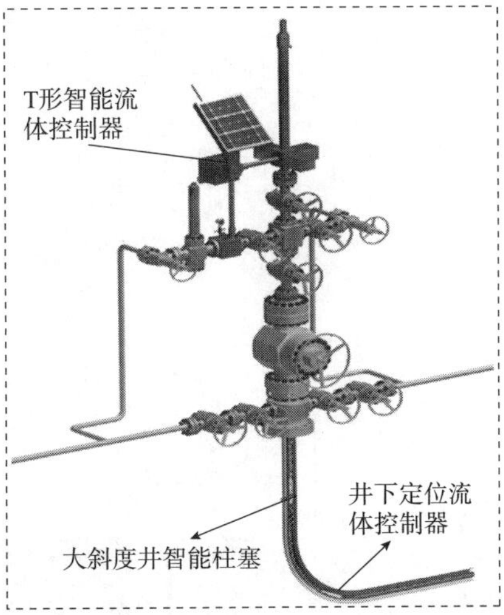

图 3－2－4　大斜度井智能柱塞排水采气系统

二、大斜度井柱塞气举实验与优化

（一）大斜度井柱塞气举实验

1. 实验设备与步骤

柱塞气举可视化实验装置如图 3－2－5 所示。气体由空气压缩机（FHOGD－250/1.0）供给，并流入储气罐，经空气过滤器和空气冷冻干燥机过滤、干燥。采用两台 Brooks 和两台 E＋H 气体质量流量计测量空气质量流量。水由三台柱塞泵输送，其流量由三台 E＋H 科氏力液体质量流量计测量。在柱塞提升之前，水流入实验管段，形成积累液柱；柱塞举升过程中，气体首先通过混合器与柱塞下部的液体混合，然后推动柱塞在长度 10m、内径 62cm、壁厚 1cm 的有机玻璃管中上升。在实验管段的入口和出口位置分别布置一个压力测点，压力由北京力诺 T351RD 智能压力变送器测量，差压由北京力诺 T351RD 智能差压变送器测量。实验柱塞用棒状柱塞，质量 2.5kg、长度 30cm、直径 59.5cm。

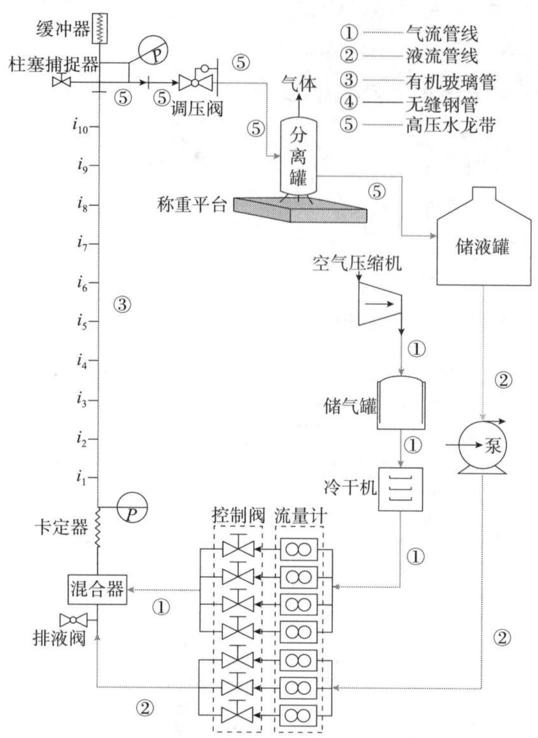

图 3－2－5　柱塞气举实验流程图

根据相似原理，考虑并建立室内实验与生产实际的运动学和动力学相似关系。与实际生产井的柱塞气举相比，实验中柱塞和液柱的主要受力包括柱塞上、下的压力、液柱的质量及举升过程中液柱与管壁的摩擦力，按相同比例缩放，以此确保实验过程中柱塞和流体运动规律与生产井相同。

准确测量柱塞速度瞬态变化是一项困难的工作，为了精确研究柱塞气举中的瞬态过程，我们采用了电磁感应原理，在垂直透明管上布置了 10 匝铜线圈。实验时，在柱塞上加装一个小磁铁，当柱塞携带磁铁通过线圈时，线圈中的磁场线数目发生变化，此时回路中就会产生感应电流，感应电流出现的时间结合线圈之间的距离，就能够确定柱塞运动的速度。柱塞气举实验流程如图 3－2－6 所示。

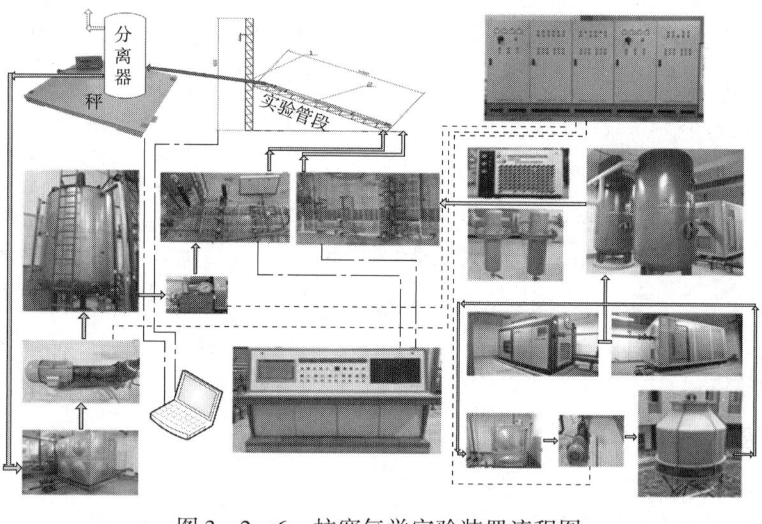

图 3－2－6　柱塞气举实验装置流程图

对于实验管段要保证气体、液体或气、液混合物的顺利进入，实现柱塞在实验管段的上升和下降，确保不同类型柱塞上升阶段在实验管段顶部的顺利夹持和下降阶段的远程释放，能够通过有机玻璃实验管柱观察柱塞的运动状态，能够通过油管测量柱塞运动过程中管柱的压力、压差和柱塞上部液体的漏失，同时通过有机玻璃管路实现涡流工具的评价。

主要实验步骤包括：

(1)打开出口阀释放管内残余气体。

(2)当油管压力达到0，套管压力达到10kPa左右时，打开入口阀，以小气量进气(气动阀开度为3%)。

(3)当套管压力达到30～40kPa时，关闭出口阀。

(4)同时打开液阀及入口阀，同时进气、液(瞬时液量大约在1.5m^3/h，瞬时气量开度为3%，随后开始递减开度)。

(5)当液段达到目标高度时，关闭液泵、停止供液。若井底流压未达到理想值，则持续供气。反之，则关闭入口阀。

(6)静置等待压力稳定，记录数据流压、油压、套压、柱塞运动时间等参数。

(7)待压力稳定后，打开出口阀。

(8)当数据采集系统中的到达指示变为1时，关闭出口阀。

(9)记录称重计数值，以及实验管柱排出液体的质量。

(10)重复上述步骤，开始新的实验。

2. 棒状流线型柱塞运动特性

棒状流线型柱塞具有较深的外部凹槽，以收集气体并形成更好的密封。凹槽上的圆形边缘使得柱塞在运动过程中能顺利通过一些具有尖锐凸起的位置而不被该位置挡住。其主要特点为：

(1)一体式坚固设计。

(2)外径略小于传统棒材。

(3)更短，以更好地适应缩径位置。

(4)运行过程中磨损程度小。

(5)成本低，不需要维护。

1)棒状柱塞漏失规律分析。

方法一，漏失实验数据的线性处理：

根据棒状柱塞实验数据分析，发现柱塞运动速度与漏失率之间存在线性关系，如图3－2－7所示。

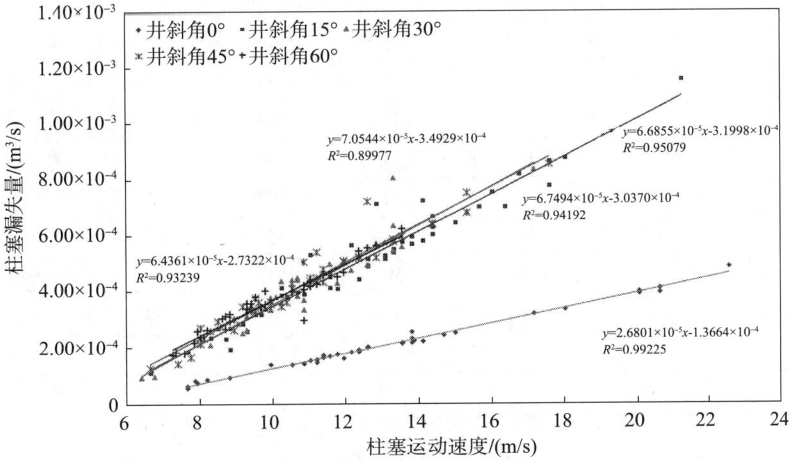

图3－2－7　棒状柱塞漏失规律线性分析

井斜角0°时：

$$Q_{leak} = 2.6801 \times 10^{-5}(v_p - 5.0983) \tag{3-2-1}$$

井斜角15°时：

$$Q_{leak} = 6.6855 \times 10^{-5}(v_p - 4.7862) \tag{3-2-2}$$

井斜角30°时：

$$Q_{leak} = 7.0544 \times 10^{-5}(v_p - 4.9514) \tag{3-2-3}$$

井斜角45°时：

$$Q_{leak} = 6.7494 \times 10^{-5}(v_p - 4.4997) \tag{3-2-4}$$

井斜角60°时：

$$Q_{leak} = 6.4361 \times 10^{-5}(v_p - 4.2451) \tag{3-2-5}$$

分析发现，井斜角30°时漏失量最大，0°时漏失量最小，主要原因是管柱倾斜时柱塞贴靠管壁运动，与垂直时柱塞与管壁之间的状态完全不同，因此对于棒状柱塞漏失可以归纳为垂直管柱和倾斜管柱两种情况。

垂直管柱：

$$Q_{leak} = 2.6801 \times 10^{-5}(v_p - 5.0983) \tag{3-2-6}$$

倾斜管柱：

$$Q_{leak} = 6.954 \times 10^{-5}\sin[1.58 \times (90-\theta)]^{0.2675}\{v_p - 5.1181 \cdot \sin[0.76 \times (90-\theta)]^{0.1991}\} \tag{3-2-7}$$

或者由于角度对漏失影响较小，可以将倾斜管实验数据一起处理得到：

$$Q_{leak} = 6.6009 \times 10^{-5}(v_p - 4.5033) \tag{3-2-8}$$

前者绝对误差为6%，后者绝对误差为7%。

方法二，漏失实验数据的幂函数处理：

表3-2-2　涪陵柱塞气举井柱塞运动速度统计表

序号	井号	生产管柱尺寸/in	井下限位器			柱塞井口到达时间/min	生产制度	平均速度/(m/s)
			深度/m	井斜/(°)	垂深/m			
1	JY62-5	2⅞	3455	43	3216	53	关5开8	1.09
2	JY62-6	2⅜	3236	46	3124	52	关4开4	1.04
3	JY64-1	2⅜	3563	46	3324	45	关5开3	2.32
5	JY47-3	2⅞	3385	45	3198	58	关4开8	0.97
6	JY18-2	2⅞	2685	52	2607	17	关2开10	2.63
7	JY18-3	2⅞	2497	53	2367	19	关4开8	2.19
8	JY18-4	2⅞	2666	50	2571	20	关5开7	2.22
9	JY19-1	2⅞	2712	45.5	2642	20	关4开8	2.26
10	JY19-2	2⅞	2592	50.5	2455	16	关8开4	2.7

对表3-2-2中涪陵10口柱塞气举井的柱塞运动速度进行分析发现，涪陵有些柱塞气举井的柱塞运动速度小于3m/s，而漏失规律的线性拟合在$v_p < 3$m/s时出现负值，其拟合函数的扩展性能较差。因此，将柱塞漏失由线性规律重新拟合为幂函数规律。

根据$\mu_w = \exp(1.003 - 1.479 \times 10^{-2}F + 1.982 \times 10^{-5}F^2)$中不同井斜角时柱塞漏失的幂

函数关系相关性均大于0.9，可见幂函数拟合关系同样能够满足计算精度的要求，且可以进行柱塞低速运行时漏失的分析(图3－2－8)。

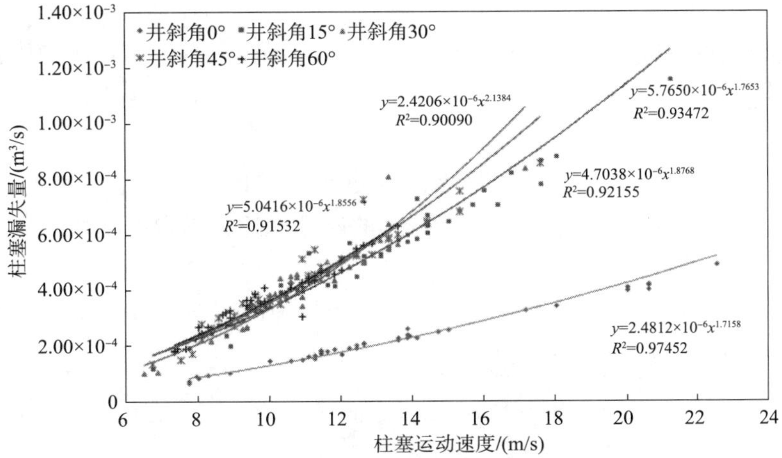

图3－2－8　棒状柱塞不同倾角漏失规律幂函数拟合关系

根据不同角度的数据特征，如$\mu_w = \exp(1.003 - 1.479 \times 10^{-2}F + 1.982 \times 10^{-5}F^2)$所示，将函数分为直井段和斜井段进行拟合(图3－2－9)。

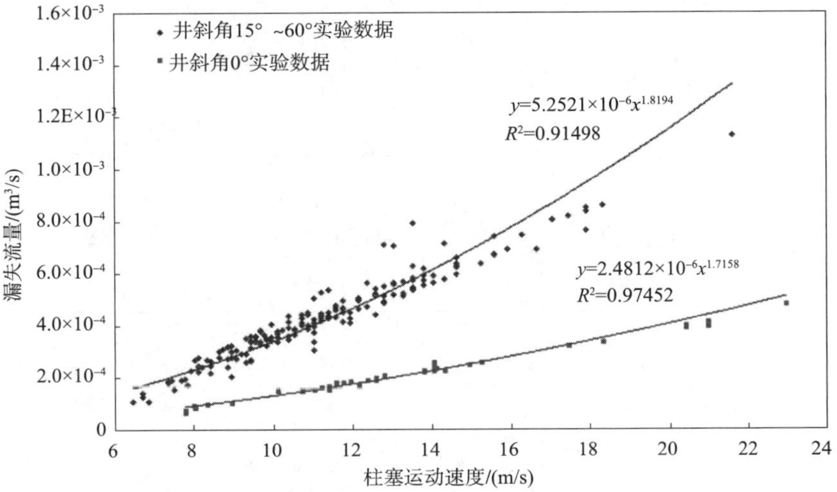

图3－2－9　棒状柱塞漏失规律分段拟合关系曲线

直井段：

$$Q_{leak} = 2.4812 \times 10^{-6} v_p^{1.7158} \tag{3-2-9}$$

斜井段：

$$Q_{leak} = 5.2521 \times 10^{-6} v_p^{1.8194} \tag{3-2-10}$$

2)棒状柱塞运动摩擦阻力分析

根据牛顿第二定律，柱塞上升过程中的受力分析为：

$$\Delta p \cdot S_p - (M_p + M_l) \cdot g - F_f = (M_p + M_l) \cdot a \tag{3-2-11}$$

$$\Rightarrow F_f = \Delta p \cdot S_p - (M_p + M_l) \cdot (g + a) \tag{3-2-12}$$

其中，摩擦力由液柱摩擦力和柱塞摩擦力两个部分组成。

液柱摩擦力的数学表达式为：

$$F_{fl} = f_l \frac{\rho v_l^2 h_l A_t}{2d_t}, v_l = v_p \tag{3-2-13}$$

式中，h_l 为液柱高度，m；A_t为油管截面积，m^2；d_t为油管直径，m；f_l为摩擦系数，根据图版或公式获取。

柱塞摩擦力：

液柱摩擦力与柱塞摩擦力之和为柱塞运动过程中总的摩擦力，因此可以根据式(3－2－13)，运用测试得到的总摩擦力与计算得到的液柱摩擦力求取。

$$F_{fp} = F_f - F_{fl} \tag{3-2-14}$$

根据流体力学相关知识，液体通过柱塞和油管间隙时受到的摩擦力与柱塞所受摩擦力为相互作用力，因此柱塞所受摩擦力为：

$$F_{fp} = f_p \frac{\rho v_p^2 l_p A_i}{2d_i} \tag{3-2-15}$$

式中，A_i为柱塞与油管间隙面积，m^2；d_i为柱塞与油管间隙当量直径，m；l_p为柱塞长度，m；f_p为柱塞摩阻系数，根据实验数据确定。

根据图3－2－10中柱塞运动速度与摩擦系数的拟合关系，结合柱塞运动摩擦力计算公式，可得柱塞运动过程中的摩擦力计算公式为：

$$F_f = \begin{cases} 110.61 \dfrac{\rho v_p^{-0.199} l_p A_i}{2d_i}, & \Delta p_{plunger} < 0.2\text{MPa} \\ 324.33 \dfrac{\rho v_p^{-0.256} l_p A_i}{2d_i}, & 0.2\text{MPa} < \Delta p_{plunger} < 0.4\text{MPa} \\ 311.82 \dfrac{\rho v_p^{-0.087} l_p A_i}{2d_i}, & 0.4\text{MPa} < \Delta p_{plunger} < 0.6\text{MPa} \end{cases} \tag{3-2-16}$$

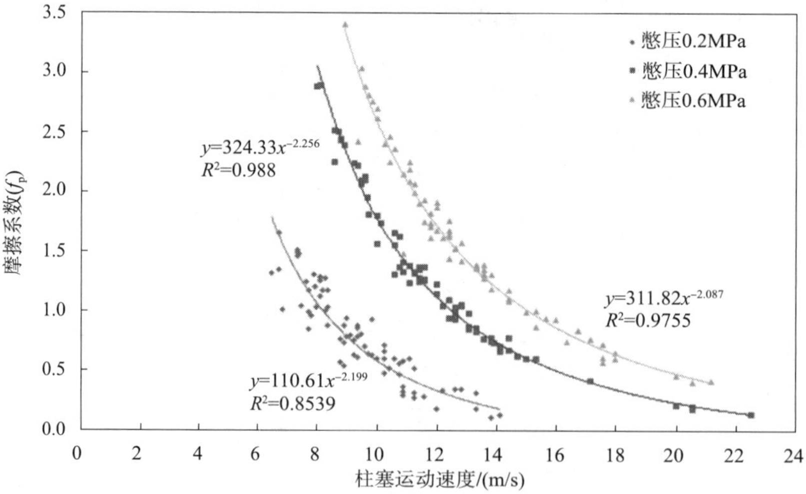

图3－2－10　棒状柱塞运动速度与摩擦系数的关系曲线

3. 衬垫式柱塞运动特性

衬垫式柱塞在产量较小和油管存在变形的井中能够有效提高排液量，对于大多数典型的柱塞气举装置，都建议采用这种柱塞，主要是因为它适应性强，能够克服油管变形后尺寸和形状对柱塞密封的影响。

衬垫柱塞由1~3个弹簧加载衬垫组成，与管壁接触后，这些衬垫会膨胀或收缩，以补偿油管的不规则或其他缺陷。这样就可以使柱塞保持与管壁的紧密接触，对油管进行连续密封，以减小或消除液体漏失。这种结构类型的柱塞非常耐用，对于产液量较小、压力较低、油管存在变形的井适应性很强。其主要特征为：

(1)柱塞上部有标注的打捞头。

(2)采用摩擦式密封。

(3)每个柱塞都有1个、2个或3个垫片(可以是标准长度，也可以加长)。

1)衬垫式柱塞漏失规律分析

方法一，漏失实验数据的线性处理：

根据衬垫式柱塞实验数据分析发现，柱塞运动速度与漏失率之间存在线性关系(图3-2-11)。

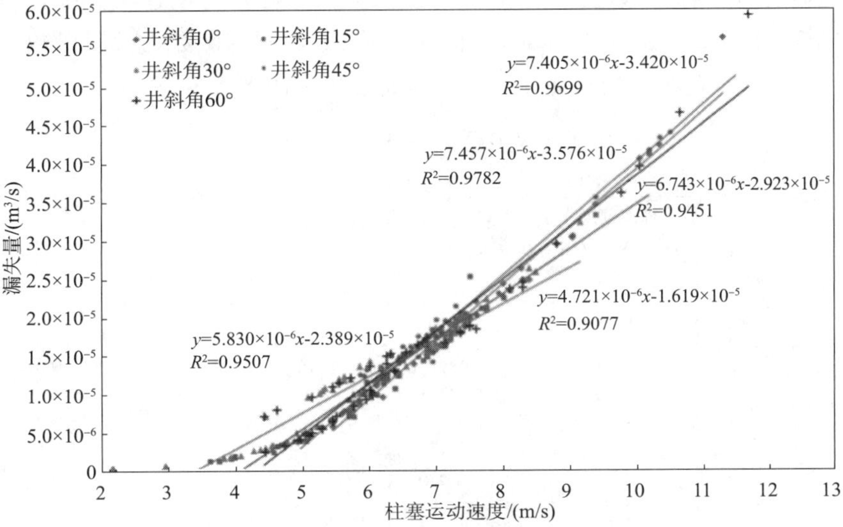

图3-2-11 衬垫式柱塞漏失规律分析

井斜角0°时：

$$Q_{\text{leak}} = 7.457 \times 10^{-6}(v_{\text{p}} - 4.795) \tag{3-2-17}$$

井斜角15°时：

$$Q_{\text{leak}} = 5.830 \times 10^{-6}(v_{\text{p}} - 4.098) \tag{3-2-18}$$

井斜角30°时：

$$Q_{\text{leak}} = 4.721 \times 10^{-6}(v_{\text{p}} - 3.429) \tag{3-2-19}$$

井斜角45°时：

$$Q_{\text{leak}} = 7.405 \times 10^{-6}(v_{\text{p}} - 4.619) \tag{3-2-20}$$

井斜角60°时：

$$Q_{\text{leak}} = 6.743 \times 10^{-6}(v_{\text{p}} - 4.335) \tag{3-2-21}$$

分析发现，虽然从数据上来看，随井斜角的增大，柱塞漏失量先增大后减小，但是总体来说，衬垫式柱塞举升过程中，井斜角对漏失的影响不大。变化规律与棒状柱塞表现出很大的区别，主要原因是由于衬垫柱塞与管壁完全接触，通过带弹簧的衬垫密封与棒状的紊流密封差异较大。

下面用三种方式分析柱塞运动速度与柱塞漏失之间的变化规律：

第一种方式：不分角度将所有实验数据放在一起拟合柱塞运动速度与漏失量之间的数学关系，得到的关系式为：

$$Q_{\mathrm{leak}} = 6.272 \times 10^{-6}(v_{\mathrm{p}} - 4.186) \tag{3-2-22}$$

第二种方式：拟合不同角度数学式中系数、截距与角度之间的函数关系，在柱塞速度与漏失量之间的函数关系式中引入角度变量，关系式为：

$$Q_{\mathrm{leak}} = \frac{2.335 \times 10^{-7} \cdot e^{9.2967 \cdot \sin[0.11 \times (90-\theta)]}}{\sin[0.11 \times (90-\theta)]}\left\{v_{\mathrm{p}} - \frac{4.1089}{\sin[0.11 \times (90-\theta)]^{0.01}}\right\} \tag{3-2-23}$$

第三种方式：根据实验数据反映出的变化特征，以柱塞运动速度5m/s为界限，进行分段拟合(图3-2-12)，得到柱塞运动速度与漏失量之间的函数为分段函数，关系式为：

$$Q_{\mathrm{leak}} = \begin{cases} 2.136 \times 10^{-6}v_{\mathrm{p}} - 6.817 \times 10^{-6}, & v_{\mathrm{p}} \leqslant 5 \\ 6.982 \times 10^{-6}v_{\mathrm{p}} - 3.151 \times 10^{-5}, & v_{\mathrm{p}} > 5 \end{cases} \tag{3-2-24}$$

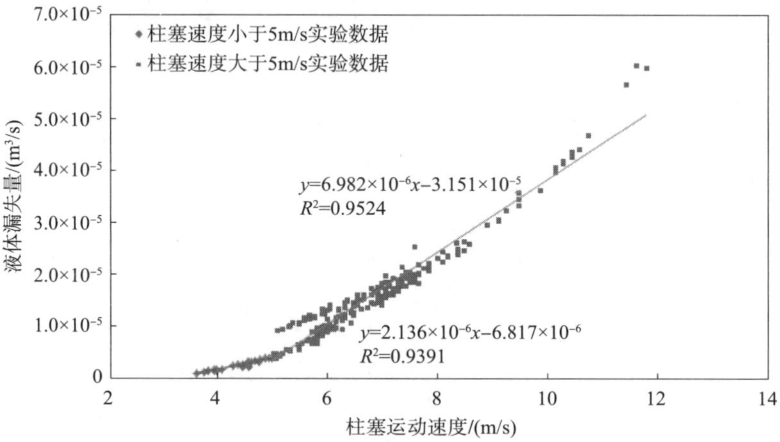

图3-2-12　衬垫式柱塞漏失规律分段模拟

以上三种处理方式的误差分别为96%、87%和20%。

方法二，漏失实验数据的幂函数处理：

与棒状柱塞相似，线性处理的结果无法对柱塞运动速度较小的情况进行分析，下面运用幂函数的方法对实验数据进行处理。

根据图3-2-13中不同井斜角柱塞漏失的幂函数关系相关性，当井斜角分别为0°、15°、30°、45°时幂函数拟合相关性大于0.9，但井斜角60°时幂函数相关性小于0.9，可见幂函数的拟合能够满足精度要求，但需要以 $v_{\mathrm{p}}=8\mathrm{m/s}$ 为分界点进行分段拟合。

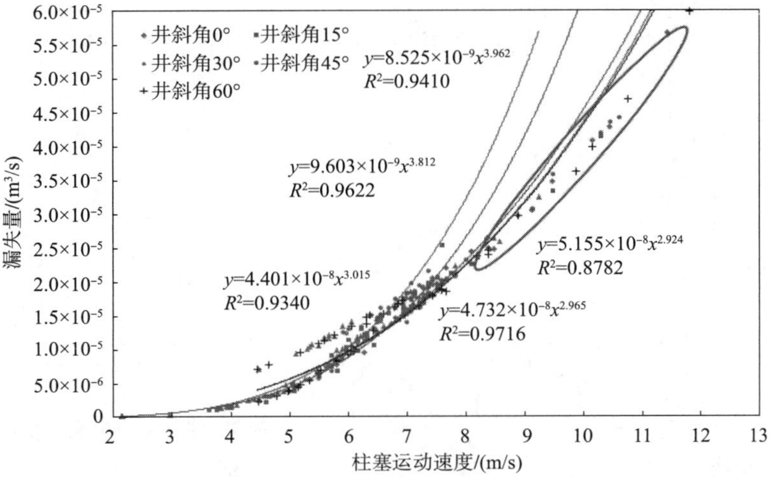

图 3-2-13 衬垫式柱塞不同井斜角漏失规律幂函数拟合结果

如图 3-2-14 所示，将函数分为柱塞速度 $v_p>8m/s$ 和 $v_p<8m/s$ 进行拟合。

柱塞速度 $v_p>8m/s$：

$$Q_{leak} = 1.0054 \times 10^{-8} \cdot v_p^{3.8290} \tag{3-2-25}$$

柱塞速度 $v_p<8m/s$：

$$Q_{leak} = 1.1646 \times 10^{-7} \cdot v_p^{2.5284} \tag{3-2-26}$$

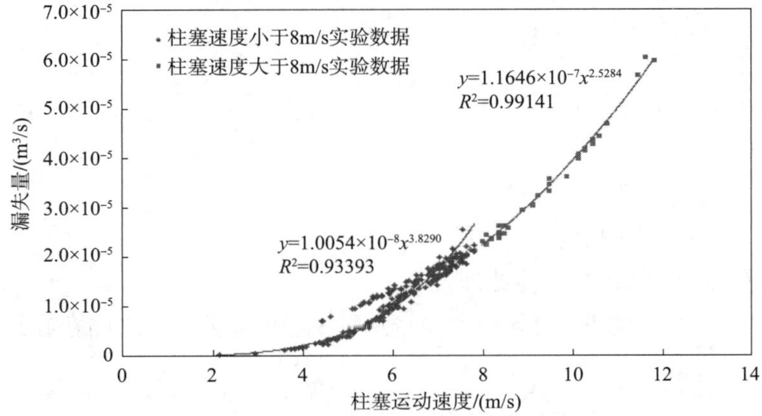

图 3-2-14 衬垫式柱塞漏失规律分段拟合关系曲线

2）衬垫式柱塞运动摩擦阻力分析

根据牛顿第二定律，用上述相同的方法分析得到摩擦系数与柱塞运动速度之间的关系曲线如图 3-2-15 所示。

$$F_f = \begin{cases} 86.233 \dfrac{\rho v_p^{-0.018} l_p A_i}{2d_i}, & \Delta p_{plunger} < 0.2MPa \\ 189.13 \dfrac{\rho v_p^{-0.018} l_p A_i}{2d_i}, & 0.2MPa < \Delta p_{plunger} < 0.4MPa \\ 274.84 \dfrac{\rho v_p^{-0.008} l_p A_i}{2d_i}, & 0.4MPa < \Delta p_{plunger} < 0.6MPa \end{cases} \tag{3-2-27}$$

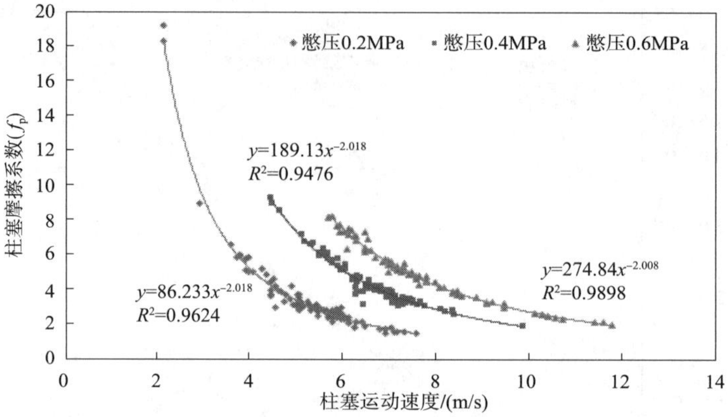

图 3 - 2 - 15　衬垫式柱塞运动速度与摩擦系数的关系曲线

4. 毛刷式柱塞

毛刷式柱塞的中间部分覆盖有一个柔性尼龙刷，柔软的特性使得即使油管壁存在异物柱塞也能正常通过，同时还可以有效地清除管壁上堆积的砂粒、盐和煤粉。毛刷式柱塞的直径略大于柱塞本体，因此能够适应油管中的偏差，以达到有效的密封。该柱塞主要应用如下：

(1) 低压井。

(2) 油管不规则的井。

(3) 生产盐、砂或煤粉的井。

(4) 需要高密封效率的井。

毛刷式柱塞的主要特点如下：

(1) 尼龙密封。

(2) 顶部有标准打捞头。

(3) 不锈钢芯轴。

(4) 尼龙螺旋装订刷段。

1) 毛刷式柱塞漏失规律分析

方法一，漏失实验数据的线性处理：

根据毛刷式柱塞实验数据分析发现，柱塞运动速度与漏失率之间存在线性关系，如图 3 - 2 - 16 所示。

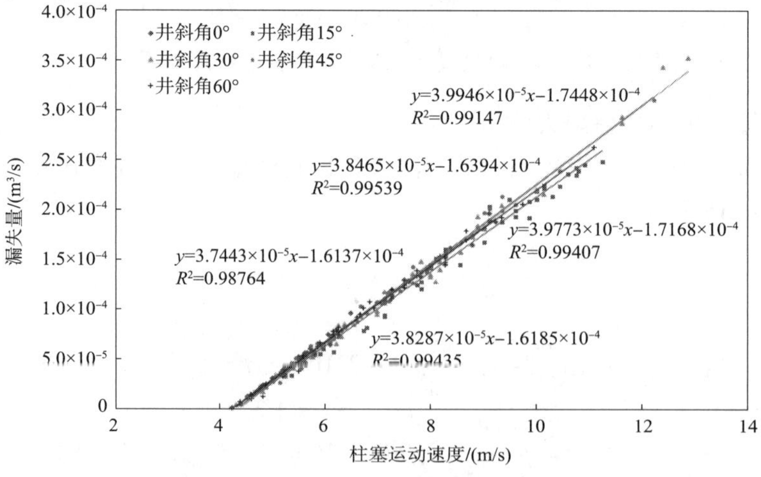

图 3 - 2 - 16　毛刷式柱塞漏失规律分析

井斜角 0°时：

$$Q_{leak} = 3.829 \times 10^{-5}(v_p - 4.227) \quad (3-2-28)$$

井斜角 15°时：

$$Q_{leak} = 3.744 \times 10^{-5}(v_p - 4.310) \quad (3-2-29)$$

井斜角 30°时：

$$Q_{leak} = 3.995 \times 10^{-5}(v_p - 4.417) \quad (3-2-30)$$

井斜角 45°时：

$$Q_{leak} = 3.977 \times 10^{-5}(v_p - 4.317) \quad (3-2-31)$$

井斜角 60°时：

$$Q_{leak} = 3.847 \times 10^{-5}(v_p - 4.262) \quad (3-2-32)$$

实验数据表明，毛刷式柱塞漏失受井斜角的影响较小，原因是柱塞与管壁之间的密封由柔性尼龙刷完成，这种密封方式受井斜角影响很小。因此，将不同角度所有实验数据对柱塞运动速度与漏失量之间的数学关系进行拟合(图 3-2-17)，得到毛刷式柱塞漏失规律为：

$$Q_{leak} = 3.834 \times 10^{-5}(v_p - 4.270) \quad (3-2-33)$$

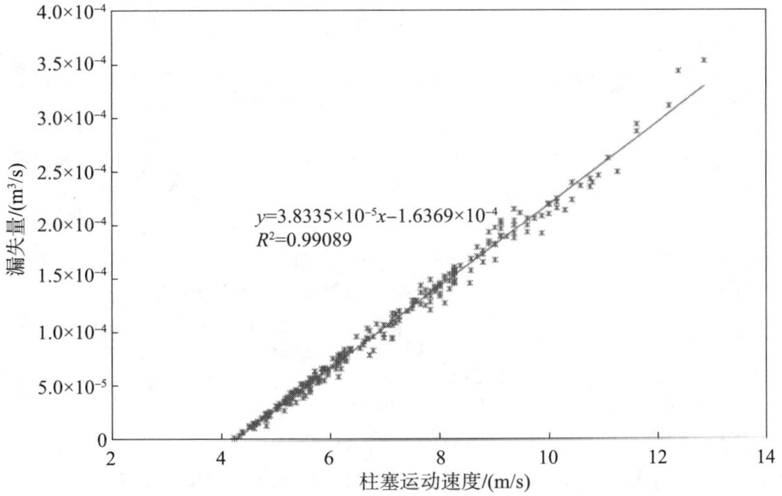

图 3-2-17　毛刷式柱塞运动速度与漏失量关系曲线

上述数学关系的计算误差为 6%。

方法二，漏失实验数据的幂函数处理：

与棒状柱塞相似，线性处理的结果无法对柱塞运动速度较小的情况进行分析，下面还是运用幂函数的方法对实验数据进行处理。

如图 3-2-18 所示，当井斜角分别为 0°、15°、45°时幂函数拟合相关性大于 0.9，但井斜角为 30°和 60°时幂函数相关性小于 0.9，可见幂函数的拟合能够满足精度要求，但需要以 $v_p = 6m/s$ 为分界点进行分段拟合(图 3-2-19)。

将函数分为柱塞速度 $v_p > 6m/s$ 和 $v_p < 6m/s$ 进行拟合。

柱塞速度 $v_p > 6m/s$：

$$Q_{leak} = 1.4883 \times 10^{-6} \cdot v_p^{2.1742} \quad (3-2-34)$$

柱塞速度 $v_p < 6m/s$：

$$Q_{leak} = 4.3714 \times 10^{-10} \cdot v_p^{6.7782} \tag{3-2-35}$$

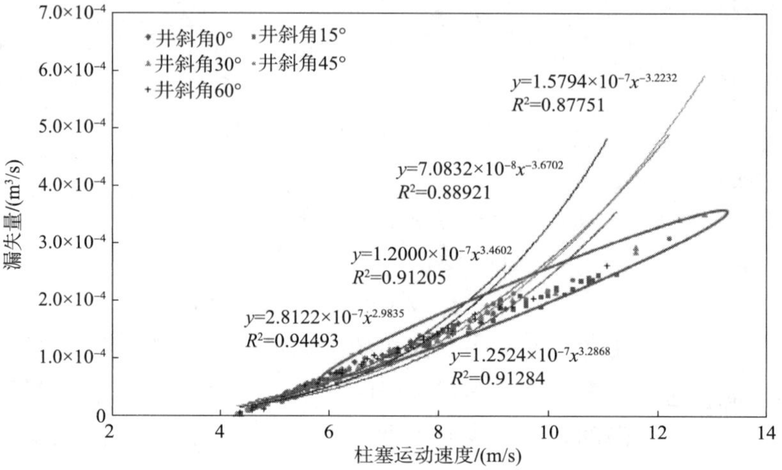

图 3-2-18　毛刷式柱塞不同井斜角漏失规律幂函数拟合结果

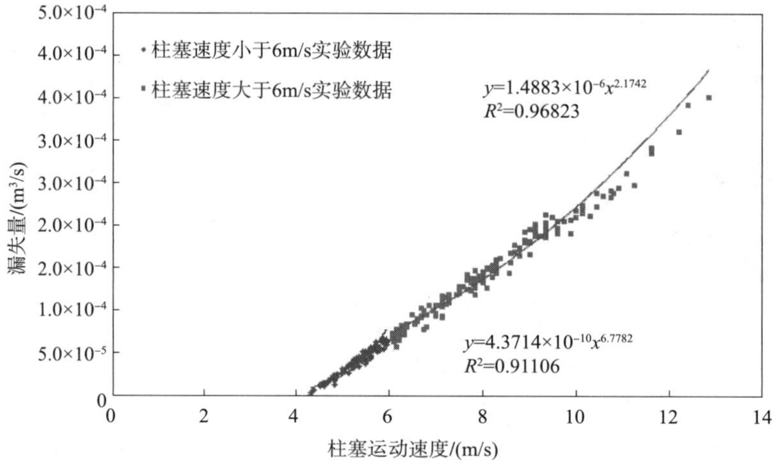

图 3-2-19　毛刷式柱塞漏失规律分段函数拟合结果

2）毛刷式柱塞运动摩擦阻力分析

根据牛顿第二定律，用上述相同的方法分析得到摩擦系数与柱塞运动速度之间的关系曲线，如图 3-2-20 所示。

$$F_f = \begin{cases} 53.236 \dfrac{\rho v_p^{0.267} l_p A_i}{2d_i}, & \Delta p_{plunger} < 0.2MPa \\ 190.76 \dfrac{\rho v_p^{-0.01} l_p A_i}{2d_i}, & 0.2MPa < \Delta p_{plunger} < 0.4MPa \\ 248.79 \dfrac{\rho v_p^{0.029} l_p A_i}{2d_i}, & 0.4MPa < \Delta p_{plunger} < 0.6MPa \end{cases} \tag{3-2-36}$$

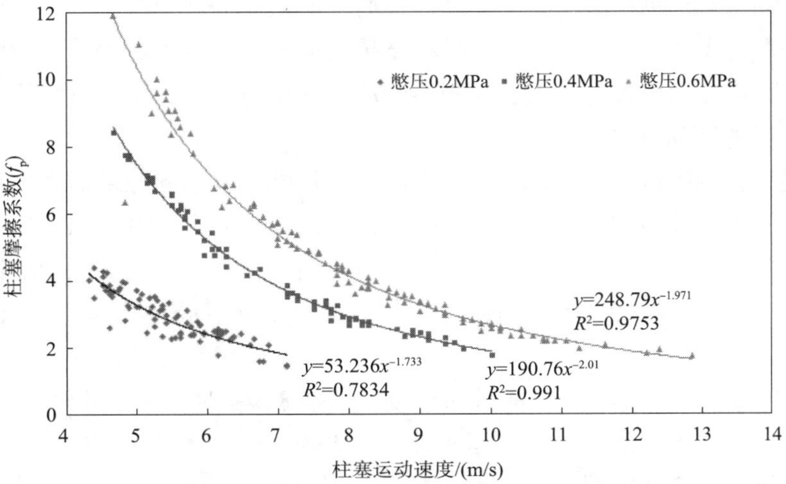

图 3-2-20　毛刷式柱塞运动速度与摩擦系数的关系曲线

(二) 柱塞动态模拟与漏失对比

如前文实验所述，由于实验装置的局限性，目前室内实验仅进行柱塞上升过程中漏失规律和运动规律的研究。因此，该部分仅应用上述动态模型中的柱塞上行阶段模型，对实验条件下柱塞上行进行模拟，通过模拟结果与实验结果的对比进行动态模拟的可行性分析。

下面以棒状柱塞在井斜角 0°、出口开度 60%、井底憋压 0.2MPa 时的第一组实验数据为例进行数值模拟，其中套管压力 194.1kPa，油管压力 182.2kPa，用动态模拟计算模块计算的结果如图 3-2-21 所示。

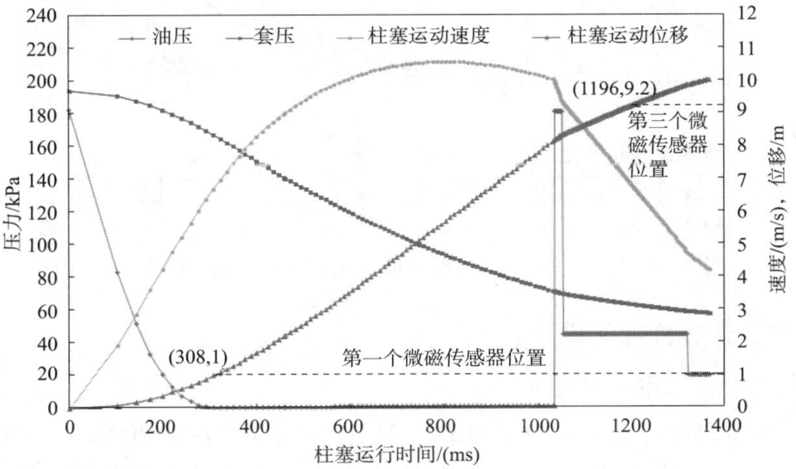

图 3-2-21　井斜角 0°、开度 60%、憋压 0.2MPa 第一组实验条件下柱塞运动模拟

模拟结果表明，棒状柱塞在套管压力、油管压力分别为 194.1kPa 和 182.2kPa 时，到达管柱出口位置的时间为 1368ms，第一个和第三个微磁传感器之间的柱塞运动时间为 888ms，柱塞运动速度先增大后减小，期间平均运动速度 7.75m/s。而第一组实验中测试的第一个和第三个微磁传感器之间的柱塞运动时间为 320ms + 610ms = 930ms，柱塞平均运

动速度为7.74m/s，时间和速度的模拟误差分别为4.52%和0.10%。

从三种不同柱塞270组实验数据与模拟结果的误差分析可以看出，考虑实验得到的液体漏失与柱塞运动规律的动态模型，模拟得到的柱塞运行时间和运行速度的误差均在10%以内，模拟精度能达到90%。

由于实验装置的限制，实验规程中测定的数据仅能反映不同柱塞的液体漏失规律，无法对柱塞在实际生产井中的液体漏失有直观的认识。该部分为了对不同柱塞在水平井举升过程中的液体漏失进行对比分析，以JY38－1HF井的基础数据为例，对卡定器分别在2000m、2500m、3000m和3500m 4种不同情况下，分析不同柱塞运动速度时的液体漏失量。

由图3－2－22可以看出，柱塞运动速度 $v_p < 2.8$ m/s时，毛刷式柱塞液体漏失量最小，棒状柱塞液体漏失量最大；柱塞运动速度 $2.8\text{m/s} < v_p < 6.2$ m/s时，衬垫式柱塞液体漏失量最小，棒状柱塞液体漏失量最大；柱塞运动速度 $v_p > 6.2$ m/s时，衬垫式柱塞液体漏失量最小，毛刷式柱塞液体漏失量最大。

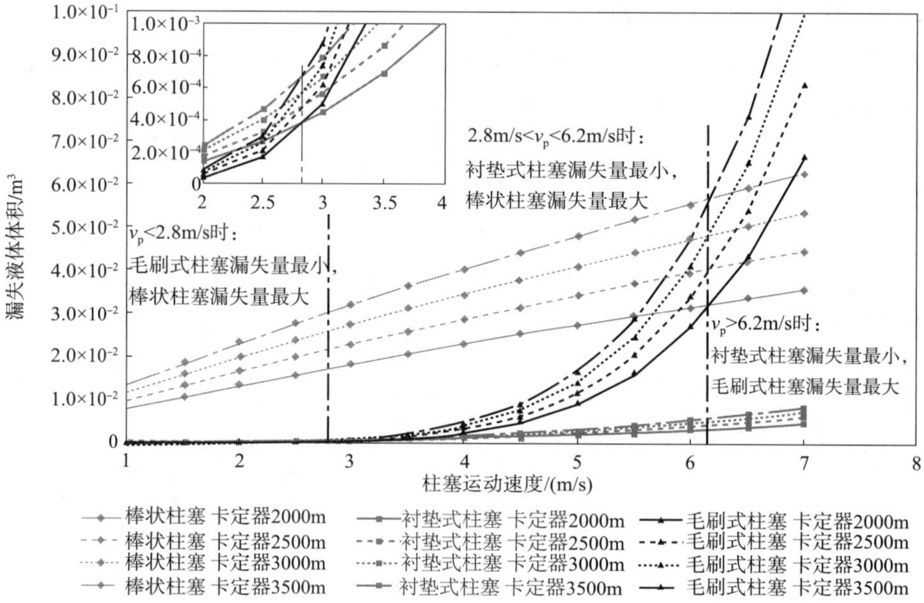

图3－2－22　不同卡定器深度柱塞运动与液体漏失的关系曲线

(三)柱塞工艺参数优化设计

1. *启动压力和最佳运动速度分析*

在井口压力2.5MPa、地层压力25MPa、2⅞in油管、气水比2000m³/m³的条件下，进行不同套管压力、不同液柱高度和不同卡定器深度时衬垫式柱塞运动的模拟，模拟结果如图3－2－23所示。图中柱塞运动速度分布结果表明，柱塞在井筒中均呈现先加速、后减速的运动状态，主要是由于柱塞运动初期油套环形空间储集气体能量的释放使得柱塞速度快速增大，但随着柱塞的上升储集能量逐渐减少，柱塞下部的压力降较柱塞上部的压力降要快，使得后期柱塞运动速度变小。

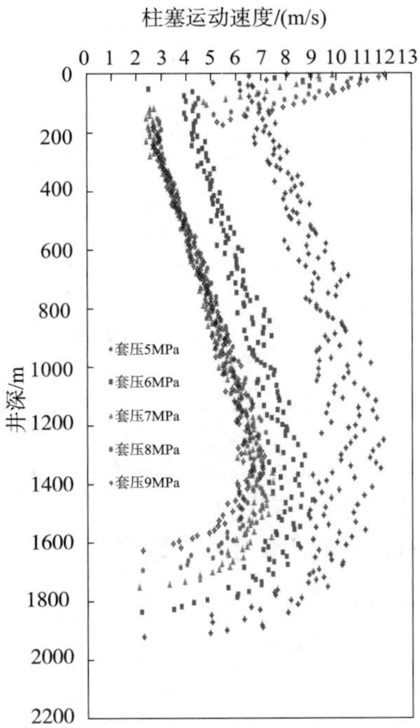

(a)卡定器2000m时井筒中柱塞运动速度

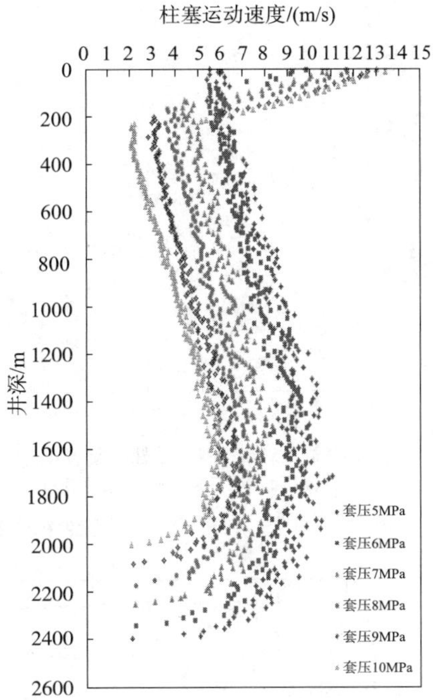

(b)卡定器2500m时井筒中柱塞运动速度

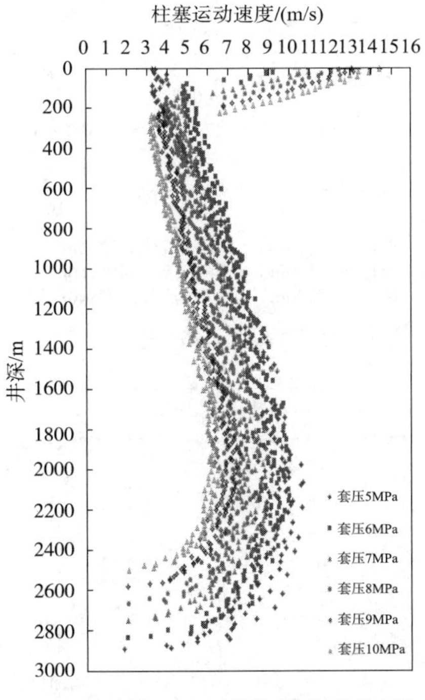

(c)卡定器3000m时井筒中柱塞运动速度

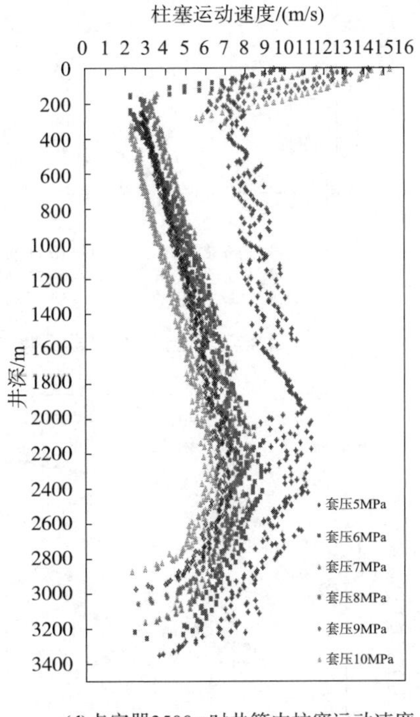

(d)卡定器3500m时井筒中柱塞运动速度

图3－2－23　不同卡定器深度不同套压下柱塞运动规律

图3－2－24～图3－2－27分析结果表明，柱塞气举井的启动压力随液柱高度增加而增大，卡定器深度越深，相同套压条件下能够举升的液柱高度越高，在保证柱塞尽可能多举升液体的情况下，柱塞运动速度应保持在3.4～5.6m/s。

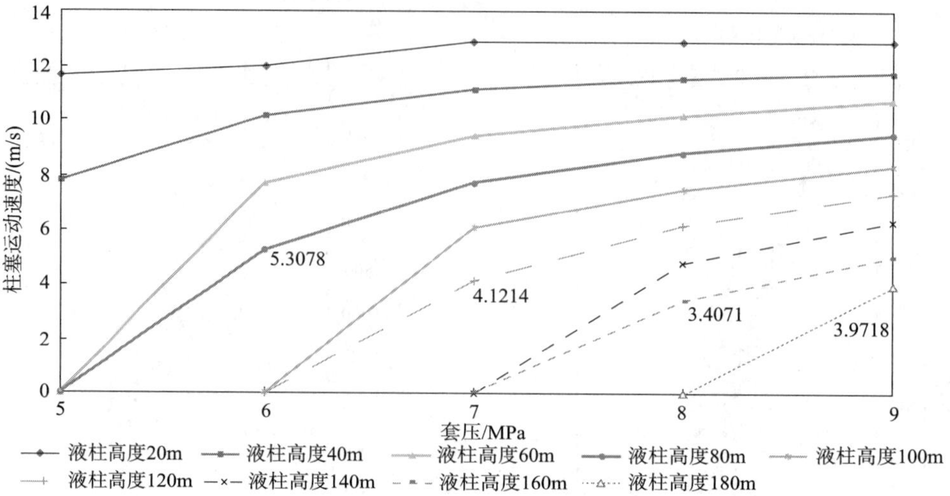

图 3-2-24　卡定器深度 2000m 时不同液柱高度下柱塞运动速度

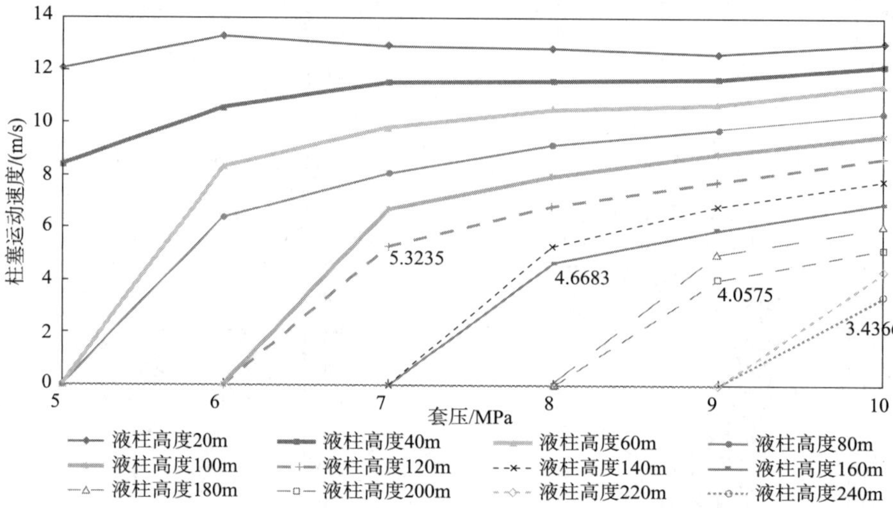

图 3-2-25　卡定器深度 2500m 时不同液柱高度下柱塞运动速度

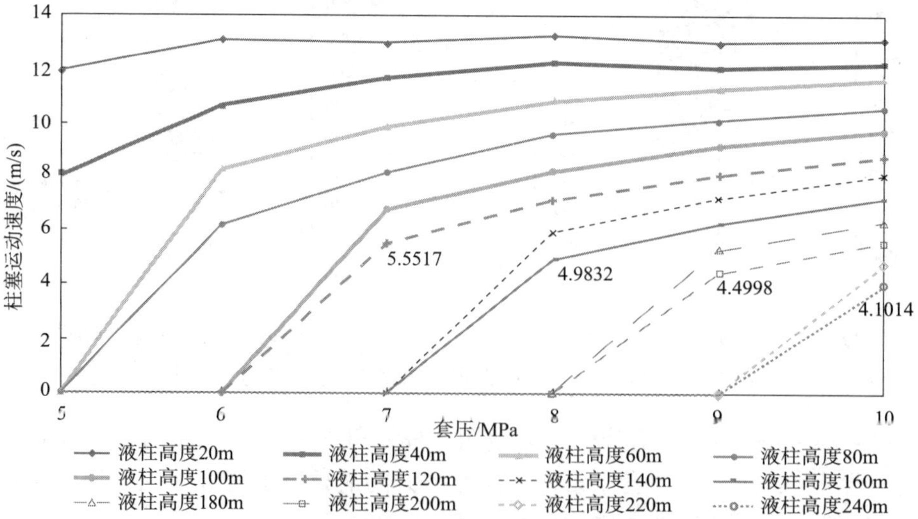

图 3-2-26　卡定器深度 3000m 时不同液柱高度下柱塞运动速度

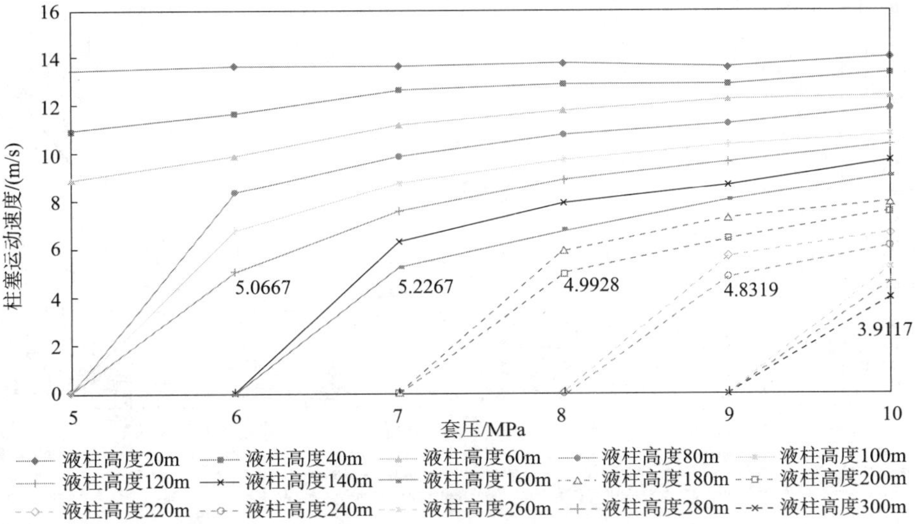

图 3－2－27　卡定器深度 3500m 时不同液柱高度下柱塞运动速度

2. 柱塞气举改造井生产参数分析及运行参数优化

2021 年，涪陵气田对原有的 4 口井进行了改造，改造包括三个方面：一是检管后下入了新油管，油管尺寸为 2⅜in；二是将油管加深了 200～300m，同样柱塞举升深度也增加了 200～300m；三是对排液柱塞进行了改进，2018—2019 年井口流程采用的是原井口的 1 号大阀流程，因此为了适配井口流程，柱塞采用的是 1.2～1.3m 的加长柱塞。长度较长，质量也比较大，这次的 4 口井在把井口流程整改后(将 1 号 180 大阀换成了 60～70 小阀)，举升柱塞全部采用短柱塞，长度最长 600～700mm，最短 400～500mm。改造后运行参数见表 3－2－3。

表 3－2－3　柱塞气举改造井运行参数

井　号	油管下入深度/m	管柱底部井斜角/(°)	柱塞运行深度/m	柱塞运行最大井斜角/(°)	衬垫式柱塞运行		棒状柱塞运动	
					衬垫式柱塞运行时间/d	衬垫式柱塞运行速度/(m/s)	棒状柱塞运行时间/d	棒状柱塞运行速度/(m/s)
JY61－3HF	3450.8	85	3352	66.5	11～12	5.08～4.66	8～9	6.98～6.21
JY61－4HF	3488.8	84	3380	63	11～12	5.12～4.69	8～9	7.04～6.26
JY61－5HF	3363.6	82	3225	66	11～12	4.89～4.48		
JY64－6HF	4018.2	86	3879	68	45		8～9	6.72～5.97

结合前面分析可以看出，除 JY64－6HF 井外，其余井的运行速度均处于有利运行区间，能保证柱塞的高效举液。

基于 4 口井的卡定器深度，分析了不同套压和不同气水比条件下三种柱塞的液体漏失情况，如图 3－2－28 和图 3－2－29 所示。分析结果表明，不同情况下衬垫式柱塞均表现出较小的液体漏失量。

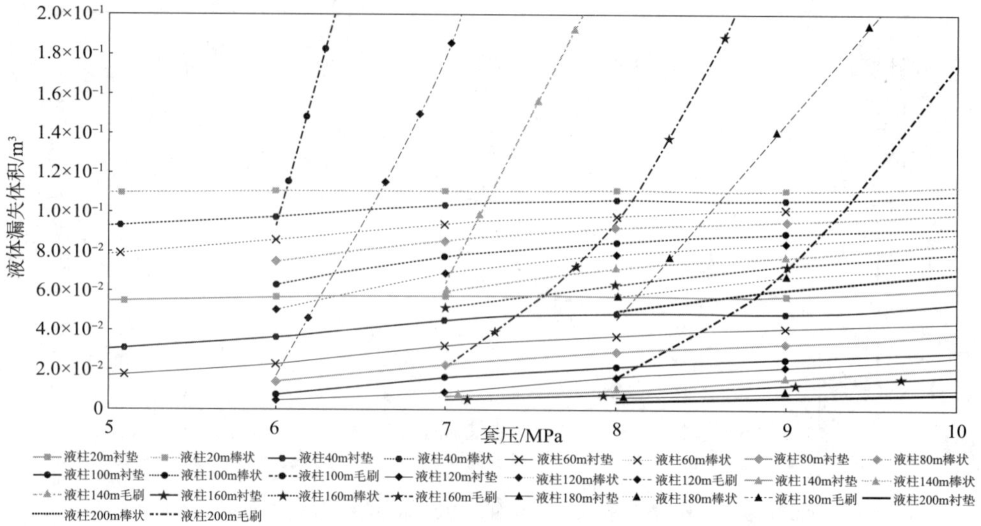

图 3－2－28　不同套压和液柱高度情况下三种柱塞的漏失

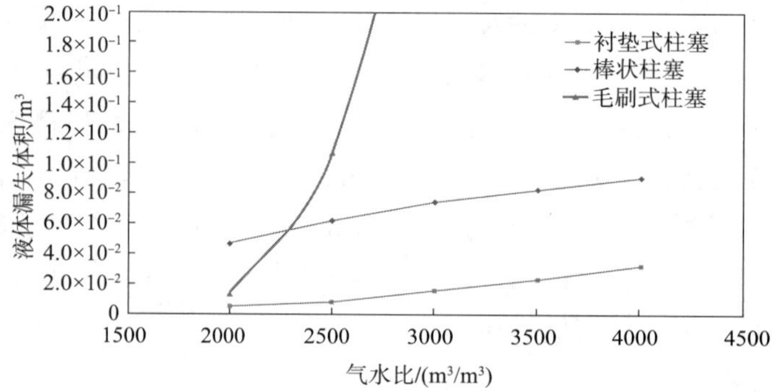

图 3－2－29　不同气水比条件下三种柱塞的漏失

对气井进行了开 1 时不同关井制度的生产运行模拟，其中开 1 关 1、开 1 关 2、开 1 关 3、开 1 关 4 和开 1 关 5 这五种生产制度的模拟结果如图 3－2－30 和图 3－2－31 所示。分析结果表明，随着气液比增大，周期产气量和日产气量上升，关井 3h 周期产气量增加趋势变缓，日产气量最大。

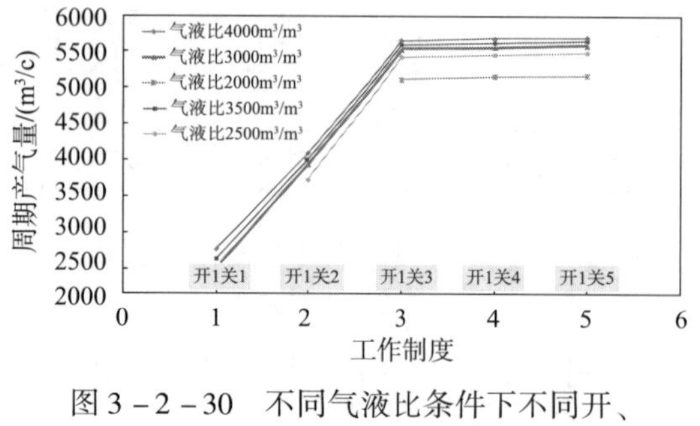

图 3－2－30　不同气液比条件下不同开、关井工作制周期产气量变化

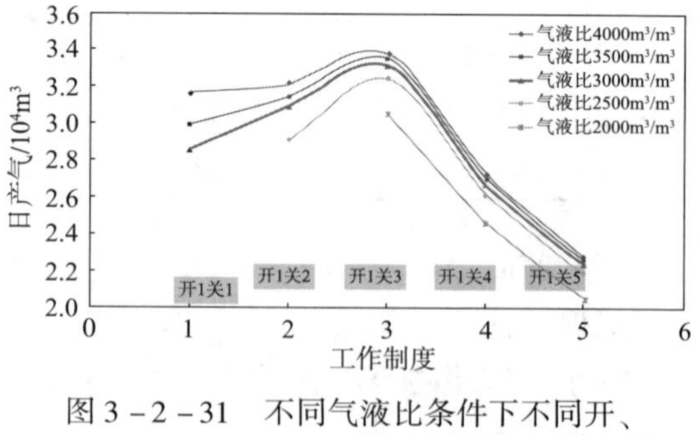

图 3－2－31　不同气液比条件下不同开、关井工作制日产气量变化

为进一步确定合理工作制度，进行了关 3 时不同开井制度的动态模拟，模拟结果见表 3－2－4。分析结果表明，气液比低时，开井时间长将导致柱塞无法举升，气液比高时，

随开井时间的增长周期产气量和日产气量增加。JY61－3HF 井的合理工作制度为开 3 关 3，JY61－4HF 井的合理工作制度为开 3 关 3，JY61－5HF 井的合理工作制度为开 2 关 3。

表 3－2－4　不同气液比条件下不同开、关井工作制度的周期产气量

气液比/(m^3/m^3) 工作制度	2000	2500	3000	3500	4000
开 1 关 3	5096.50	5418.42	5527.64	5594.82	5641.96
开 2 关 3	无法生产	6814.85	7341.43	7477.05	7563.29
开 3 关 3	无法生产	无法生产	两轮后停产	8987.80	9395.47

（四）柱塞适用性判别方法与图版

当柱塞举升液体刚好达到井口的临界状态时（图 3－2－32），管柱中气体膨胀产生的推力应当大于柱塞自身重力＋柱塞上部静液柱压力，即：

$$F_{气} \geqslant G_{柱塞} + F_{液柱} \tag{3-2-37}$$

$$F_{液柱} = (p_t + \rho_w g h_2) \times A_{柱塞} \tag{3-2-38}$$

柱塞下部压力：

$$p_m = \frac{F_{气}}{A_{柱塞}} \tag{3-2-39}$$

换算到井口和井底压力为：

$$p_c = p_m e^{-s_1} \tag{3-2-40}$$

$$p_{wc} = p_m e^{s_2} \tag{3-2-41}$$

其中，

$$s = \frac{28.97\gamma_g g H}{RTZ} \tag{3-2-42}$$

由此，可进一步得到管柱中气体平均压力为：

$$p_2 = \frac{p_c + p_{wc}}{2} \tag{3-2-43}$$

此时，气体满足状态方程：

$$p_2 V_2 = nRZT_2 \tag{3-2-44}$$

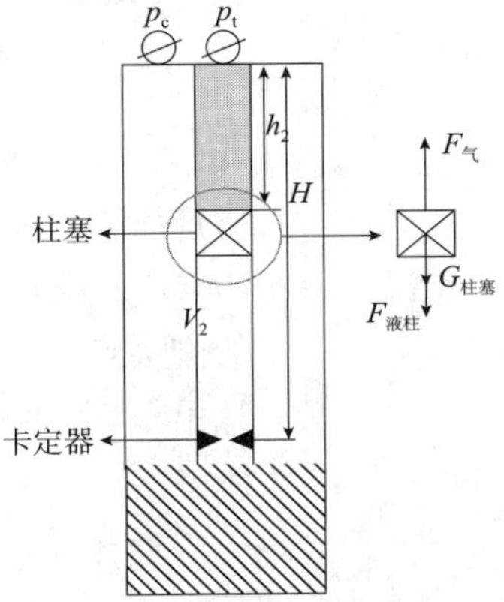

图 3－2－32　柱塞位于井口时的临界状态

在柱塞运行之前，当柱塞坐落在卡定器上时，油管与环空液面高度一致（图3-2-33），环空中气体满足状态方程：

$$p_1V_1 = nRZT_1 \tag{3-2-45}$$

此时，管柱中气体平均压力为：

$$p_1 = 0.5(p_c + P_c es^3) \tag{3-2-46}$$

柱塞运行时的能量来自环空中气体膨胀，联立气体状态方程，可以求得柱塞运行所需最低套压 p_{cmin}：

$$p_{cmin} = 2\frac{T_1V_2}{T_2V_1}p_2/(1 + es^3) \tag{3-2-47}$$

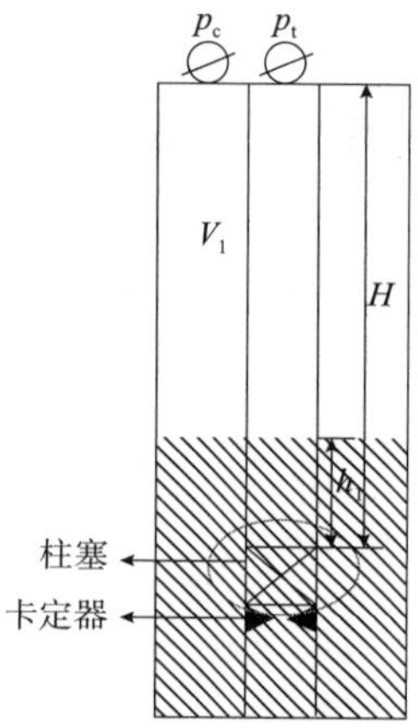

图3-2-33　柱塞位于卡定器时状态分析

积液高度可以由油套压差计算，因此只需要根据油套压大小，即可判断在当前外输压力条件下柱塞的可行性。

对于下入油管或者连续油管的气井，使用气井实测油套压力，以及产气量、产水量等生产参数，考虑气井油管或者连续油管内为多相流动，计算气井油管压力分布；考虑气井环空内为静气柱，计算环空压力分布，分析气井实际积液情况。若气井油管与环空内的压力分布交会于油管鞋位置，说明气井井筒无积液，如图3-2-34所示。

反之，气井油管与环空内的压力分布未交会于油管鞋位置，说明气井井筒存在积液，积液所形成的液柱占据了油管部分空间，如图3-2-35所示。

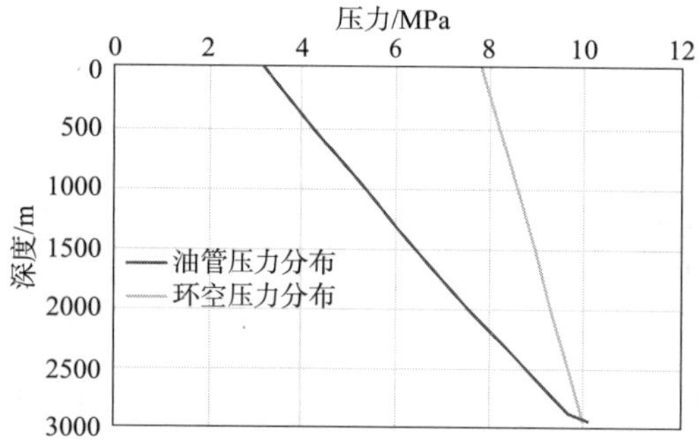

图3-2-34　气井未积液

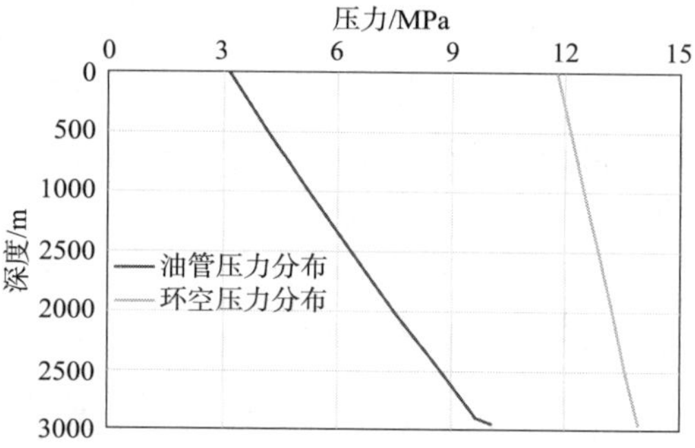

图3-2-35　气井积液

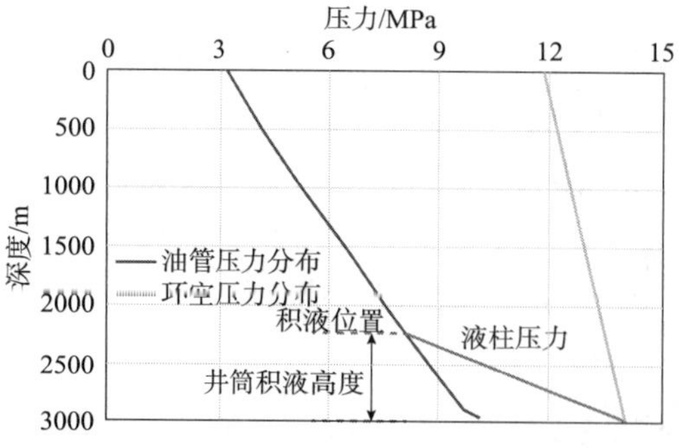

图3-2-36　气井积液高度预测

以环空压力分布线的底端为起点，画出液柱压力分布图（取液柱压力梯度为1.0MPa/100m），液柱压力分布与气井油管压力分布的交会点，即气井井筒积液位置，进而可折算出气井井筒积液高度，如图3-2-36所示。

气井柱塞工艺所需套压的主要影响因素为气井产气量、产水量、积液高度（油套压差)，设计出气井柱塞工艺所需套压理论图版，如图 3-2-37 ~ 图 3-2-43 所示。

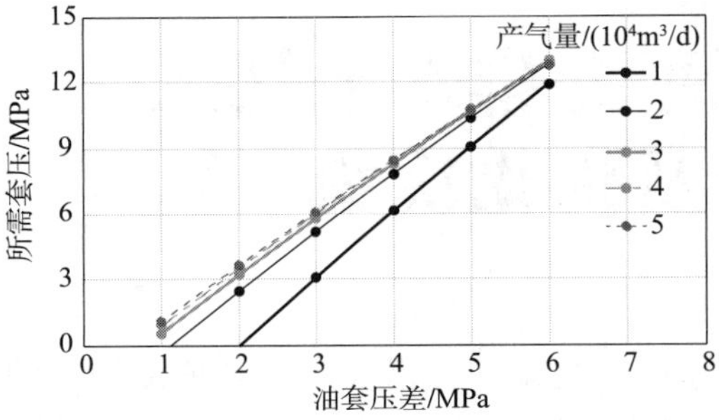

图 3-2-37 柱塞工艺所需套压图版(产水 $10m^3/d$)

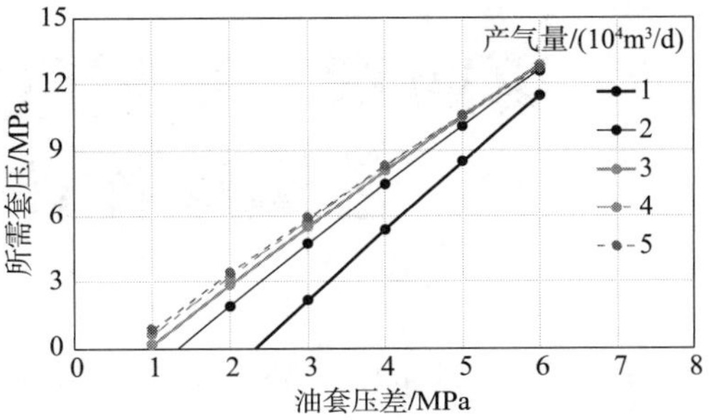

图 3-2-38 柱塞工艺所需套压图版(产水 $12m^3/d$)

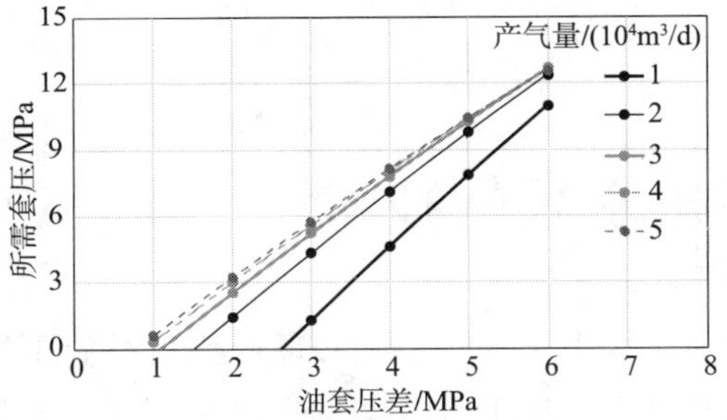

图 3-2-39 柱塞工艺所需套压图版(产水 $14m^3/d$)

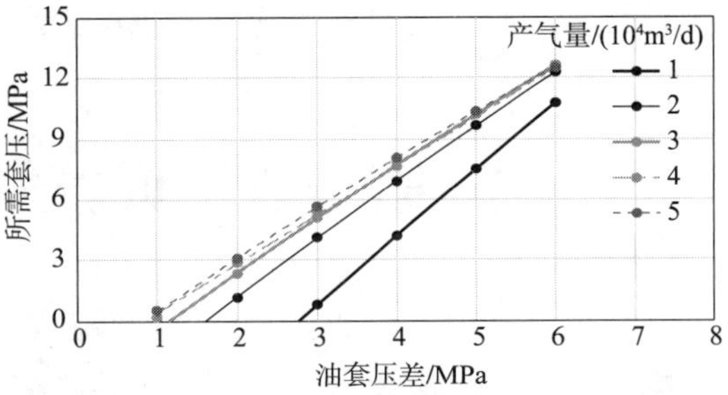

图 3-2-40 柱塞工艺所需套压图版(产水 $15m^3/d$)

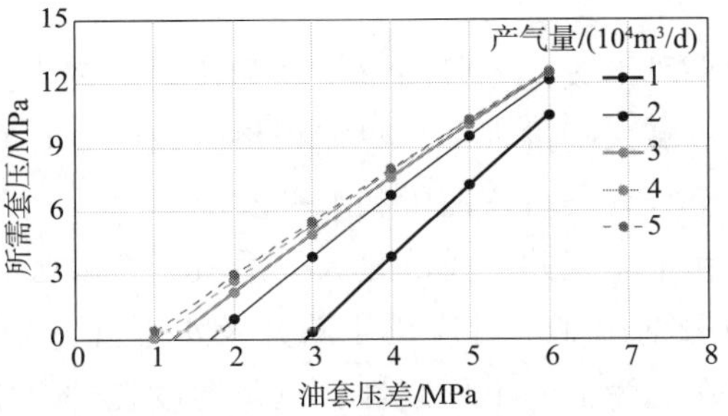

图 3-2-41 柱塞工艺所需套压图版(产水 $16m^3/d$)

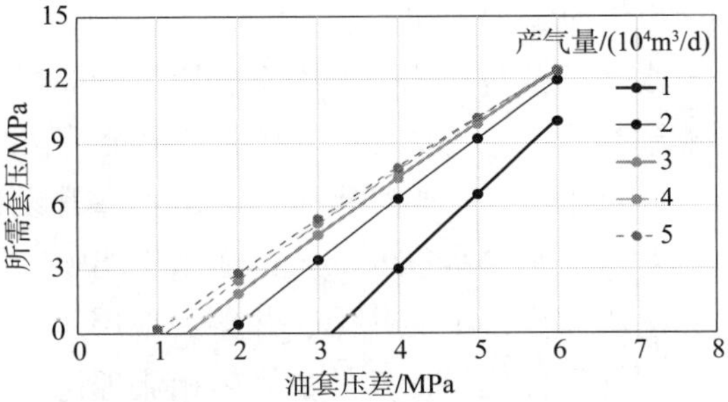

图 3-2-42 柱塞工艺所需套压图版(产水 $18m^3/d$)

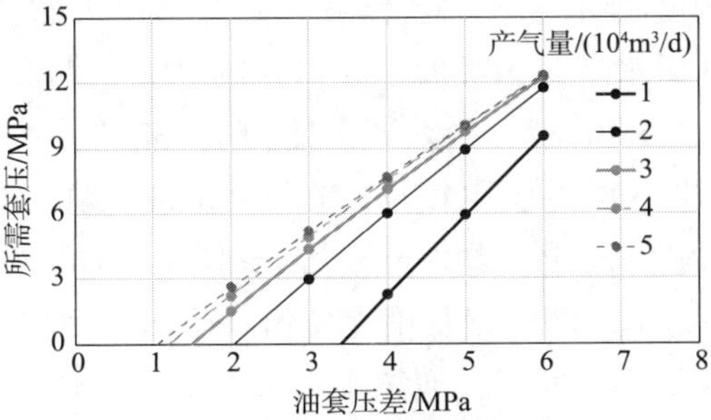

图 3-2-43 柱塞工艺所需套压图版(产水 $20m^3/d$)

第四章　页岩气水平井排水采气工艺适应性评价及优化决策

基于页岩气井多段压裂水平井，结合井筒流型变化规律，以及对气井携液能力的影响，以页岩气井生产规律预测方法为基础，充分考虑涪陵不同区域页岩气井的压裂液返排规律，分析不同生产阶段、不同技术手段(调整配产、间歇生产、排水采气工艺等)采收率的影响，针对气井实际返排规律与压力、产量递减情况，制定相应的提高采收率技术与策略，以最高采收率为目标优化气井生产制度。

第一节　页岩气井排水采气技术

气井生产到中、后期，大部分气井都会由于地层压力和产气量的降低，使得井筒不能连续携带地层产出液体出井口，造成井筒积液量和井底回压上升，产气量迅速下降，严重时将造成气井水淹停产，为了维持气井生产，避免井筒积液影响气井产量，就需要实施排水采气工艺。国内外比较成熟的排水采气工艺技术主要包括气举、泡排、优选管柱、机抽、电潜泵、射流泵等。

水平井井身结构一般由垂直段、弯曲段和水平段组成，各段曲率半径和造斜率都直接影响到举升工艺的选择。对于短半径水平井，在机械采气过程中，只能把举升设备下在垂直段。对于中、长半径水平井，可把举升设备下至垂直段、弯曲段和水平段。

对于气举排水采气工艺，适用于弱喷、间喷和水淹气井。排液量大，适宜于气藏强排液；适用面广，不受井深、井斜及地层水化学成分的限制，可应用于斜井及水平井开采。国外在气举优化设计软件中将多相流理论、压力在套管上的不稳定性，以及温度在井筒中的分布包含其中，使模型更加精确。Exxon Mobil 公司在大斜度井中安装了气举阀，成功排出了井底积液，但该工艺最大难题是在更换气举阀时不能准确定位与投递。2012 年，川西气田共对 14 口水平井实施了排水采气工艺作业，累计增产天然气 $580\times10^4m^3$，工艺效果显著。2015 年，在新场气田水平井中开展了 5 口井的试验，油套压差较气举前缩小 0.5～1MPa，天然气增产量为 $162\times10^4m^3$，投入产出比为 1∶32 左右，经济效益显著。

对于泡沫排水采气工艺，国外应用较早。在 20 世纪中期，苏联在克拉斯诺达尔地区实施了泡沫排水采气 200 多口气井，增产天然气 $4\times10^8m^3$，成效显著。同期，美国也采取了泡沫排水采气工艺，提高了堪萨斯州及俄克拉何马州 200 多口产水气井产气量，有效率达 90%。国内，随着技术的不断发展，泡沫排水采气工艺已趋完善，实施泡沫排水采气井已达 90% 以上，该工艺成功得到推广。2012 年，大牛地气田共在 30 口水平井中实施了泡沫排水采气工艺，占总水平井数的 60%，成功率从 50% 提高到了 80%。截至 2015 年，新场气田 JS 气藏已有 105 口水平井，其中 78% 的气井已实施了泡沫排水采气工艺措施。该工艺在新场气田水平井中施工成功率达 97%，年累计增产天然气 $2400\times10^4m^3$，投入产出比为 1∶7 左右，经济效益显著。

但对于水平井泡沫排水采气，成功率低，工艺难度更大：一是因为从油管或油套环空加注的液体药剂不能流到水平段，造成水平段的液体不能起泡；二是因为固体泡排球或泡排棒在油管或油套环空下落过程中易被卡住，不能到达水平段；三是固体泡排球或泡排棒遇到积液后迅速溶解，造斜段底部或水平段的积液不能起泡。为此，水平井泡沫排水采气工艺对泡排剂的选取和加注提出了更高的要求。针对这个生产难题，国外最先开发出了同心毛细管技术。该系统能够在措施过程中重复利用，在北美地区已经广泛得到应用，在成功安置的 9500 多套毛细管系统中 85% 用于排水采气。这些井在使用毛细管系统作业之前，经常生产几天或几个小时就要被迫停止生产数天，而部分井由于井底积液过于严重导致不能继续生产，在实施毛细管作业后，这些井都达到了预期效果，恢复并提高了气井产量。虽然我国对此工艺开发应用比较晚，但目前我国已经可以自主研发该技术，成功率已达到 100%。此工艺已经在长庆油田、西南油气田、川西气田成功进行了试验。尽管如此，该工艺也存在一定局限性，由于水平井井身结构特殊，毛细管柱容易在进入造斜段和水平段时移动受阻，发生弯曲变形，而且毛细管设备相对昂贵、作业费用相对较高。尽管如此，新场气田自 2013 年以来开展了 6 口水平井的毛细管加注排水采气试验，增加产气量 $2.18\times10^4m^3/d$，增产效果显著。

对于电潜泵排水采气工艺，它最大的特点就是扬程很高，排量也是各排水采气工艺中最大的，因此发展迅速。随着技术的发展，电潜泵工艺也在不断更新，并研制了许多新设备及工具，例如多级高效电潜泵、双电潜泵完井系统及大功率电机。同时，改进电潜泵电路及气体处理器，使得其在气液比很高的气井中也可以被高效运用，并且提高了泵的使用年限。美国 OVYX 能源公司在西得克萨斯州钻了一口平均造斜率 38°/100m 的中曲率半径水平井，选用 $\Phi130mm$ 套管完井，选择排量 $80.9m^3/d$ 的电潜泵排液，初装在造斜点 1269m 深度的垂直井段。因气锁改装在弯曲段尾部的水平段，比原挂位置增加了 23.5m，采液量增加了 50%。根据此口井施工经验，该公司在另一口水平井中设计了一台水平安装的电潜泵，为减小泵的偏斜，采用外径 $\Phi177.8mm$ 套管完井，气锁问题明显减少，产液量上升 20%。

对于优选管柱排水采气工艺，我国科研人员根据液滴模型推导出了优选管柱的计算公式，并绘制了“气井优选管柱诺模图”，且发表了石油会议论文。近几年，国内苏里格、广安等气田采用连续油管作为生产管柱对有水气藏进行排水采气试验并取得了较好的效果，目前已陆续进入现场应用阶段。2005 年，西南油气田首次将连续管下入井筒中作为生产管柱排液生产天然气，一方面它可以避免气井生产中、后期因生产管柱过大而造成携液困难的问题；另一方面它可以实现不压井作业，避免常规更换小管柱作业中压井液对地层的伤害，同时减小了起出原有管柱造成油管断脱等复杂事故的风险。随后，速度管在长庆气田、苏里格气田等均开展了先导性试验，取得了不错的效果。2009—2010 年，苏里格气田开展了连续油管排水采气现场试验 14 口井，平均油套压差减小 3.2MPa、产气量增加 $0.5\times10^4m^3/d$。

在射流泵排水采气方面，1852 年，英国的 D. 汤普森首先使用射流泵作为试验仪器来抽除水和空气。20 世纪 30 年代，射流泵技术开始迅速发展。第一代油气田用射流泵于 1970 年在美国加利福尼亚州等地投入使用，Kobe 公司成功研制出一种新型陶瓷喉道材料，使喷射泵工作寿命达到 7 个月以上，苏联也从 1969 年开始在西西伯利亚地区进行了喷射泵试验，在水淹井和非水淹井上都见到了很好的效果。

在抽油机排水采气技术方面，目前的工艺对于低含硫、泵挂深度小于 150cm、日排水量小于 $100m^3$ 的水淹气井抽油复产技术已基本过关，工艺比较成熟，装备也初步定型。四川气田在继续推广应用的基础上，开展了许多研究试验工作，达到了技术更新和完善的目的。

第二节　排水采气工艺适应性评价

一、泡沫排水采气工艺

本质上属于化学排水技术的泡沫排水采气技术是利用表面活性剂的起泡性而发展起来的一种助采技术。通过向井底矿化水中引入一些具有特殊功能的表面活性剂和高分子聚合物，借助天然气流的搅拌，与井底积液充分接触，产生大量较稳定的低密度的含水泡沫，使其在气、液两相混合垂直流动过程中，产生泡沫、分散、减阻、洗涤等多种物理/化学效应，减小井筒中的“滑脱损失”，提高气流垂直举液能力，达到排水采气的目的。

(一)泡沫剂的作用

向井中加入化学药剂，借助气流的搅拌作用，化学活性剂与井底的积液作用产生泡沫，泡沫的生成降低了流动介质的密度，从而减小了所需的最小气流速度。同时，化学活性剂也是一种表面活性剂，可以降低表面张力，增加液体分散度，从而提高气流携液的能力。并且，泡沫药剂在井底被冲刷，对近井底地区的地层孔隙和井壁进行清洗，解除堵塞并疏通气流通道，从而改善气井的生产能力，减小地层压力损失，增大井底流压，增大气流速度。

(1)改变井筒气、液分布结构。气井带液生产时，油管内多相流体分布主要表现为：由井底向井口可能出现段塞流、环状流和雾状流；而井筒积液后，液相沉淀在油管底部，气相窜越液相(或液相滑脱)流向井口，液相不能随气体排除，积液越来越多，管内流体分布不连续。加入起泡剂后，由于气液界面张力而产生稳定泡沫，不断消耗气井底部液相，连续气相推动液体升至井口以后，泡沫带液被除去，积液越来越少，油管内的泡沫质量随压力连续分布。

(2)大大降低油管内混合流体的相对密度。由于泡沫带液作用及泡沫不断产出，油管内流体液相在不断减少，管内混合流体的相对密度不断降低。随着过程的进行，并朝着不断下降的趋势接近纯天然气的相对密度。较积液气井生产，管内不连续分布流体的相对密度大大降低。

(3)加大气井生产压差，增加气井产量。管内混合流体的相对密度降低和井筒积液不断被排出，从而减小气井生产时的回压，加大气井的生产压差，使得气井产量增加，增加的产量使气井的携液能力或排液能力增强。

(4)井底残留的表面活性剂有助于减小气层损害。高质量的起泡剂有助于消除气层水锁或有效地保护气层。

(5)调整摩阻损耗。气水同产或气水油同产的气井，摩阻损耗在其他条件相同的情况下，按照 Hagedon 和 Brown 的观点：持液率 H_L和两相雷诺数中的两相黏度，都与气液界面张力有关。表面活性剂的加入，气液界面张力减小，描述多相管流的液体速度数 N_{lv}、气体速度数 N_{gv}、油管直径数 N_L、液体黏度数 N_u都将减小，从而使气水(油)同产气井的摩阻损耗发生变化。在有利流态条件下，摩阻损耗降低，若在不利流态条件下，摩阻损耗增加，从而也有可能在排液过程中发现气井产量的暂时下降。

(6)降低气井携带液滴所需要的最小流量或载流量。按 Turner 的观点，韦伯数 N_{wb}与气液界面张力成反比，在其他条件相同的情况下，表面活性剂的加入，气流中最大液滴直径变小，降低了携带液滴所需要的最小气体速度，使气体排液更容易。

(7)高质量泡沫是一种非牛顿流体，因视剪切速率的不同，泡沫有不同的流变模式。泡沫的流变性决定了泡沫排水过程垂直管流所遵循的规律，表面活性剂的加入使垂直管流的流体性质发生变化。从牛顿流体到非牛顿流体的转变，可能增加垂直管流的沿程摩阻。若排出的水量导致的井底静水压力的降低值不足以抵消摩阻的增加值，气井在排液阶段的产气量将下降。

(二)泡沫的稳定性

尽管通常被称为稳定的泡沫，但其稳定性只是相对于短暂泡沫而言，就其本质来说不可能稳定。实际上，当泡沫一旦形成，表面积增大，体系的自由能增加，因此泡沫属于热力学不稳定体系，总是自发地从自由能较高的状态向自由能较低的状态转化。所以，泡沫的破裂、合并的过程，是体系自由能减小的自发过程。

即使外观是平静的比较稳定的泡沫体系，由于气泡直径的差异而造成的压差，使气体发生扩散，导致气泡合并、数目减少。泡沫中的液体由于重力作用及边界吸引作用而在不断排液，加上蒸发作用，使液膜不断变薄，最终导致泡沫的破裂。当温度、压力等外界条件发生变化，或受外力冲击、震动时，更会加速其破裂进程。

影响泡沫稳定性的因素众多，说法不一。以下几种是得到实践证实，并一致认可的因素。

1. 起泡剂的影响

1)增加液膜的弹性。

吸附了表面活性剂的液膜，受到外界冲击、震动时会发生局部变形而使液膜变薄，变薄处的表面积增大，表面吸附分子的密度减小，表面张力增大。这将形成局部的表面张力梯度，因此邻近处的表面活性分子就向此处迁移，并同时带动液体一起运动，结果使表面张力复原，变薄的液膜重新变厚，即所谓“马朗格尼”效应。这种由于表面张力梯度而引起的表面张力复原作用，直接与表面张力差有关。因此，可以使溶液的表面张力发生明显变化的起泡剂，能造成较大的表面张力梯度，便可增加马朗格尼效应，也即增加了液膜的弹性，有利于提高泡沫的稳定性。

2）降低液膜排液速度

根据拉普拉斯方程，气泡膜内液体的压力 p_1 与气泡的内压力 p 应符合：

$$p - p_1 = 2\sigma / R_1 \tag{4-2-1}$$

式中，σ 为表面张力；R_1 为起泡半径。

设边界处表面（图4-2-1）的曲率半径为 R_2，则边界处液体压力 p_2 与气泡内压的关系为：

$$p - p_2 = \sigma\left(\frac{1}{R_1} + \frac{1}{R_2}\right) \tag{4-2-2}$$

合并式（4-2-1）、式（4-2-2）得：

$$p_2 - p_1 = \sigma\left(\frac{1}{R_1} - \frac{1}{R_2}\right) \tag{4-2-3}$$

通常 $R_2 \ll R_1$，故 $1/R_1$ 可忽略不计，则式（4-2-3）可写为：

$$p_1 - p_2 = \frac{\sigma}{R_2} \tag{4-2-4}$$

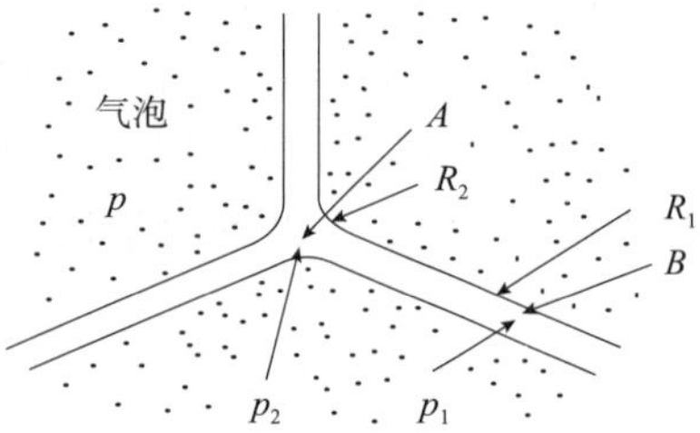

图4-2-1　泡沫界面

从式（4-2-4）中可知，交界处的液体压力 p_2 小于气泡液膜中的压力 p_1，这种压力差导致 B 处液体自动流向 A 处，排液结果将使液膜变薄而破裂。因为起泡剂可降低表面张力，即可降低泡沫液膜排液速度，从而增加泡沫的稳定性。

3）增加液膜强度

决定泡沫稳定性的关键因素在于液膜的强度，而液膜强度主要决定于表面吸附膜的坚固性，在实验上即以表面黏度为其量度。

有两个以上亲水基的表面活性剂，当表面活性剂在液面排列时，伸在液相中的亲水端会形成一些交叉、缠绕，表面黏度会比液相黏度高得多，所以就能使液膜稳定。如蛋白质、肥皂等的水溶液可以形成水凝胶性的表面膜，具有很高的表面黏度，因而形成的泡沫稳定性极好。因此，起泡剂的水溶液表面黏度较大者，泡沫的寿命也较高。

4）增加溶液黏度

某些起泡剂的表面活性物质可以大幅度地提高溶液的黏度，比较黏稠的液体膜，有助于吸收对泡膜的冲击，起到缓冲作用，降低冲击泡膜的速度，使泡膜持久，并且由于溶液的黏度大，流动度低，也延缓了排液的速度，从而增加了泡沫的稳定性。

5）起泡剂的协同作用

在起泡剂中，添加一些其他活性物质，由于两种或两种以上的活性物质的协同作用的结果，大大促进了起泡剂的起泡性能，并大幅度提高了其稳定性，这些活性物质被称为稳泡剂。如在纯净的十二烷基硫酸钠中加入少量的十二醇，则可起到明显的稳泡作用。这是由于活性物质的协同作用，使构成的混合膜的吸附分子密度大为增加，混合膜中的分子间的作用增强。

在一定条件下，甚至可用正、负离子混合物作起泡剂，不但不会发生沉淀，反而可获得比单一表面活性剂更好的稳泡效果。

6）表面电荷的影响

离子型表面活性剂，在水中离解后，即带有电荷。用离子型表面活性剂稳定的泡沫，泡膜上形成两层离子吸附的双电层结构。

当泡膜变薄到一定程度时，离子间静电相斥，阻碍着离子彼此接近，降低了排液速度，延缓了泡膜变薄的进程，使泡沫得以稳定。

不同离子发生相互作用的距离不同，一般当膜厚度减到大约100nm时，表面电荷的静电斥力即可发挥作用。

2. 温度的影响

温度对泡沫稳定性的影响较复杂，归纳起来，表现在以下方面：

1）对表面张力的影响

温度升高，表面活性剂自由能增加，表面张力发生变化。表面张力最低值对应的浓度增加，影响了泡沫的稳定性。

2）对黏度的影响

温度升高，分子间作用力小，液相黏度减小；气液界面上表面活性剂的定向吸附层松弛，也会使表面黏度下降，这都会影响泡沫的稳定性。

3）对泡膜液体蒸发的影响

随着温度的升高，液膜的蒸发增加，促使液膜减薄，因而会降低泡沫的稳定性。但同时也可能发生相反的影响，就是在溶剂易挥发的情况下，温度升高，膜上表面活性剂的浓度将增加，反而会提高泡沫的稳定性。

4）对吸附的影响

表面活性剂吸附在气液界面上，形成一层坚固的泡膜，从而增加了液膜的强度与弹性，当温度升高时，表面吸附量减小，则泡沫的稳定性降低。

3. 矿化度的影响

地层水矿化度是指地层水中含盐量的多少。其反作用有两种情况：当溶液中矿化度很高时，浊点越低，泡沫剂（非离子表面活性剂类）在其浊点以上的水溶液中的溶解度降低，易形成新相，不但使泡沫剂性能变差，而且有消泡作用；当溶液电解质浓度很高时，泡沫液（阴离子表面活性剂类）膜的扩散双电层被压缩，相斥作用减小，膜变薄速度加快，再加上温度影响，使泡沫剂性能明显降低。因此，在泡沫剂选择上，必须考虑药剂对矿化度的抵抗能力。

4. 凝析油的影响

凝析油具有消泡性，在油、水混合液中，当凝析油的化学组分不同时，影响表面活性剂起泡性的主要是凝析油中的芳烃，当芳烃含量大于15%时，凝析油的消泡性能增强，否则，在气泡表面渗入烃类，而芳烃的溶解能力大，少量的芳烃对泡沫膜起增塑作用。在油、水介质中，产生泡沫取决于两个过程的竞争：即在水相中产生泡沫，同时在油相中泡沫破裂。当有凝析油存在时，不仅改变了产生泡沫的条件，还改变了泡沫的稳定性能。新场气田中、深井凝析油中芳烃含量约7%～12%，对泡沫剂的稳定性影响小，但产出液中凝析油含量较高，对泡沫剂的起泡能力影响较大，因此泡沫剂需要具有抗油性。

（三）起泡剂及其性能要求

1. 起泡能力强

只要在井底矿化水中加入少量起泡剂（100～500mg/L），就能在天然气流的搅动下，形成大量含水泡沫，使气、液两相空间分布发生显著变化，水柱变成泡沫，密度下降几十倍。起泡剂的起泡能力由泡沫高度表示。

2. 泡沫携液量大

当气泡周围吸附的起泡剂分子达到一定浓度时，气泡壁就形成一层牢固的膜。泡沫的水膜越厚，单位体积泡沫含水量越高，表示泡沫的携水能力越强。

3. 泡沫的稳定性适中

这取决于排液快慢和液膜的强度，受界面张力（及其修复作用）、表面黏度、溶液黏度、气体通过液膜的扩散、表面电荷的影响，其中表面黏度是影响泡沫强度的主要因素。泡沫的稳定性差，有可能中途破裂而使水分落失，达不到将水携带到地面的目的。泡沫的稳定性过强，则泡沫进入分离器后又会带来消泡及气水分离的困难。

4. 在含凝析油和高矿化度水中有较强的起泡能力

凝析油和高矿化度水都具有一定的消泡能力。因此，起泡剂应具有一定的抗油性能和抗高矿化度性能，以保证一定的起泡能力和泡沫携液量。此外，由于产水气井的复杂性，要求下井的起泡剂要满足不同井况对起泡剂的特殊要求（含硫、高温等）。

（四）起泡剂的适用条件

（1）一般气井，主要采用阴离子型起泡剂，如磺酸盐、硫酸酯盐等。特点：亲水能力强，溶解性好，降低表面张力的能力也强，单独使用起泡剂就能获得较好的排液效果。对于水中矿化度较高的井，多采用非离子型起泡剂。原因：不但有优良的表面活性，而且吸附损失小，起泡能力更大。

（2）含凝析油的气井，采用多组分的复合起泡剂，也可采用两性或聚合物表面活性剂。原因：具有协同效应，即同时使用两种或两种以上类型不同的表面活性剂，可以得到比单独使用一种表面活性剂更好的效果。

（3）含硫化氢的气井，采用缓蚀剂＋起泡剂，为抑制硫化氢对气井设备的腐蚀，须加注缓蚀剂。要求相互之间能配伍，使起泡剂的性能不受影响，缓蚀剂的效果也不会有所降低。

（五）泡沫排水采气工艺设计

1. 选井

对泡沫排水采气工艺而言，选井的好坏将直接影响泡沫排水采气工艺质量，以及决定能否获得成功。经现场理论分析与实践，属下列条件之一的气井不宜选作泡沫排水采气井。

1）油管下得太浅的气井

如果油管鞋没有下到气层中部，泡沫剂不易流到井底，在油管鞋末就被气流所带走，难以达到消除井底积液的目的。

2）气井油套管互不连通或油管串不严密的气井

如果油套管本身不连通，起泡剂无法流入井底，不能消除井底或井筒积液。当油管串密封不严时，将发生泡沫剂短路而流不到井底，达不到泡沫排水采气的目的。

3)水淹停产气井

由于泡沫排水采气工艺只是一种助喷工艺，本身不能增加气井能量，因此要对这类气井实施泡沫排水采气工艺就必须先进行辅助工艺(如气举、液氮举升等排水方法)。

4)水气比大的气井

泡沫排水的主要对象是那些产量不高的中、小型气井。产水量一般在 $100m^3/d$ 以下，气水比为 $160 \sim 1500m^3/m^3$，其发泡条件最佳。矿化度较高井不宜采用泡沫排水采气工艺。当气井水气比过大($>60m^3/10^4m^3$)时，气井举水所要求能量也大，可能造成带水失败。

2. 气流速度的控制

气流速度为 $1 \sim 3m/s$ 时，泡沫带水能力小，不利于泡沫排水采气。当气流速度小于 1m/s 或大于 3m/s 时，有利于带水。通过选择油管尺寸，控制井口压力，可以获得合理的气流速度。

3. 起泡剂最佳注入浓度和注入量

1)最佳注入浓度

根据其性能和气井本身的条件来确定。在泡沫排水采气中，若起泡剂浓度不当，可导致工艺失败。注入浓度过低，达不到改善井筒气、水两相流流态的目的；注入浓度过高，井筒压降反而回升，而且地面消泡困难，分离器也会产生较高的回压。起泡剂注入气井的浓度一般应小于其临界胶束浓度，从而减少起泡剂的浪费，避免给气井、地面集输及气、水分离等带来不必要的危害。

对正在生产的气井，在开始试验时，建议按其临界胶束浓度的70%加入，再视其带水的情况酌情加减。对停产井，初始加入起泡剂宜稍过量，以达到既能正常带水，又不影响地面气、水分离的目的。但实际上影响浓度的因素较多，要视气流速度、分离条件、井温和是否有凝析油而定。

2)起泡剂注入量

根据起泡剂注入浓度和气井产水量，直接计算起泡剂注入量。同时，要考虑起泡剂的类型、气井带水生产平稳状况、温度和不溶物等物性参数。但主要应以气井带水稳定连续为宜。

二、气举排水采气工艺

常规气举排水采气技术是通过气举阀，从地面将高压天然气注入停喷的井中，利用气体的能量举升井筒中的液体，使井恢复生产能力。气举可分为连续气举和间歇气举两种方式。其中，连续气举具有注入气和地层产出气的膨胀能量可充分利用、注气量和产液量相对稳定、排液量较大的显著优点。

(一)气举工艺原理

气举排水采气是依靠从地面注入井内的高压气体与油层产出流体在井筒中汇合，利用气体的膨胀使井筒中的混合液密度降低，以将其排出地面的一种举升方式。

在气井的卸载阶段，当注入气进入油套环空时，预先调试定压的气举阀在注入气压力的作用下被打开，气体经阀进入油管，卸载阀以上的液柱被顶替至地面。这一过程从顶阀开始，由上而下依次打开各卸载阀，直至工作阀露出液面为止。

(二)气举工艺适应性

气举排水采气工艺适用于弱喷、间歇自喷和水淹气井。其排量大，日排液量可高达 $300m^3$，适宜于气藏强排液适应性广，不受井深、井斜及地层水化学成分限制的中、低含硫气井。该工艺设计、安装比较简单，易于管理，是一种少投入、多产出的先进工艺技术。

根据气举工艺多年来的实施情况，可总结出如下选井条件：

(1)单井控制储量大于 $0.5\times10^8m^3$，剩余可采储量大于 $0.1\times10^8m^3$。

(2)被选井完钻后投产初期产量大，稳定状况好，气井不产水或气井产少量水，并且带水稳定、连续，反映出单井供给储量大，连通范围广，目前井底静压力较高，见水后气水同产期产量大幅度递减的气水同产井均可列为气举工艺实施井。

(3)气水同产因“水锥”或者“水窜”造成对气藏的水封或者切割，使微细裂缝和基质孔隙中的气体无法流出或者流动困难，造成气井间歇生产或者停产的水淹井。

(4)新区新井刚完钻投产即出水的井，造成水淹的“假死”井，且酸化、泡排效果不理想，为了排液找气，可采用气举工艺诱喷试采，对井的产能和井内流体也有一定要求。

(5)气井位于气藏水侵区内，气藏边水或底水不活跃，需要进行强排液的出水气井或水淹井，可列为气举工艺实施井。

(6)气藏深度 1000 ~ 3000m。

(三)气举设计方法

1. 气举装置类型

气举装置的类型主要取决于排水采气井采用的是间歇气举方式还是连续气举方式。一般而言，单管柱气举装置主要有开式、半闭式和闭式装置，如图 4 - 2 - 2 所示。开式装置每次关井再开井生产都必须卸载，仅限于连续气举，通常针对积液不久、地层能量充足的排液采气井；半闭式气举无须多次卸载，可用于连续气举，也可用于间歇气举；闭式气举可避免高压气体和井筒液体回流入地层，适合地层能量不足或间歇气举井。

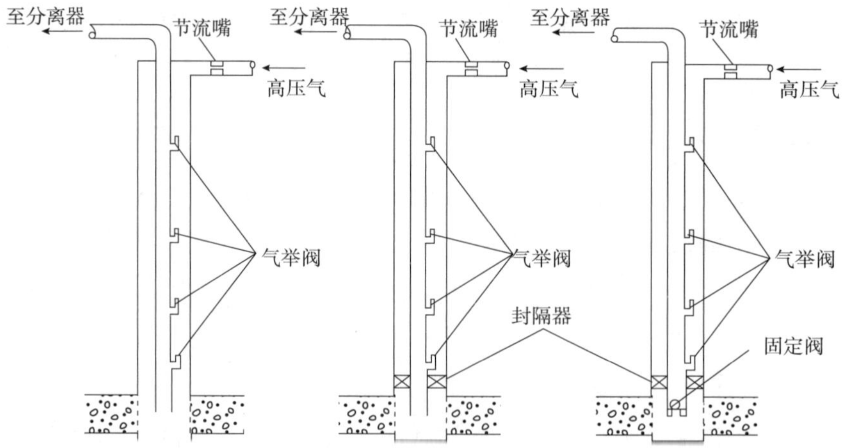

图 4 - 2 - 2　气举装置

2. 注气点及气举特性分析

根据油气井资料，可分析气举系统的可行性和确定注气点深度，如图4－2－3所示。当总气液比的流压梯度曲线和注气压力梯度曲线相交时，曲线交点称为油套压平衡点。根据工作压差 Δp 确定注气点深度，工作压差即注气点处套管与油管压力之差。

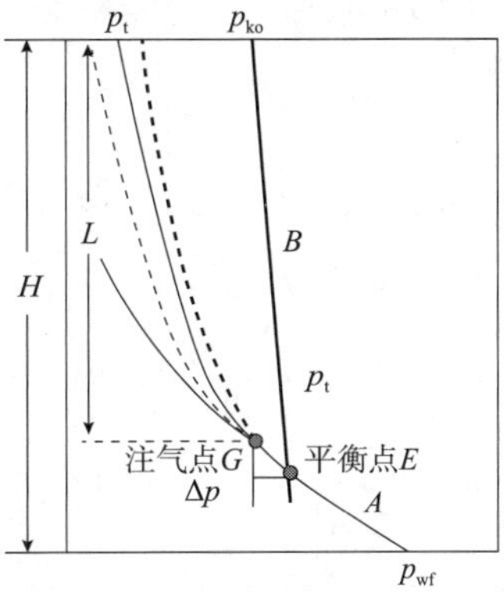

图4－2－3　气举可行性分析
A—地层气液比梯度线；
B—环空气柱压力梯度线

连续气举井生产时的注气量与产液量关系曲线被称为气举动态曲线，也叫气举特性曲线。实际应用时，在给定井口油压和注气点深度情况下，应用节点分析方法可求得不同产液量对应的注气量。根据生产资料改变注气量，可测试出对应产液量，从而获得气举井生产动态曲线。

3. 连续气举布阀设计

气举阀工作参数设计主要包括设计气举阀级数，以及各级气举阀下入深度、阀孔尺寸、调试打开压力，并为气举完井和气举阀调试提供依据。

1）阀地面注气压力

在进行顶阀工作时，顶阀地面注气操作压力应由压缩机或气源井所能提供的注气操作压力确定：

$$p_{so1} = p_{os} \tag{4-2-5}$$

式中，p_{so1}为顶阀地面注气操作压力，MPa；p_{os}为地面最大注气操作压力，MPa。

为了使气举卸载过程平稳，并达到单点注气的目的，其余各阀的地面注气操作压力应采用式(4－2－6)计算。

$$p_{soj} = p_{so1} - \sum_{i=1}^{j-1} \Delta p_{Vi}\ (j \geqslant 2) \tag{4-2-6}$$

$$\Delta p_{Vi} = TEF(p_{tmaxj} - p_{tminj})\ ,\ TEF = \frac{R}{1-R}\ ,\ R = \frac{A_p}{A_b} \tag{4-2-7}$$

式中，p_{soj}为阀j的地面注气操作压力，MPa；Δp_{Vi}为油压效应，MPa；TEF为油压效应系数；p_{tmaxj}为最大油压，MPa；p_{tminj}为最小油压，MPa；R为阀孔面积与波纹管有效面积之比；A_p为阀孔面积，mm^2；A_b为波纹管有效面积，mm^2。

2）阀安置深度

顶阀的安置深度由地面所能提供的最大启动注气压力、启动时井口油压、静液面位置和压载液梯度及地层吸液能力确定。

当地层吸液能力差时，确定顶阀的安置深度应考虑启动注气时举升管中液面上升的影响。计算公式为：

当 $L_s > S_L R_{ct}$时

$$L_{V1} = L_s + S_L - \Delta L_V \tag{4-2-8}$$

式中，ΔL_V为顶阀上提安全系数，$\Delta L_V = 100 \sim 300$m；$L_{V1}$为顶阀安置深度，m；$L_s$为静液面深度，m。

$$S_L = \frac{p_{ko} - p_{tu}}{G_w(R_{ct} + 1)} \tag{4-2-9}$$

式中，p_{ko}为地面启动注气压力，MPa；p_{tu}为井口U形管油压，MPa；R_{ct}为油套管容积比。

对环空注气，油管举升：

$$R_{ct}=\frac{D_{ci}^2-D_{to}^2}{D_{ti}^2} \tag{4-2-10}$$

对油管注气，环空举升：

$$R_{ct}=\frac{D_{ti}^2}{D_{ci}^2-D_{to}^2} \tag{4-2-11}$$

当 $L_s \leqslant S_L R_{ct}$ 时

$$L_{V1}=\frac{p_{ko}-p_{tu}-\Delta p_{Va}}{G_w-G_g} \tag{4-2-12}$$

式中，Δp_{Va} 为过阀压差，MPa；G_w 为压载液梯度，MPa/m；G_g 为地面启动注气压力下的注气梯度，MPa/m。

当上一个阀注气卸载时，如果地层不产气或假设产气量为零，阀安置深度的计算公式为：

$$L_{Vj}=\frac{p_{so1}-\Delta p_{Va}-\sum_{i=2}^{j-1}\Delta p_{Vi}-p_{tminj-1}+G_w L_{Vj-1}}{G_w-G_g}-\Delta L_V, j\geqslant 2 \tag{4-2-13}$$

式中，L_{Vj} 为阀 j 安置深度，m；ΔL_{Vj} 为阀 j 上提安全系数，$\Delta L_{Vj}=0\sim100$m；G_g 为阀注气梯度，MPa/m。

3）阀注气梯度

$$G_{gj}=\frac{p_{wfinj}-p_{soj}}{H} \tag{4-2-14}$$

$$p_{wfinj}=\sqrt{p_{soj}^2 e^{2s}-\frac{1.324\times10^{-18}f(q_{ginj}\bar{T}\bar{Z})^2(e^{2S}-1)}{(D_2-D_1)^3(D_2+D_1)^2}} \tag{4-2-15}$$

$$S=\frac{0.03415\gamma_G H}{\bar{T}\bar{Z}} \tag{4-2-16}$$

式中，G_{gj} 为阀 j 在地面注气操作压力下的注气梯度，MPa/m；p_{soj} 为阀 j 的地面注气操作压力，MPa；p_{wfinj} 为阀 j 井底注气压力，MPa；q_{ginj} 为阀 j 注气量，m^3/d；f 为注气管内气体摩阻系数；D_1 为内管外径，m；D_2 为外管内径，m。

对于油管举升，D_1 为油管外径，D_2 为套管内径；对于环空举升，D_1 为零，D_2 为外管内径。

4）阀腔室压力

阀腔室压力根据阀在关闭时的静力平衡方程确定。计算公式为：

$$p_{btj}=(1-R_j)p_{cj}+R_j p_{tminj} \tag{4-2-17}$$

式中，p_{btj} 为阀 j 的井下波纹管压力，MPa；p_{cj} 为阀 j 的井下注气操作压力，MPa；p_{tminj} 为阀 j 的最小油压，MPa；R_j 为阀 j 的阀孔面积与波纹管有效面积之比。

5）气举阀的选择

$$q_{ginj}=1351.5A_{pj}C_d p_{cj}\sqrt{\frac{2g\left(\frac{k}{k-1}\right)\left(R_p^{\frac{2}{k}}-R_p^{\frac{k+1}{k}}\right)}{Z_c T_c \gamma_g}} \tag{4-2-18}$$

其中，

$$R_p = \left(\frac{2}{k+1}\right)^{\frac{k}{k-1}}, \frac{p_{tmin}}{p_c} \leq \left(\frac{2}{k+1}\right)^{\frac{k}{k-1}}$$

$$R_p = \frac{p_{tmin}}{p_c}, \frac{p_{tmin}}{p_c} > \left(\frac{2}{k+1}\right)^{\frac{k}{k-1}}$$

式中，q_{ginj}为阀j的注气量，m^3/d；A_{pj}为阀j的阀孔面积与波纹管有效面积之比；T_c为阀j处温度，K；Z_c为在p_c、T_c下的气体偏差系数；k为气体绝热系数，取1.27；C_d为阀孔流量系数，取0.865。

6）阀最大油压

阀j的最大油压定义为阀$j+1$开始注气时，在阀j处引起的油压回升最大值，它由阀j的地面注气操作压力在阀$j+1$处引起的注气压力确定，即

$$p_{tmaxj} = p_{wh} + \frac{(p_{so1} - \Delta p_{Va} - \sum_{i=2}^{j-1} \Delta p_{Vi} + G_g L_{Vj+1} - p_{wh}) L_{Vj}}{L_{Vj+1}} \tag{4-2-19}$$

7）阀处的温度

考虑到各阀注气卸载时，井筒温度梯度不同，井口温度不同，因此可以根据卸载时井口温度确定阀的腔室温度。

$$T_{Vj} = T_{VSj} + (T_{wf} - T_{VSj}) \frac{L_{Vj}}{H} \tag{4-2-20}$$

式中，T_{VSj}为阀j卸载时的井口温度，K；T_{wf}为井底温度，K。

8）气举阀的调试参数

调试腔室压力由式（4-2-2）计算：

$$p_{bj} = C_{tj} p_{btj} \tag{4-2-21}$$

式中，p_b为各阀地面充氮压力，MPa；C_t为各阀氮气温度修正系数。

当基准调试温度为288.9K时，温度修正系数为：

$$C_{tj} = \frac{1}{1 + 0.00215(1.8T_{Vj} - 520)} \tag{4-2-22}$$

气举阀的调试打开压力用式（4-2-23）计算：

$$P_{troj} = \frac{P_{bj}}{1-R} - \frac{P_{atm}R}{1-R} \tag{4-2-23}$$

式中，p_{tro}为各阀地面调试打开压力，MPa；p_{atm}为大气压，MPa。

9）单井气举布阀计算步骤

（1）根据选择的垂直多相流方法，计算垂直管多相流动压力分布。

（2）根据流动气柱平均温度和偏差系数法，计算流动注气压力梯度。

（3）根据井口和井底流动温度，计算井筒温度分布。

（4）计算顶阀地面注气压力、顶阀深度。

（5）根据阀深，计算阀处最小油压、注气压力、阀温。

(6)根据注气量、流压、注气压力、阀温等，计算阀孔径。

(7)计算油压效应系数。

(8)根据气举阀在井下的静力平衡方程，计算井下充氮压力。

(9)计算阀的温度修正系数、地面充氮压力。

(10)根据气举阀在地面的静力平衡方程，计算调试打开压力。

(11)计算下一支阀的深度。

(12)计算上一支阀的最大油压及阀的油压效应。

(13)根据注气压力、油压效应等，计算两阀间的总注气压力降。

(14)计算下一支阀的地面注气压力。

(15)重复步骤(3)～(9)，直至达到最大注气深度。

三、优选管柱排水采气工艺

一般来说，油管直径越大，气井产量越高。但是，这种油管有可能不能连续携液。油管直径越小，由于会提高天然气的流速，举升液的效率也越高，一般可以考虑通过更换小尺寸油管实现其连续携液，这种工艺方法就被称为优选管柱排水采气。

(一)优选管柱工艺原理

优选管柱排水采气工艺是在有水气井开采的中、后期，重新调整自喷管柱，减小气流的滑脱损失，以充分利用气井自身能量的一种自力式气举排水采气方法。

在设计自喷管柱之前，只有通过应用相关的数学模式，确定出临界流量与临界流速，才能确保连续排液。随着气流沿着自喷管柱举升高度的增加，为了确保连续排出流入井筒的地层水，在井底自喷管柱管鞋处的气流流速必须达到连续排液的临界流速，当气流沿着自喷管柱流出时必须建立合理的最大可能压力降，以保证井口有足够的压能将天然气输进集气管网和到达用户。

优选合理管柱涉及两个方面的内容：一是对流速高、排液能力较好、产水量大的气井，应增大管径生产，以达到减小阻力损失、提高井口压力、增加产气量的目的；二是对于中、后期的气井，井底压力及产量均降低，排水能力差，则应采用小油管生产，以提高气流带水能力，排除井底积液，使气井正常生产。

(二)优选管柱工艺适应性

优选管柱排水采气工艺的关键在于确定气井的产量，使之满足气井连续排液的临界流动条件。产水气井在气、水产量较大的开采早期，宜优选适宜的小尺寸油管生产；同时，精选施工井也是优选小尺寸油管柱排水采气工艺获得成功的重要因素之一，应用时的选井要求如下：

(1)气井水气比不超过4%，气流的对比参数小于1，井底有积液。

(2)井深适宜(一般为2000～3100m)，符合下入的油管强度要求：对采用油管公称直径不超过60mm进行小油管排水采气的工艺井，最大排液量$50m^3/d$，油管强度制约油管下入深度。

（三）优选管柱工艺界限

优选管柱工艺对产水量有一定的要求，下入不同尺寸油管所需的临界携液流量不同。运用生产系统分析（也称节点分析），即运用系统工程理论将地层流体的渗流、井筒管流视为一个完整的采气生产系统进行整体优化分析，使整个气井生产系统不但在局部上合理，而且在整体上处于最优状态。

气井生产系统分析是把气流从地层到用户的流动作为一个研究对象，对全系统的压力损耗进行综合分析。这一方法的基本思想是在系统中某部位（如井底）设置解节点，将系统各部分的压力损失相互关联起来，对每一部分的压力损失进行定量评估，对影响流入和流出解节点能量的各种因素进行逐一评价和优选，从而实现全系统的优化生产，发挥井的最大潜能。

气井节点系统分析就是将流入和流出动态特性综合在一起进行系统分析的一种方法。由于系统内每个参数的变化都会引起解节点压力和流量的变化，因此在进行气井节点分析时，通常将节点压力和流量作成图，观察节点压力随流量和系统参数的变化，分析压力损失的大小。

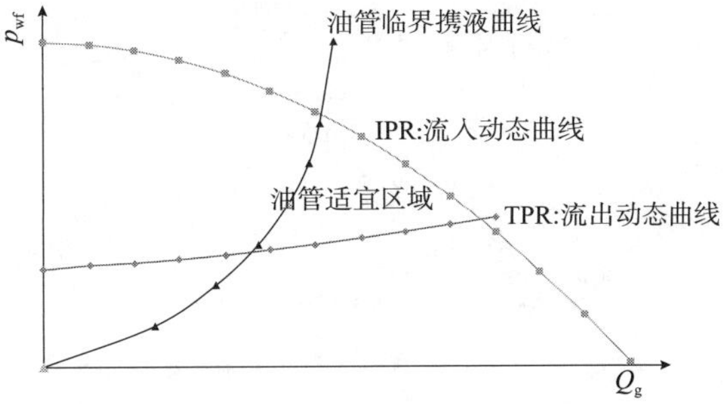

图 4－2－4　油管优选图版示意图

流入动态曲线表示储层的供给能力，即 IPR 曲线，流出动态曲线表示油管产气能力，即 TPR 曲线，两者交点为此时生产协调点。再引入临界携液曲线，即可得到油管生产适宜范围（图 4－2－4）。

油管动态曲线和油管临界携液曲线的影响因素包括产气量、产水量和油管尺寸等，如 1.5in 的连续油管，气井产气量和产水量的影响如图 4－2－5 和图 4－2－6 所示。

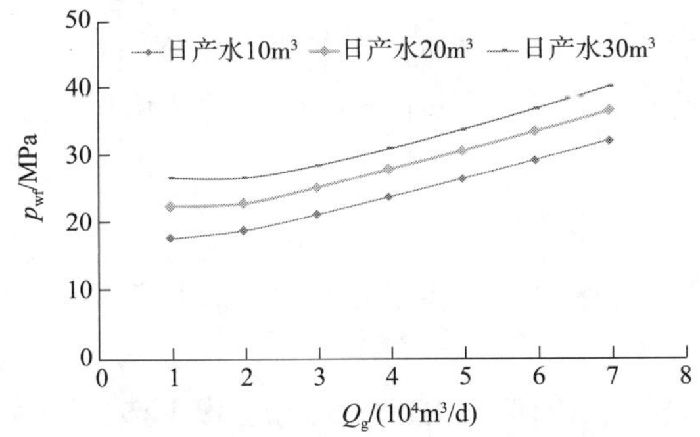

图 4－2－5　1.5in 油管动态曲线图

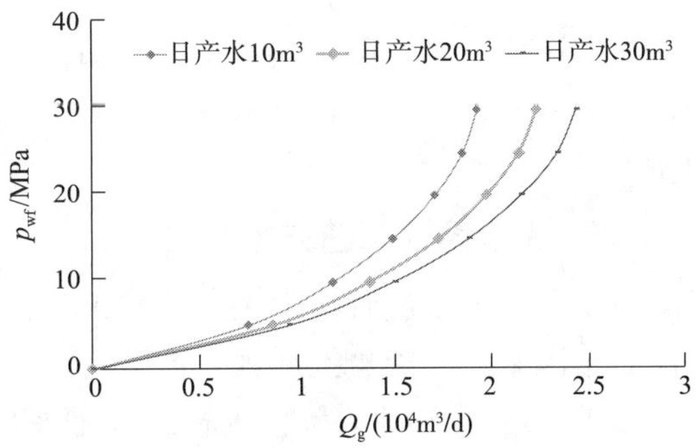

图 4－2－6　1.5in 油管临界携液曲线图

结合 IPR 曲线、TPR 曲线和油管临界携液曲线，可以得到 1.5in 油管下入的适宜范围，如图 4－2－7 所示，当气井产水量低于 $30m^3$ 时，水气比小于 $12m^3/10^4m^3$，流压梯度大于 0.53MPa/100m 时，气井比较适合下入 1.5in 油管。

同理，可以得到 2in、2⅜in、2⅞in 油管的适用范围（图 4－2－8 ~ 图 4－2－10）。当气井产水量低于 $40m^3/d$，水气比小于 $10m^3/10^4m^3$，流压梯度大于 0.47MPa/100m 时，气井比较适合下入 2in 油管；当气井产水量低于 $52m^3/d$，水气比小于 $9m^3/10^4m^3$，流压梯度大于 0.41MPa/100m 时，气井比较适合下入 $2\frac{3}{8}$in 油管；当气井产水量低于 $50m^3/d$，水气比小于 $7m^3/10^4m^3$，流压梯度大于 0.33MPa/100m 时，气井比较适合下入 $2\frac{7}{8}$in 油管。

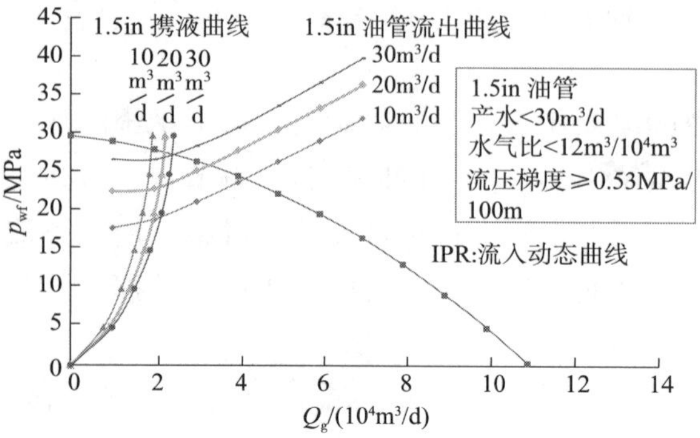

图 4-2-7　1.5in 油管优选图版

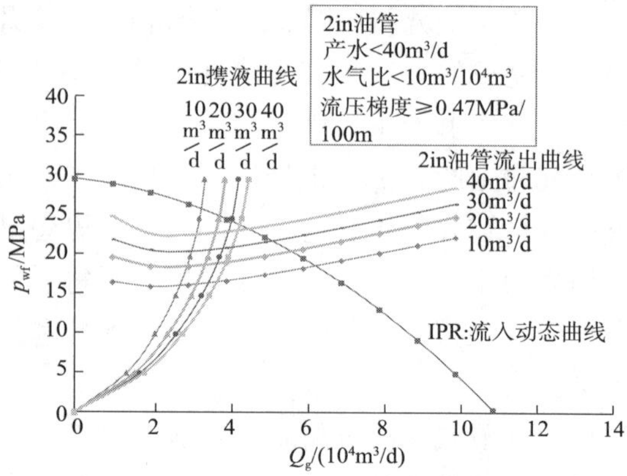

图 4-2-8　2in 油管优选图版

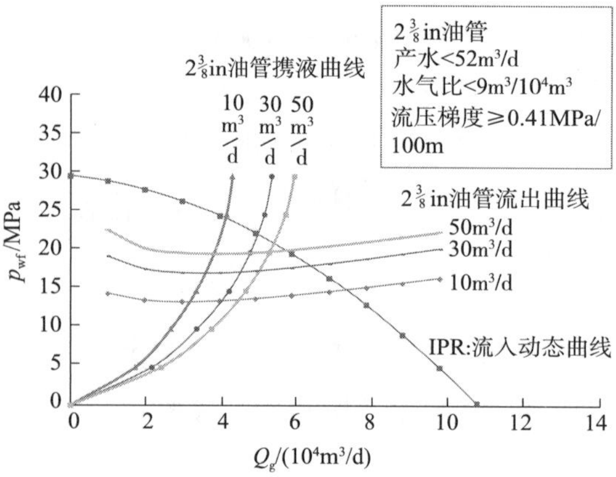

图 4-2-9　$2\frac{3}{8}$in 油管优选图版

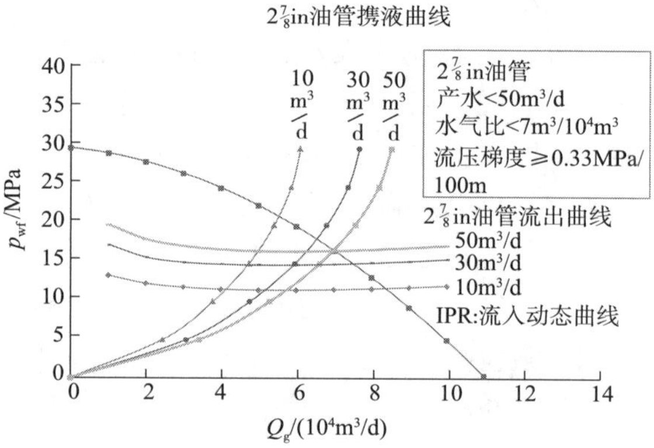

图 4-2-10　$2\frac{7}{8}$in 油管优选图版

根据图版分析，随着产水量的增加，气井临界携液流量增加，气井流入动态曲线和流出动态曲线的协调点所需井底流压也越大，由此可以得到气井下入当前尺寸油管的适宜范围。

(四) 优选管柱工艺方案设计

对于采用连续油管作为生产管柱工艺，管径的选择尤为重要，油管尺寸选择需要重点考虑三个因素：携液、抗冲蚀、低摩阻。

以 JY10-2HF 井为例，进行连续油管完井设计。JY10-2HF 井采用套管生产，不利于在气井生产异常时开展井控作业。同时，该井为气、水同产井，套管内径大，临界携液流量大，不利于气井排水采气。通过下入完井油管，一方面满足井筒安全管理要求，另一方面便于开展排水采气措施，提高气井生产率。

JY10-2HF 井重复压裂后，于 2018 年 12 月 10 日采用套管进行生产，套压 5.29MPa，产气量 $1.89\times10^4m^3/d$，产水量 $70m^3/d$。截至 2019 年 1 月 8 日，套压 5.28MPa，产气量 $1.62\times10^4m^3/d$，产水量 $1.16m^3/d$。气井累计产气 $8486.33\times10^4m^3$，累计产水 $5224.72m^3$，施工入井总液量 48247.35 m^3，气井返排率 10.83%。

1. 油管规格优选

1)临界携液因素

对于涪陵页岩气井，计算最小携液流量的公式选用综合考虑返排液量和管柱倾斜角度影响的适用于水平井连续携液临界流速模型，进行临界携液流速的计算。

根据临界携液模型，气井临界携液流速可以表示为：

$$\nu_{cr} = 4.667\left[\frac{\sigma(\rho_l - \rho_g)Q_{sl}}{\mu_g^{0.2}D^{1.8}\rho_g^{1.8}}\right]^{\frac{1}{4.8}}\frac{[\sin(1.7\theta)]^{0.38}}{0.74} \qquad (4-2-24)$$

式中，σ 为表面张力，N/m；ρ_l 为液体密度，kg/m³；ρ_g 为气体密度，kg/m³；θ 为井斜角，(°)；D 为油管尺寸，m。

气体临界携液流量(表4-2-1)为：

$$q_c = 2.5\times10^4\frac{Apv_t}{zT} \qquad (4-2-25)$$

式中，q_c为气体临界流量，m³/d；z 为气体压缩系数；T 为温度，K；p 为压力，MPa。

表4-2-1 不同尺寸管柱临界携液流量表

压力/MPa	1.5in 临界携液流量/(10^4m³/d)	1.75in 临界携液流量/(10^4m³/d)	2in 临界携液流量/(10^4m³/d)	2⅜in 临界携液流量/(10^4m³/d)	2⅞in 临界携液流量/(10^4m³/d)
5	0.951	1.288	1.670	2.122	2.981
10	1.470	1.991	2.580	3.279	4.605
15	1.839	2.490	3.228	4.102	5.762

由该井下入不同规格油管后的临界携液流量分析可知，1.5in、1.75in、2in 油管均可满足气井全井筒临界携液要求。

2)抗冲蚀因素

油管越小，压力越小，临界冲蚀流量越小，也越容易发生冲蚀，计算下入不同规格油管后的冲蚀流量(表4-2-2)。

表4-2-2 不同尺寸管柱冲蚀流量表

压力/MPa	1.5in 冲蚀流量/(10^4m³/d)	1.75in 冲蚀流量/(10^4m³/d)	2in 冲蚀流量/(10^4m³/d)	2⅜in 冲蚀流量/(10^4m³/d)	2⅞in 冲蚀流量/(10^4m³/d)
5	6.179	8.975	12.349	16.587	25.201
10	9.088	13.201	18.163	24.398	37.068
15	11.350	16.486	22.683	30.468	46.291

由该井下入不同规格油管后的冲蚀流量分析可知，1.5in、1.75in、2in 油管均可满足气井全井筒冲蚀预防要求。

3)摩阻分析

采用连续油管作为生产管柱的工艺中，气井均为气、液两相流生产，对于相同产量、相同气液比的同一口井生产过程，采用不同油管尺寸、不同井口压力生产时，相对的井筒压力损失情况见表4-2-3。

表 4-2-3 不同尺寸管柱摩阻损失表

压力/MPa	1.5in 摩阻损失/(MPa/100m)	1.75in 摩阻损失/(MPa/100m)	2in 摩阻损失/(MPa/100m)	$2\frac{3}{8}$in 摩阻损失/(MPa/100m)	$2\frac{7}{8}$in 摩阻损失/(MPa/100m)
5	1.415	0.825	0.541	0.384	0.261
10	1.009	0.610	0.435	0.352	0.288
15	0.840	0.552	0.434	0.375	0.330

由该井下入不同规格油管后的摩阻损失分析可知，在符合气井全井筒携液要求与冲蚀预防的连续油管中，2in 油管摩阻损失最小，评价井筒损失约 0.43MPa/100m，因而综合分析后优选该井管径为 2in。

2. 油管下入深度计算

为了便于排出井筒积液，通过图4-2-11分析 2in 连续油管下入深度对气井生产动态的影响。

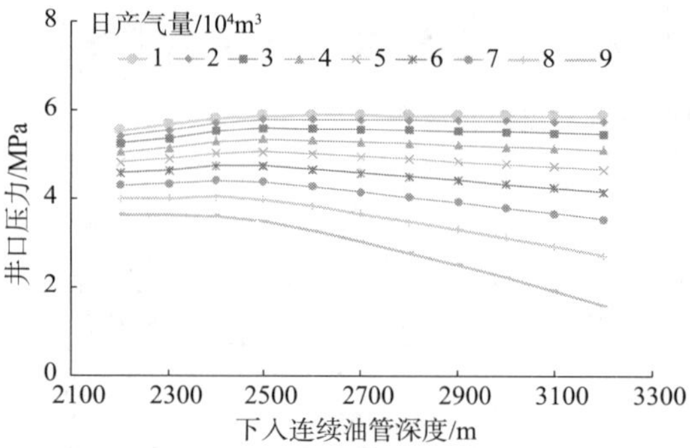

图 4-2-11 连续油管下入深度对井口压力影响图

由图 4-2-11 可以看出，在 1×10^4 ~ $3\times10^4m^3/d$ 产量区间内，连续油管下入越深，气井井口压力越大，气井增产潜力越大。但当下入深度大于 2500m 后，下入深度对气井井口压力影响逐渐降低。在产量大于$3\times10^4m^3/d$ 时，连续油管下入深度大于 2500m 后，连续油管下入越深，气井井口压力越小。随着产气量的增加，下入深度对气井井口压力的影响逐渐降低，综合分析，为确保有效解除气井井底积液，并避免下入过深造成较大的摩阻损失，确定该井下入 2in 连续油管至 2500m 深度，垂深约 2316m，井斜角约 80.3°。

四、柱塞排水采气工艺设计及评价

(一) 柱塞工艺原理

柱塞排水采气工艺是一种利用井筒内储集的气体能量来推动柱塞携液的一种间歇式人工举升方法，常用于气井见水初期。柱塞是一个直径略小于油管内径、可在油管内上、下往复运动的活塞，开井生产时，柱塞向上运行，到达井口捕捉器位置；关井后，柱塞下落至井底卡定器位置。柱塞排水采气工艺的生产周期包括两个阶段，分别为开井生产阶段和关井压力恢复阶段。开井生产过程中，油管内的气体膨胀，由井口排出，环空内的气体向油管内膨胀，在压差的作用下推动柱塞及其上部的液体段塞向上运动。在柱塞及其上部液体段塞向上运动的过程中，柱塞能有效地减小其上部液体段塞的滑脱损失，提高排液效率。柱塞到达井口后，在井口捕捉器停留，井口放喷生产，直至开井生产时间达到设定的开井生产时间，关井进入压力恢复阶段，此时井口捕捉器释放柱塞，柱塞依靠自身重力下落至井底卡定器位置。

柱塞举升的一个循环周期包括开井生产和关井压力恢复两个阶段，其中开井生产阶段又可分为柱塞上行阶段和放喷生产阶段。

1. 柱塞上行阶段

气井开井生产时，油管内柱塞上部的气体迅速从井口排出，环空内储存的高能气体向油管内膨胀，同时地层产出的气体进入油管，在压差的作用下，依靠环空内储集的气体能量及地层产出的气体能量推动柱塞及其上部的液体段塞向上运动，最终到达井口捕捉器位置。

开井初期，若油套环空中的液面高于油管鞋位置，在环空内气体的膨胀作用下，环空内的液体开始向油管内运移，环空液面最终下降至油管鞋处(图 4－2－12)。

当油套环空中的积液全部转移至油管后，环空内储集的高能气体能量继续向油管中膨胀(图 4－2－13)，连同地层产出的气体推动柱塞及其上部的液体段塞加速上行，直到柱塞上部液体段塞的液面到达井口位置，开始排液。在该过程中，柱塞上部气体通过井口产出。

当柱塞上部液面到达井口后，液体段塞通过井口产出(图 4－2－14)，直至柱塞上部的液体段塞全部排出，柱塞到达井口，并被井口的捕捉器捕捉，此时柱塞上行阶段结束，进入放喷生产阶段。

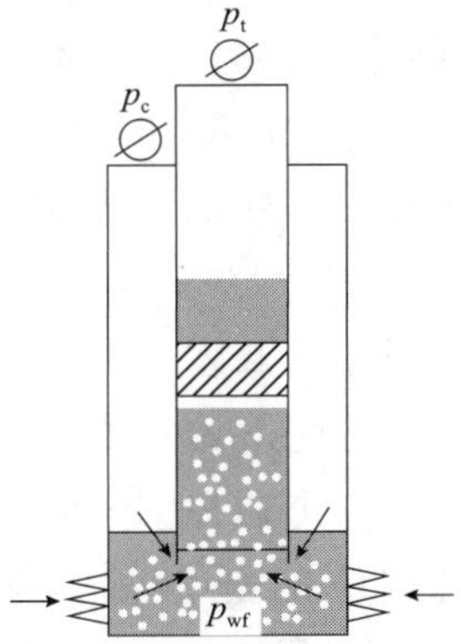

图 4－2－12 环空液体向油管转移过程

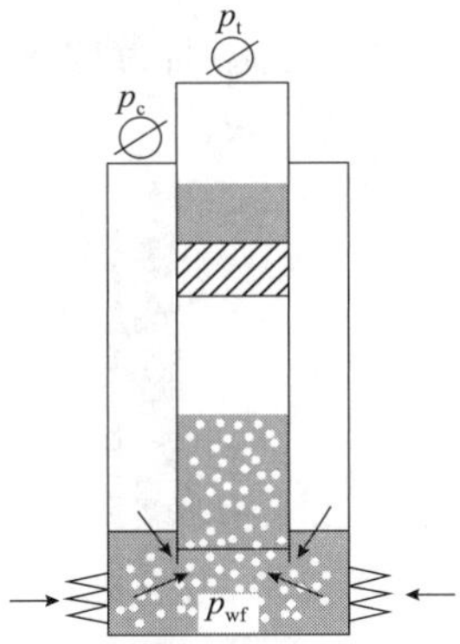

图 4－2－13 环空中气体向油管膨胀推动柱塞上行过程

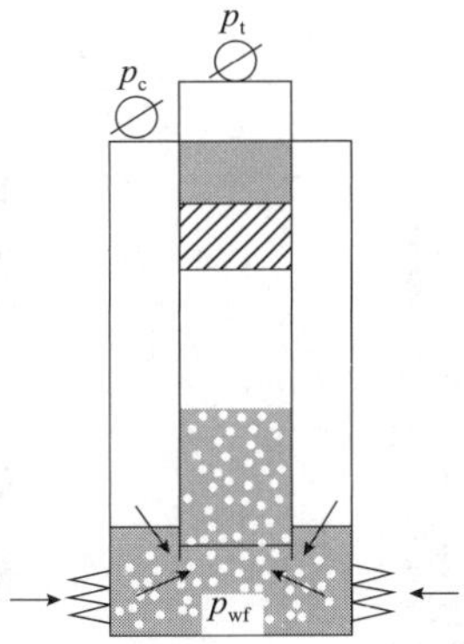

图 4－2－14 柱塞上部液体段塞排出井口过程

2. 放喷生产阶段

当柱塞到达井口后，在井口捕捉器位置停留，进入放喷生产阶段，放喷生产的时间按照制定的工作制度执行，如图 4－2－15 所示。

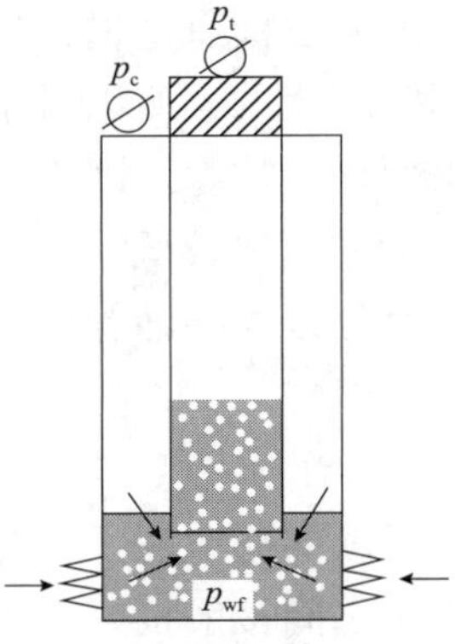

图 4－2－15 柱塞停在井口放喷过程

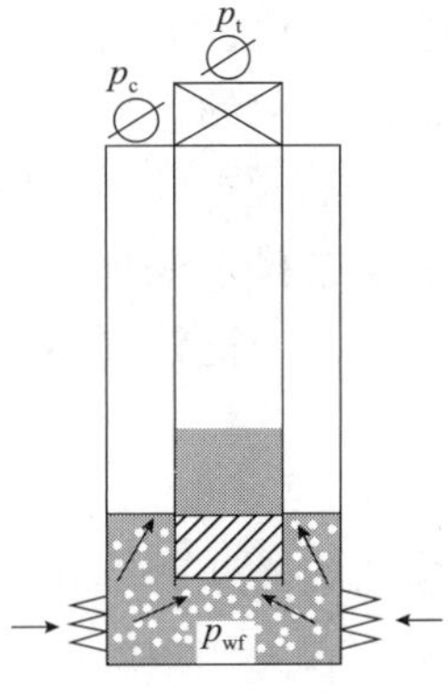

图 4－2－16 关井恢复阶段柱塞运动过程

3. 关井压力恢复阶段

当放喷生产阶段结束后，关井进入压力恢复阶段(图4－2－16)，在这一阶段，地层产出的气体和水同时进入油管和油套环空，油管和油套环空内的积液高度不断升高。同时，井口捕捉器释放柱塞，柱塞依靠自身重力从井口下落，穿过油管中的气柱和液柱，最终下落至井底卡定器位置。

(二)柱塞工艺适应性

应用柱塞排水采气工艺时，选井要求如下：

(1)直井或小斜度井；油管内壁规则且无腐蚀；有利于柱塞畅通无阻地运行。

(2)气井深度在2000～4000m且井底有一定深度的积液。

(3)水气比大于$1m^3/10^4m^3$且小于$2m^3/10^4m^3$。

(4)井底清洁，无泥污。

(5)气井具有一定的自产能力，例如弱自喷井或间喷井。

(三)柱塞选型

对于低压、低产、小水量气井，柱塞选型时首要考虑的是柱塞与油管的密封性能，其次考虑柱塞的长度和重量等因素。主要包括三类柱塞，如图4－2－17所示。

(a)衬垫式柱塞　(b)毛刷式柱塞　(c)柱状柱塞

图4－2－17　柱塞类型

1. 衬垫式柱塞

衬垫式柱塞最大的技术特点是柱塞外径可以随油管内壁的变化作出相应的舒张和收缩变化，最大的优势在于柱塞和油管内壁的密封性很好，在很大程度上减小了液体的“滑脱”损失，因为可以随着油管内径的变化而变化，所以它对于油管内壁的要求相对较低。该柱塞的缺点表现在设计和加工这种柱塞的价格比较高。

2. 柱状柱塞

柱状柱塞按结构设计分为空心柱塞和实心柱塞，柱塞的外表面有凹槽，这种设计有利于形成紊流而达到密封的作用。由于柱状柱塞的外径是固定不变的，所以对于油管规则度的要求比较高，若油管在井筒中发生扭曲变形，就难以采用柱状柱塞。因为难以下落到油管底部，就不能实施排水采气工艺。柱状柱塞的设计和加工成本比较低，举升效率也比较差，一般在低产水井中比较适用，它在井筒中上、下运行时可以清除油管内壁的锈垢、盐或石蜡等物质。

3. 毛刷式柱塞

毛刷式柱塞结构的特点是在外表面加工了一个螺旋状柔软的尼龙刷子，此刷子设计的最大尺寸稍大于毛刷式柱塞的外径，能够使得其与油管内壁之间接触良好，形成很好的密封性，该种柱塞的使用范围比较宽，能够在含砂、含煤粉或不规则的油管中使用。它的缺点是刷子部件更换的频率比较高且柱塞价格较高。

(四)柱塞工艺选井方法

1. 井底流压判别法

井底流压判别法即计算页岩气井井底流压，采用柱塞工艺所需的井底流压须大于外输井口压力、举升液体重力、柱塞重力和气体摩阻及液体摩阻的总和。

$$p_{wf} > p_z = p_t + (p_{lh} + p_{lf})\omega + p_p + p_f \quad (4-2-26)$$

2. Beeson 等柱塞优选图版法

使用图 4-2-18 图版时，首先在 x 轴输入净工作压力，垂直向上延伸到与井深度线相交，然后沿着 y 轴水平延伸，就得到了柱塞气举需要的最小生产气液比。

如果井实测的生产气液比大于或等于从图版中得出的值，那么该井可以采用柱塞气举，如果实测值低于图版所给的值，则认为不适合柱塞气举。

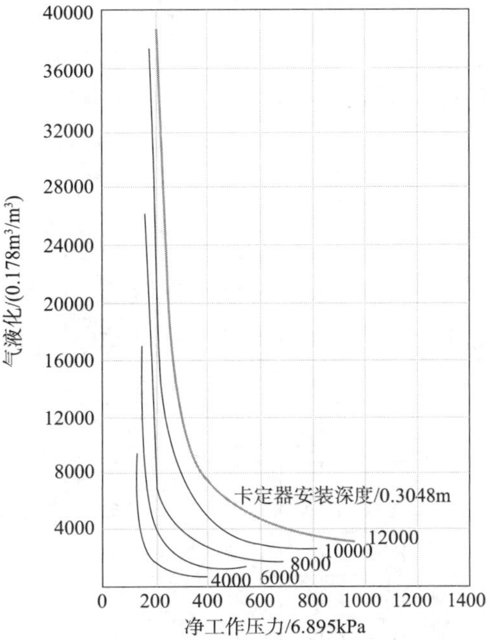

图 4-2-18 Beeson 等柱塞优选图版

3. 压力系数判别法

柱塞气举排水采气工艺评价指标主要包括油管内径、产水量和地层压力系数。柱塞气举排水采气工艺须满足地层压力系数高于工艺所需地层压力系数。即：

$$Y \geqslant Y_{min}(Q_w, Q_g, d_{in}) \quad (4-2-27)$$

考虑不同尺寸柱塞与排水量，计算实施柱塞气举排水采气工艺所需地层压力系数(图 4-2-19)。

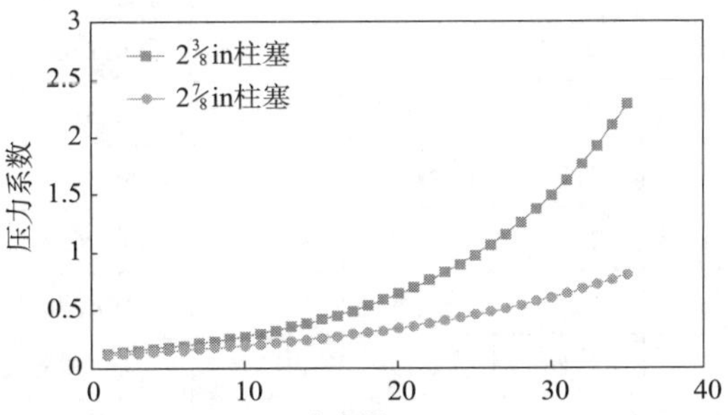

图 4-2-19 柱塞气举产水量与压力系数关系图

应用该方法对 30 口柱塞井进行检验(表 4-2-4)，计算实施柱塞前井底压力系数，对比图版所得井底压力系数，可以看出，柱塞改善的井，其井底压力系数均大于所需井底压力系数，使用柱塞后持平和变差的井，其井底压力系数均小于或接近所需井底压力系数。

表 4-2-4　压力系数法验证结果表

柱塞效果	井　号	油管尺寸/in	日均产气/10^4m^3	日均产水/m^3	井底流压/MPa	计算压力系数/(MPa/100m)	所需压力系数/(MPa/100m)	差值/(MPa/100m)
改善	JY19-1HF	$2\frac{7}{8}$	0.25	2.2	15.3	0.3638	0.1250	0.239
	JY18-4HF	$2\frac{7}{8}$	2.48	4.3	11.005	0.2557	0.1409	0.115
	JY18-2HF	$2\frac{7}{8}$	4.34	5.1	10.087	0.2281	0.1474	0.081
	JY61-6HF	$2\frac{7}{8}$	1.04	6.83	15.312	0.2992	0.1627	0.137
	JY62-5HF	$2\frac{7}{8}$	1.29	7.48	15.489	0.2979	0.1688	0.129
	JY51-2HF	$2\frac{7}{8}$	1.28	8.09	16.656	0.3260	0.1748	0.151
	JY18-3HF	$2\frac{7}{8}$	3.24	3.2	11.087	0.2418	0.1323	0.109
	JY61-5HF	$2\frac{7}{8}$	2.07	10.5	10.936	0.2016	0.2005	0.001
	JY61-3HF	$2\frac{7}{8}$	0.84	4.3	12.112	0.2530	0.1409	0.112
	JY47-3HF	$2\frac{7}{8}$	2.22	12.1	12.53	0.2358	0.2196	0.016
	JY61-2HF	$2\frac{7}{8}$	1.65	6.8	12.923	0.2718	0.1624	0.109
	JY19-2HF	$2\frac{7}{8}$	2.45	5.4	12.268	0.2837	0.1500	0.134
	JY61-4HF	$2\frac{7}{8}$	2.3	8.87	15.962	0.3039	0.1827	0.121
	JY64-1HF	$2\frac{3}{8}$	1.25	7.03	14.363	0.2518	0.2125	0.039
	JY38-1HF	$2\frac{7}{8}$	1.52	7.1	19.811	0.3661	0.1652	0.201
	JY52-7HF	$2\frac{3}{8}$	1.09	9.6	13.911	0.2729	0.2643	0.009
	JY18-1HF	$2\frac{7}{8}$	3	4.5	11.03	0.2460	0.1425	0.104
	JY64-6HF	$2\frac{3}{8}$	1.43	8.02	14.721	0.2650	0.2312	0.034
持平	JY62-1HF	$2\frac{3}{8}$	0.42	3.32	10.497	0.2077	0.1551	0.053
	JY47-1HF	$2\frac{3}{8}$	0.55	5.1	18.533	0.3489	0.1804	0.168
	JY50-3HF	$2\frac{3}{8}$	2.1	14.93	14.603	0.2580	0.4156	-0.158
	JY64-2HF	$2\frac{3}{8}$	2.37	13.5	14.787	0.2668	0.3681	-0.101
	JY81-3HF	$2\frac{3}{8}$	3.63	13.03	14.225	0.3170	0.3537	-0.037
	JY52-1HF	$2\frac{3}{8}$	1.82	4.8	11.218	0.2268	0.1759	0.051
	JY52-3HF	$2\frac{3}{8}$	1.69	4.47	12.372	0.2623	0.1710	0.091
	JY61-1HF	$2\frac{3}{8}$	0.73	4.54	15.623	0.3276	0.1720	0.156
变差	JY64-5HF	$2\frac{3}{8}$	1.26	9.6	14.376	0.2575	0.2643	-0.007
	JY62-2HF	$2\frac{3}{8}$	1.25	9.8	13.399	0.2679	0.2689	-0.001
	JY62-6HF	$2\frac{3}{8}$	2.07	14.3	13.647	0.2825	0.3940	-0.111
	JY52-2HF	$2\frac{3}{8}$	2.03	3.77	10.224	0.2040	0.1611	0.043

4. 套压判别法

柱塞排水采气工艺适用于水量较小的产水气井，其最大排水量一般不超过 $20m^3/d$。由于该工艺管理方便、投资小且排液效果较好，因此在小水量产水气井中得到了较为广泛的应用。

当柱塞举升液体刚好达到井口的临界状态时(图 4－2－20)，管柱中气体膨胀产生的推力应当大于柱塞自身重力＋柱塞上部静液柱压力，即：

$$F_{气} \geqslant G_{柱塞} + F_{液柱} \tag{4-2-28}$$

$$F_{液柱} = (p_t + \rho_w g h_2) \times A_{柱塞} \tag{4-2-29}$$

柱塞下部压力：

$$p_m = \frac{F_{气}}{A_{柱塞}} \tag{4-2-30}$$

换算到井口和井底压力为：

$$p_c = p_m e^{-s_1} \tag{4-2-31}$$

$$p_{wc} = p_m e^{s_2} \tag{4-2-32}$$

其中，

$$s = \frac{28.97\gamma_g gH}{RTZ}$$

由此，可进一步得到管柱中气体平均压力为：

$$p_2 = \frac{p_c + p_{wc}}{2} \tag{4-2-33}$$

此时，气体满足状态方程：

$$p_2 V_2 = nRZT_2 \tag{4-2-34}$$

在柱塞运行之前，当柱塞坐落在卡定器上时(图 4－2－21)，油管与环空液面高度一致，环空中气体满足状态方程：

$$p_1 V_1 = nRZT_1 \tag{4-2-35}$$

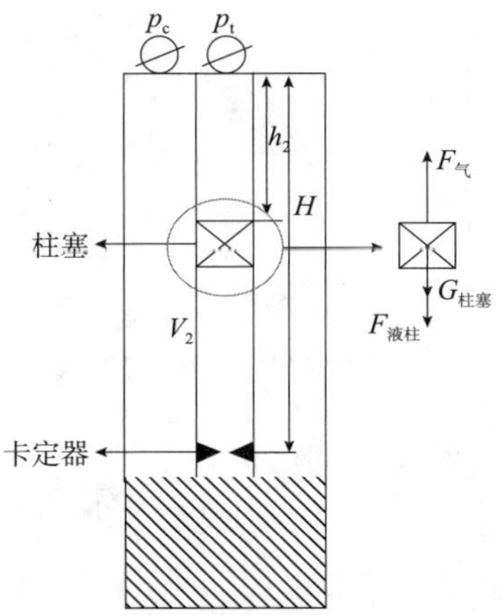

图 4－2－20　柱塞位于井口时的临界状态

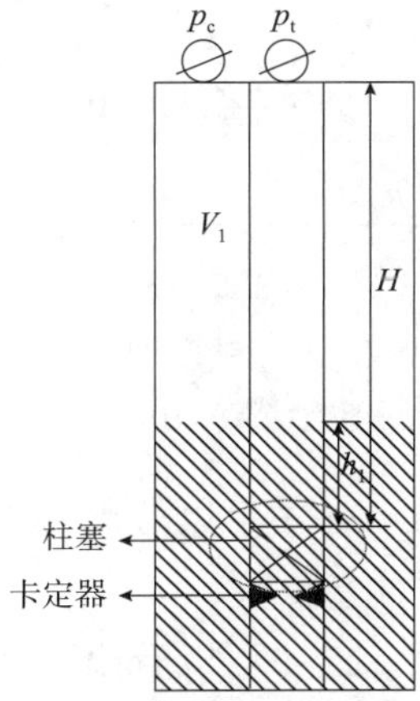

图 4－2－21　柱塞位于卡定器时状态分析

此时，管柱中气体平均压力为：

$$p_1 = 0.5(p_c + p_c e^{s_3}) \tag{4-2-36}$$

柱塞运行时的能量，来自环空中气体膨胀，联立气体状态方程，可以求得柱塞运行所需最低套压 $p_{c\min}$：

$$p_{c\min} = 2\frac{T_1 V_2}{T_2 V_1} p_2 / (1 + e^{s_3}) \tag{4-2-37}$$

积液高度可以由油套压差计算，因此只需要根据油套压大小，即可判断在当前外输压力条件下柱塞的可行性。

对于下入油管或者连续油管的气井，使用气井实测油套压力以及产气量、产水量等生产参数，考虑气井油管或者连续油管内为多相流动，计算气井油管压力分布；考虑气井环空内为静气柱，计算环空压力分布，分析气井实际积液情况。若气井油管与环空内的压力分布交会于油管鞋位置，说明气井井筒无积液。

反之，气井油管与环空内的压力分布未交会于油管鞋位置，说明气井井筒存在积液，积液所形成的液柱占据了油管部分空间，如图 4－2－21 所示。

乌江南区块页岩气井自 2016 年 5 月起逐次投产，区块平均累计产气 2182.7×10^4m^3，平均累计产水 1.50×10^4m^3，在产井平均单井日产气 1.70×10^4m^3，平均单井日产水 12.0m^3，平均水气比 7.5$m^3/10^4m^3$；平均生产时率 55.75%。整个区块累计产气量较低，累计产水量较高，表现出低产气、高产水、高水气比、低生产时率的生产特征。将乌江南区块的部分生产井生产数据点代入对应图版中。

从图 4－2－22 中可以看出，JY64－1HF 井目前产气 1.4×$10^4m^3/d$，产水 10m^3/d，套压 12.5MPa，满足柱塞要求；JY61－6HF 井目前产气 1.1×$10^4m^3/d$，产水 10m^3/d，套压 12.5MPa，满足柱塞要求。

从图 4－2－23 中可以看出，JY62－3HF 井目前产气 1.5×$10^4m^3/d$，产水 12m^3/d，套压 8.6MPa，不满足柱塞要求；JY64－6HF 井目前产气 1.5×$10^4m^3/d$，产水 12m^3/d，套压 9.7MPa，满足柱塞要求。

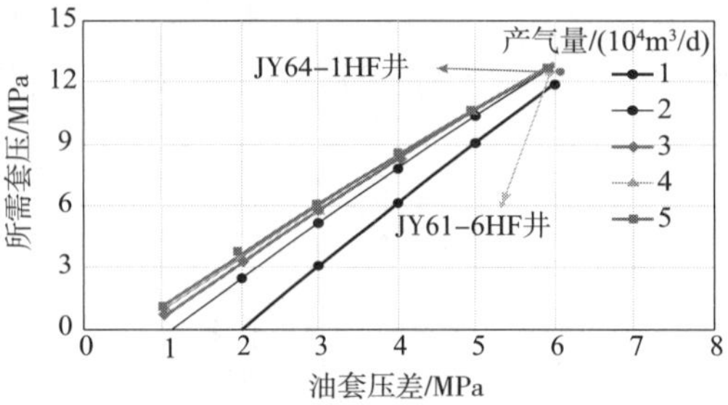

图 4－2－22　柱塞工艺所需套压图版（产水 10m^3/d）

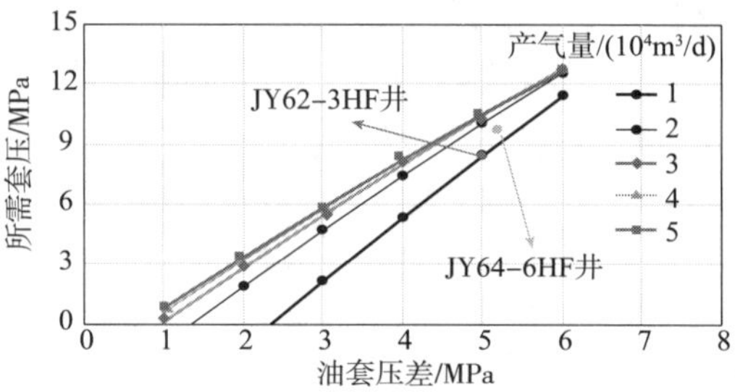

图 4－2－23　柱塞工艺所需套压图版（产水 12m^3/d）

从图 4－2－24 中可以看出，JY61－3HF 井目前产气 2×$10^4m^3/d$，产水 13m^3/d，套压 8.6MPa，满足柱塞要求。

从图 4－2－25 中可以看出，JY61－5HF 井目前产气 2.8×$10^4m^3/d$，产水 14m^3/d，套压 7.8MPa，满足柱塞要求；JY62－5HF 井目前产气 2.2×$10^4m^3/d$，产水 14m^3/d，套压 10.8MPa，不满足柱塞要求。

从图 4－2－26 中可以看出，JY64－2HF 井目前产气 2.6×$10^4m^3/d$，产水 15m^3/d，套压 9.6MPa，满足柱塞要求；JY62－2HF 井目前产气 1.8×$10^4m^3/d$，产水 15m^3/d，套压 8.2MPa，满足柱塞要求；JY62－6HF 井目前产气 2.2×$10^4m^3/d$，产水 15m^3/d，套压 7.6MPa，满足柱塞要求。

从图 4－2－27 中可以看出，JY62－4HF 井目前产气 2.7×$10^4m^3/d$，产水 16m^3/d，套

压 11MPa，不满足柱塞要求；JY61 －2HF 井目前产气 $4 \times 10^4 m^3/d$，产水 $16m^3/d$，套压 8.4MPa，满足柱塞要求。

从图 4 －2 －28 中可以看出，JY64 －5HF 井目前产气 $2.2 \times 10^4 m^3/d$，产水 $18m^3/d$，套压 8 MPa，满足柱塞要求。

从图 4 －2 －29 中可以看出，JY62 －1HF 井目前产气 $3 \times 10^4 m^3/d$，产水 $20m^3/d$，套压 10MPa，不满足柱塞要求。

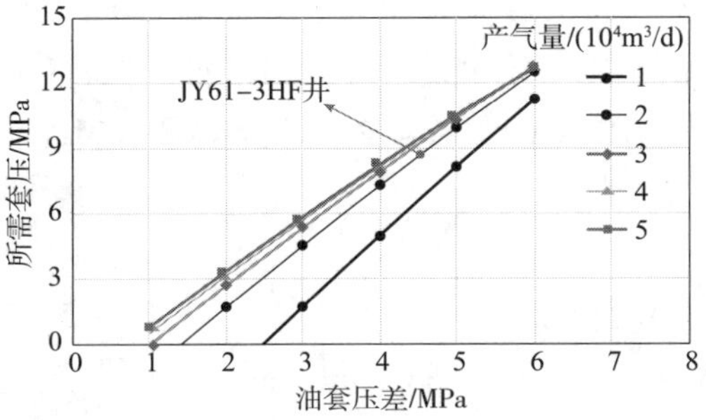

图 4 －2 －24 柱塞工艺所需套压图版(产水 $13m^3/d$)

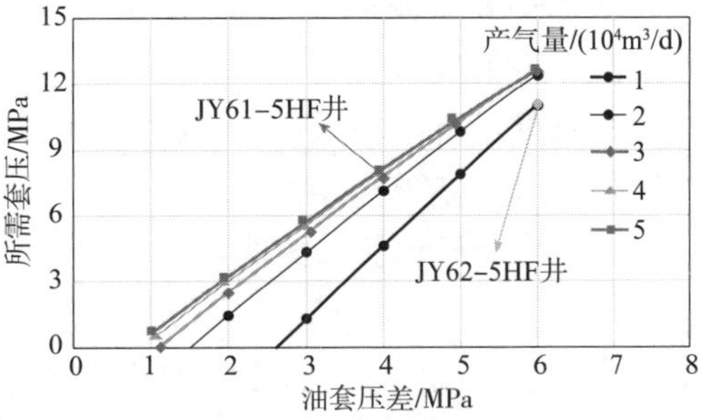

图 4 －2 －25 柱塞工艺所需套压图版(产水 $14m^3/d$)

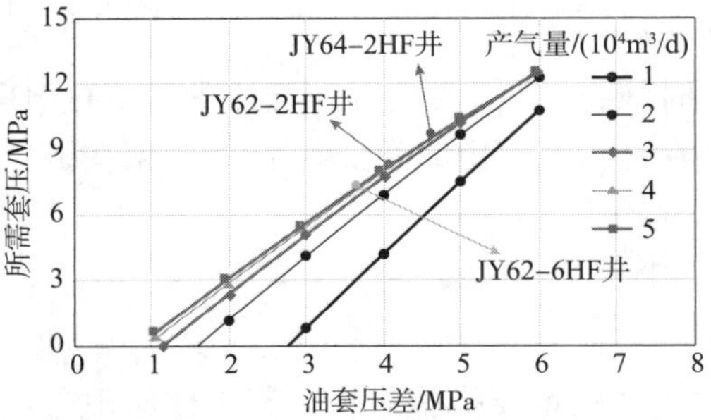

图 4 －2 －26 柱塞工艺所需套压图版(产水 $15m^3/d$)

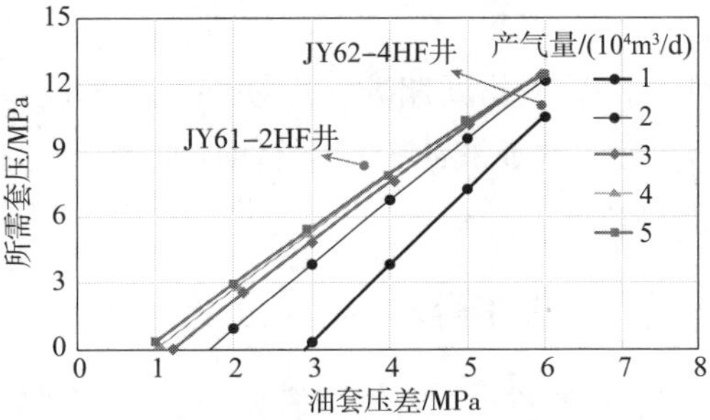

图 4 －2 －27 柱塞工艺所需套压图版(产水 $16m^3/d$)

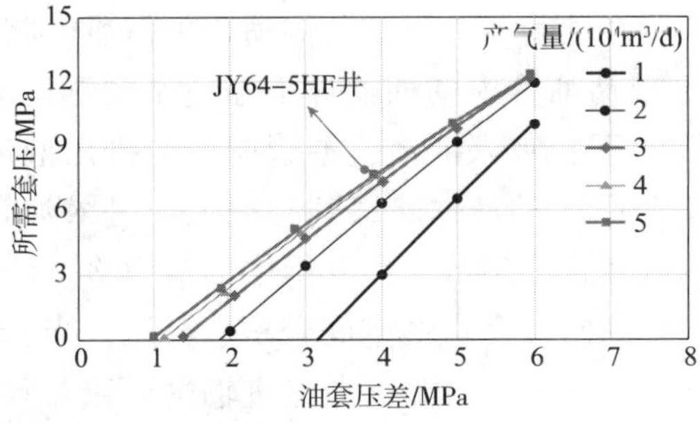

图 4 －2 －28 柱塞工艺所需套压图版(产水 $18m^3/d$)

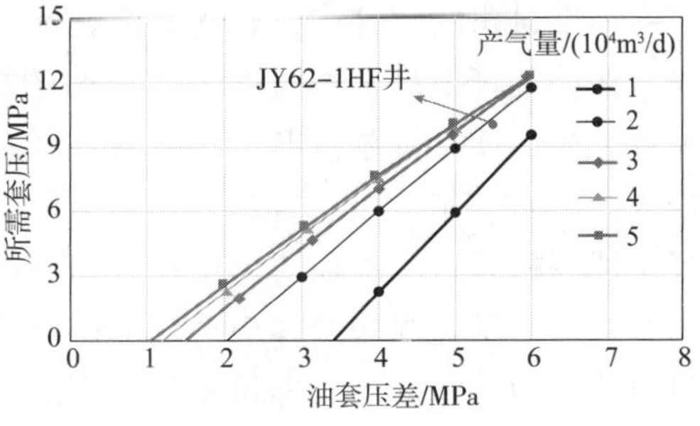

图 4 －2 －29 柱塞工艺所需套压图版(产水 $20m^3/d$)

(五)工艺方案设计

1. 柱塞工作深度

由理论研究和现场试验结合可知，柱塞每举升 100m，生产井气液比接近 $233m^3/m^3$，由此可得柱塞气举工作深度的经验公式：

$$H_{\max} = GLR/233 \tag{4-2-38}$$

式中，$H_{\max}$为柱塞最大工作深度，km；GLR 为柱塞井的气液比，m^3/m^3。

2. 最小工作套压

当液体段塞和柱塞到达井口油管时，液体段塞和柱塞的重力、柱塞在油管中的摩擦力、液体段塞在油管中的摩擦力及井口油压之和，即最小套管压力 $p_{c\min}$：

$$p_{c\min} = p_{t\min} + (p_{1h} + p_{1f})W + p_p + p_f \tag{4-2-39}$$

式中，$p_{t\min}$为最小油压，MPa；p_{1h}为举升 $1m^3$液体段塞的静液柱压力，MPa/m^3；p_{1f}为举升 $1m^3$液体段塞的摩阻压力，MPa/m^3；W 为每周期液体段塞体积(或称周期排水量)，m^3；p_p为克服柱塞重量所需的压力，取 0.04MPa；p_f为柱塞以下油管长度上的气体摩阻，MPa。

3. 最大工作套压

最大工作套压计算公式为：

$$p_{c\max} = (1 + A_T/A_C)p_{c\min} \tag{4-2-40}$$

式中，A_T为油管截面积，m^2；A_C为流经套管和油管之间环空的截面积，m^2。

4. 柱塞运行周期

柱塞运行周期计算公式为：

$$n_p = \frac{86400}{t_{pr} + t_{pdg} + t_{pdl} + t_{ps} + t_{pc}} \tag{4-2-41}$$

式中，n_p为工作周期数，周期/d；t_{pr}为柱塞上行时间，s；t_{pdg}为柱塞在气体中的下行时间，s；t_{pdl}为柱塞在液体中的下行时间，s；t_{ps}为柱塞在井口的停留时间，s；t_{pc}为柱塞在卡定器上的停留时间，s。

五、机抽排水采气工艺

机抽排水采气是气田进入中、后期维持气井生产的重要措施之一。其工作原理与抽油相同，区别是从油管排水、油套环空采气。

(一)机抽工艺原理

在需要排水的气井中，首先将有杆深井泵连接在油管上并下到井内适当的深度，将柱塞连接在抽油杆下端，通过安装在地面的抽油机带动油管内的抽油杆不停地做往复运动。上冲程，泵的固定凡尔打开，排出凡尔关闭，泵的下腔吸入液体，油管向地面排出液体。下冲程，固定凡尔关闭，排出凡尔打开，柱塞下腔吸入的液体转移到柱塞上面进入油管。这样，抽油机装置不停地将地层和井筒中的液体从油管排到地面，井筒中的液面将逐渐下降，结果降低了井筒中液体对气层的回压。产层气则向油套环形空间聚积、升压，当套压超过外输压力一定值后，即可将套管内的天然气通过地面气水分离器输进输气干线并到达用户，这样就实现了气井抽油机排水采气的目的。

(二)机抽工艺设计

气井排水采气的工艺流程包括油管内排水流程和油套环形空间采气流程，如图 4-2-30 所示。

油管排水流程：气层水经井下分离器分离后将气排到油套管环空，将水排到软密封深井泵。地面抽油机连接抽油杆和柱塞。由于抽油机抽吸使水通过油管、油管头、高压三通、油管出口管线到地面排液计量池。

气的流程：从井下分离器和地层排出的气、水混合物经过油套管环空、大四通、高压输气管线进入地面气水分离器。如果压力不够，必须将生产分离后的气加压进入干线并输送到用户，分离出的水进入排污池。

机抽排水采气主要工艺技术参数包括抽油机排量、泵效、泵挂深度、抽油杆组合、抽吸参数等。其工艺设计步骤简介如下：

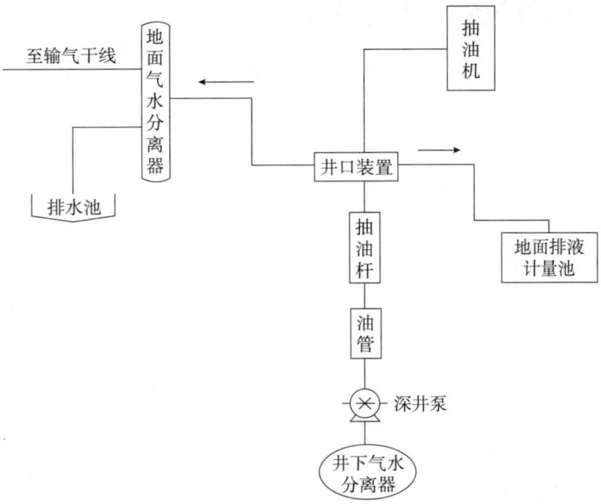

图 4－2－30　常规有杆泵排水采气工艺流程图

(1)计算驴头最大载荷、曲柄轴最大扭矩。

(2)计算抽油机理论排量及泵效。

(3)确定抽油杆组合，并进行强度校核。

(4)确定下泵深度。

(5)确定抽油机及抽吸参数。

(6)计算电机功率。

(三)机抽工艺适应性

机抽排水采气工艺是针对有一定产能，动液面较高，邻近无高压气源或采取气举法已不经济的水淹井，采用井下分离器、深井泵、抽油杆、脱节器、抽油机等配套机械设备，进行排水采气的生产工艺。其适用范围如下：

(1)适用于水淹气井和间喷井。

(2)日排水量 10～100m^3。

(3)泵挂深度小于 1500m。

(4)产层中部深度小于 4000m。

(5)目前地层压力 2.4～26MPa，变产后套管压力 1.5～20MPa。

(6)温度小于 100℃。

(7)矿化度(或 Cl^- 含量)小于 90000mg/L，二氧化碳含量小于 115g/m^3，硫化氢含量小于 300g/m^3。

六、电潜泵排水采气工艺

电潜泵是一种最早被用于采油的人工举升设备，它是采用多级离心泵下入井底，启泵后将油管中积液迅速排出井口，以降低回压，使气藏采收率提高的一种排水采气工艺技术。

(一)电潜泵工作原理

电潜泵排水采气的工作原理是地面电源通过变压器、控制屏和电缆将电能输送给井下电机，电机带动多级离心泵叶轮旋转，将电能转换为机械能，把井筒内液体举升到地面。

(二)电潜泵工艺设计

电潜泵排水采气工艺流程如图 4－2－31 所示。

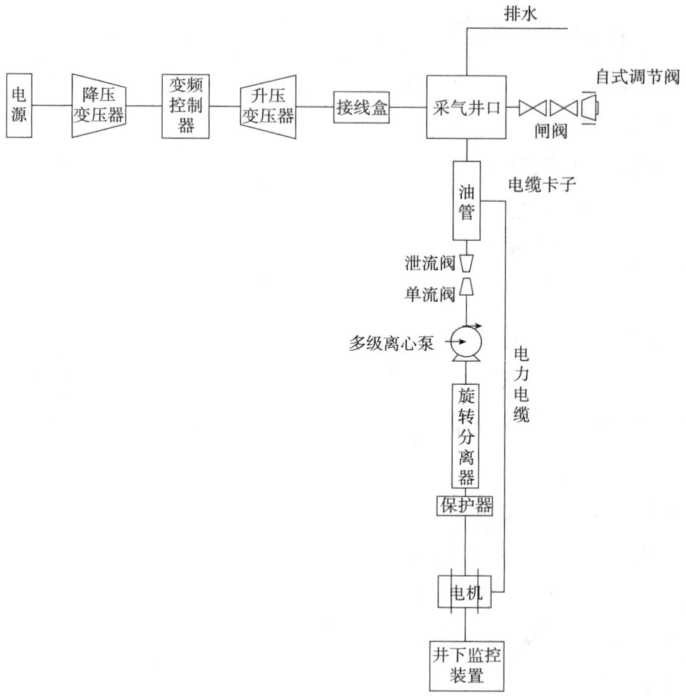

图 4－2－31 电潜泵排水采气工艺流程图

在“变频控制器”的自动控制下，电力经过变压器、接线盒、电力电缆，使井下电机带动多级离心泵做高速旋转。井筒内液体通过旋转式气体分离器、多级离心泵、单流阀、泄流阀、油管、特种采气井口装置被举升到地面排水管线，在进入卤水池计量并处理井恢复生产后，气、水混合物经油套环形空间、井口装置、高压输气管线进入地面分离器，分离后的天然气进入输气管线。

电潜泵排水采气工艺设计的主要步骤简介如下：

(1)在已知产液量的条件下，确定泵的最大排量。

(2)确定泵的下泵深度。

(3)确定泵的有效扬程。

(4)选择泵型。

(5)以设计频率选择电潜泵机组的最大排量和扬程。

(6)选择变频电机。

(7)选择电缆、变频控制器、变压器、井口装置及附属部件。

(三)电潜泵工艺适应性

用电潜泵进行排水采气会遇到一些在采油中没有的特殊问题，且工艺难度大。只有选择耐高温、高压，抗卤水、硫化氢、二氧化碳腐蚀，电缆抗气蚀性能好，气水分离器效率高的变速电潜泵机组，才能获得好的效果。

该工艺的参数可调性好，设计安装及维修方便，适用于水淹井复产和气藏强排水。但经济投入较高，对高含硫井不适用。电潜泵的产量一般在 4100m³/d 以内，最高已达 15000m³/d，井深一般在 3000m 以内，最深已达 4572m，井温一般在 120℃以下，最高已达 242℃，平均检泵期 2 年左右。

选井时应满足以下条件：

(1)选择剩余储量大、地层压力低、气水两相流量波动不太大的井，要避免选择气、水交替产出的井。

(2)套管尺寸为 $4\frac{1}{2}$ ~ $13\frac{3}{8}$in。

(3)电源：高压电源 50Hz/10kV、自备电源 50Hz/380kV。

(4)产层中部深度小于 4000m。

(5)目前地层压力 2.4 ~ 26MPa；变产后套管压力 1.5 ~ 20MPa。

(6)井温方面，国外电潜泵不超过 149℃，国内电潜泵不超过 120℃。

(7)排量不小于 80m³/d，有配套的水处理措施。

七、射流泵排水采气工艺

射流泵是一种特殊的水力泵，它由地面提供的高压动力液通过喷嘴把其压能转成高速流束，在吸入口形成低压区，井下流体被吸入并与动力液混合，在扩散管中，动力液的动能传递给井下流体，使之压力增高而排出地面(地下水和气被同时排出地面)。

(一)射流泵工作原理

水力射流泵装置的泵送是通过两种运动流体的能量转换来实现的。地面泵提供的高压动力流体通过喷嘴把其位能(压力)转换成高速流体的动能；喷射流体将其周围的井液从汇集室吸入喉道而充分混合，同时动力液把动量传给井液而增大井液能量，在喉道末端，两种完全混合的流体仍具有很高的流速(动能)，此时，它们进入一扩散管并通过流速降低而把部分动能转换成压能，流体获得的这一压力足以把自己从井下返出地面。

(二)射流泵工艺设计

水力射流泵的结构原理图如图 4-2-32 所示。

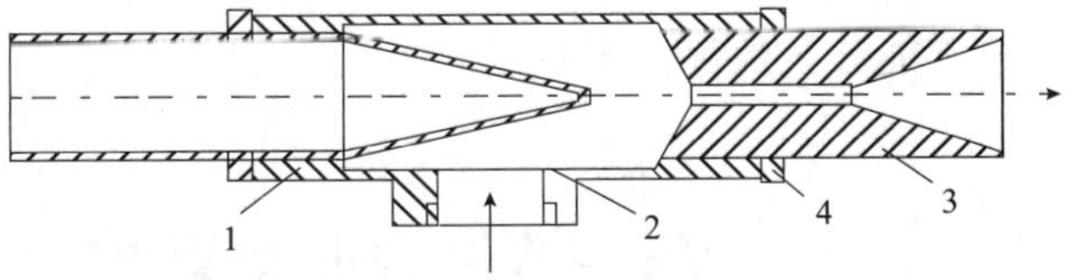

图 4-2-32 水力射流泵工作原理图

1—进水口；2—喷嘴；3—扩散管；4—混合管

水力射流泵排水采气是一个独立井场动力站系统，由地面动力装置和地面净化装置组成，设备主要包括多缸泵、电动机、动力液罐、气液分离器、固体分离器。

由地面动力泵出来的动力液从油管进入井下，在井下泵内与井内流体混合后，从套管返出地面后进入一级气水分离器，分离后的液体进入地面净化系统的立罐，再通过旋风分离器将大颗粒固体去掉后进入卧罐，作为地面动力液供给地面泵，立罐和卧罐中多余的液体可通过差压阀和回压阀进入二级分离器后排入污水池。从一级分离器出来的气体在二级分离器中再次分离，气体进入输气管线外输，少量液体排入污水池。井口控制阀可方便地改变动力液进入井下的通道，即从套管进入油管返出，将井下泵返出地面。

水力射流泵排水采气的工艺设计步骤如下：

(1)计算地面泵在最高工作压力下能提供的动力液量，根据多相流关系式由井口压力向下计算喷嘴上游压力。

(2)计算在预计排水量下的井底流压。

(3)由井底流压从下向上根据多相流关系式计算泵的吸入压力。

(4)计算射流泵的喷嘴面积，根据计算数据选择标准喷嘴。

(5)计算泵的最小气蚀面积，并计算喷嘴与孔道的面积比，选择标准孔道，可得到孔道面积与喷嘴孔道面积比。

(6)假定吸入压力。

(7)计算井的产水量，计算泵的气蚀流量和泵的吸入功率，并计算实际动力液量和喷嘴上游压力。

(8)计算泵的吸水量和流体返出压力。

(9)比较和预先假定产量是否接近，否则回到第(8)步，直至迭代误差在允许范围之内。最终确定排水量。

(10)计算地面泵的实际需求功率，计算泵效，并计算结果。

(三)射流泵工艺适应性

射流泵排水采气没有运动部件，适合于处理腐蚀和含砂流体。结构紧凑，适合于倾斜井和水平井自由投捞作业。安装方便，维护费用低，产量范围大，控制灵活，方便且能处理高含气流体，适用于高温深井，不受举升深度限制。但是，它的初期投资较高，为了避免气蚀，还必须有较高的吸入压力，腐蚀和磨损会损坏油嘴，而且泵效较低。

根据气举工艺多年来的实施情况，可总结出如下选井条件：

(1)总排液量 16.0～1900.0m^3/d。

(2)举升高度 450～3050m。

(3)地面泵功率 22～460kW。

在使用射流泵时，还要注意做好泵的优化设计，选择合理的喷嘴和喉道组合以防止气蚀；对于地层水结垢或产腐蚀性介质的井，应向动力液中加入防垢剂和防腐剂。停机时，井下泵不能长久地停留于井内。

第三节　排水采气工艺综合评价

一、排水采气工艺评价原则

随着涪陵页岩气田投产井数逐年增多，积液井数也逐年增多，积液关停井数始终在100 口左右，须采取适合的排水采气工艺治理积液。但是，目前的排水采气工艺的选择采用经验法或宏观控制图版法，无法实现多种排水采气工艺的定量优化，导致排水效果较差。为此，根据压力供给与临界携液原则，结合节点分析方法，综合考虑产气、产水、压力、携液、井身结构和生产阶段，建立了“一井一策”的页岩气水平井排水采气工艺综合优选方法，实现定量优化排水采气。

为了有效发挥排液能力，排水采气工艺的选取遵循以下原则：

(1)综合考虑气藏地质、井筒和地面状况，详细了解相关资料。

(2)明确各种排水采气工艺的特点与适用性，初步落实技术界限。

(3)综合考虑技术适用性、投资成本、见效时间和现场实际条件。

(4)单井治水与整体治水相结合，构造低部位水淹井强排水，改善整体开发状况。

(5)可应用多种组合工艺综合治水，提升排水采气效果。

不同的排水采气工艺，从本质原理来讲，都是从两方面单独或共同改善井筒积液，即：

(1)降低井底回压($p\downarrow$)，增大生产压差，提高产气量。

(2)降低井筒最大临界携液流量($Q_c\downarrow$)。

针对涪陵页岩气田开展排水采气工艺适用性分析，得到现场常用的多种工艺的作用原理和适用条件：

(1)增压($p\downarrow$，$Q_c\downarrow$)：降低井口油压至1～2MPa，增大生产压差。

(2)泡排($p\downarrow$，$Q_c\downarrow$)：要求气井具有一定的自喷能力(弱喷或间喷)、产液量<30m^3/d。

(3)气举($p\downarrow$)：受气源限制，举升高度<4000m，排液量<100m^3/d，适用于强排水。

(4)柱塞($p\downarrow$)：要求气井具有一定的自喷能力(弱喷或间喷)，举升高度<2000m，产液量<50m^3/d。

(5)优选管柱($p\uparrow$，$Q_c\downarrow$)：要求气井具有一定的自喷能力(弱喷或间喷)，产液量<60m^3/d。

(6)有杆泵($p\downarrow$)：泵挂深度<3000m，排液量<100m^3/d。

(7)电潜泵($p\downarrow$)：泵挂深度<3500m，排液量<1000m^3/d，强排水。

(8)射流泵($p\downarrow$)：泵挂深度<3500m，排液量<100m^3/d。

(9)“增压+其他工艺”复合($p\downarrow$，$Q_c\downarrow$)：目前，涪陵现场主要采用增压+泡排复合工艺。

二、压力与携液能力分析

排水采气工艺的优选需要同时考虑压力供给和临界携液原则，对于利用气井自身能量排液的工艺，既需要使井口油压满足井口外输要求，又需要使实际井口产气量大于全井筒最大临界携液流量。

(一)压力供给原则

为了满足井口外输要求，应用排水采气工艺后的井口油压须大于井口外输压力，可以表示为：

$$p_{wf}-\Delta p=p_t>p_{tr} \tag{4-3-1}$$

式中，p_{wf}为井底流压，MPa；Δp为应用排水采气工艺后的井筒总压降，MPa；p_t为井口油压，MPa；p_{tr}为井口外输压力，MPa。

由于页岩气水平井的井斜角变化较大，因此对于优选管柱工艺的井筒总压降计算，可以选取用于计算水平和倾斜井筒压降的两相流模型：Beggs和Brill模型、Baker Jardine模型、Dulker 和 Flanigan 模型及 Mukherjee 和 Brill 模型。根据涪陵现场 29 口页岩气井的实测井底流压数据和生产数据，分别利用 4 种两相流模型计算井口油压，并与实测井口油压结果比较，误差分析见表 4－3－1。可以看出，Mukherjee 和 Brill 模型的平均相对误差绝对值和均方根误差均最小，可用于计算页岩气井应用优选管柱工艺后的井筒总压降。

表 4－3－1　两相流模型误差分析

两相流模型	平均相对误差绝对值/%	均方根误差/%
Beggs 和 Brill 模型	19.37	25.39
Baker Jardine 模型	30.04	35.42
Dulker 和 Flanigan 模型	39.04	46.78
Mukherjee 和 Brill 模型	13.83	17.18

涪陵现场应用的起泡剂可使混合流体的密度约降低至液相密度的 0.5 倍，因此取 $\rho_m = 0.5\rho_l$，采用均相流动模型计算泡排工艺的井筒总压降：

$$\Delta p = \sum \left(\rho_m g \sin\theta_d + \frac{f_m \rho_m v_m}{2D} + \rho_m v_m \frac{dv_m}{dz}\right) \tag{4-3-2}$$

式中，ρ_m为混合流体密度，kg/m³；g 为重力加速度，m/s²；θ_d为井斜角，(°)；f_m为摩阻系数，无因次；v_m为混合流体速度，m/s；D 为管道内径，m；dz 为井筒分段长度，m。

对于柱塞排水采气工艺，根据柱塞举升液柱刚好达到井口的临界状态分析和柱塞运行之前位于液面之下的临界状态分析，可以计算柱塞排水采气的井筒总压降：

$$\Delta p = \frac{G_p + (p_i + \rho_l g h) A_p}{A_p} \cdot \frac{28.97\gamma_g g (H-h)}{RTZ} - p_i \tag{4-3-3}$$

式中，G_p为柱塞质量，N；ρ_l为液相密度，kg/m³；h 为积液段高度，m；H 为柱塞卡定器距井口的高度，m；A_p为柱塞横截面积，m²；γ_g为气相相对密度，无因次；R 为气体常数，0.008471MPa·m³/(kmol·K)；T 为井筒平均温度，K；Z 为气相偏差系数，无因次。

（二）临界携液原则

为了满足气体携液要求，应用排水采气工艺后的实际井口产气量须大于全井筒最大临界携液流量，可以表示为：

$$Q_g > Q_{gmax} \tag{4-3-4}$$

式中，Q_g为井口产气量，m³/s；Q_{gmax}为全井筒最大临界携液流量，m³/s。

为了判断排水采气工艺是否满足临界携液原则，须准确计算页岩气井的全井筒临界携液流量。目前的临界携液流量计算方法有多种，其中李闽方法被证实对于国内直井气井的积液预测效果较好，也在一定程度上说明了液滴模型的有效性。然而，目前基于液滴模型的临界携液流量方法均未全面考虑页岩气井的复杂井身结构、返排液量变化和液滴形状特征，导致无法准确预测页岩气井临界携液流量。为此，以变形液滴模型为基础，综合考虑页岩气井筒产液量、井斜角变化、液滴变形和尺寸差异，得到页岩气井全井筒临界携液流速公式：

$$u_c = 3.4\left[\frac{Q_l}{C_d k^2 \mu_g^{0.25} D^{1.75}} \cdot \frac{\sigma(\rho_l - \rho_g)}{\rho_g^{1.75}}\right]^{4.75} \cdot \frac{\sin[1.7(90-\theta_d)]^{0.38}}{0.74} \tag{4-3-5}$$

式中，u_c为页岩气井全井筒临界携液流速，m/s；Q_l为产液量，m³/s；C_d为曳力系数，无因次；k 为变形系数，无因次；μ_g 为气相黏度，mPa·s；σ 为表面张力，N/m；ρ_g 为气相密度，kg/m^3。

页岩气井全井筒临界携液流量为：

$$Q_c = 2.5 \times 10^4 \frac{Apu_c}{ZT} \tag{4-3-6}$$

式中，Q_c为临界携液流量(标况)，m^3/d；A 为管道横截面积，m^2；p 为压力，MPa。

由式(4-3-6)计算得到页岩气井各深度处的临界携液流量后，取各深度处的临界携液流量最大值，为页岩气井全井筒最大临界携液流量 Q_{gmax}。

根据涪陵页岩气田现场实际，取气相黏度 0.025mPa·s，液滴变形系数 1.8，得到便于涪陵现场应用的页岩气井临界携液流速公式：

$$u_c = 4.26\left[\frac{\sigma Q_l(\rho_l - \rho_g)}{(\rho_g D)^{1.75}}\right] \cdot \sin[1.7(90-\theta_d)]^{0.38} \tag{4-3-7}$$

根据涪陵现场 25 口页岩气井的实际积液情况，选用水平井 Belfroid 液滴方法、水平井 Richter 液膜方法、Fiedler 形状函数修正的 Coleman 方法和本书公式分别计算 25 口气井的临界携液流量，4 种临界携液流量计算方法的积液预测精度见表 4-3-2 和图 4-3-1。

表 4-3-2　临界携液流量方法积液预测精度

类型	参数	Belfroid 方法	修正 Coleman 方法	Richter 方法	本书方法
不积液井	井数/口	14	14	14	14
	预测准确数/口	4	4	11	14
	预测精度/%	29	29	79	100
接近积液井	井数/口	3	3	3	3
	预测准确数/口	0	0	1	2
	预测精度/%	0	0	33	67
积液井	井数/口	8	8	8	8
	预测准确数/口	8	8	7	7
	预测精度/%	100	100	88	88
总预测精度/%		48	48	76	92

应用泡排工艺后，对液相密度和表面张力进行修正，取 $\rho_m = 0.5\rho_l$，泡沫表面张力 $\sigma_m = 0.02$N/m，代入式(4-3-7)整理得到临界携液流速：

$$u_{cm} = 1.87\left[\frac{Q_l(0.5\rho_l - \rho_g)}{(\rho_g D)^{1.75}}\right]^{\frac{1}{4.75}} \cdot \sin[1.7(90-\theta_d)]^{0.38} \tag{4-3-8}$$

式中，u_{cm}为页岩气井全井筒临界携液流速，m/s。

由式(4-3-8)计算出临界携液流速后，即可计算出全井筒临界携液流量。

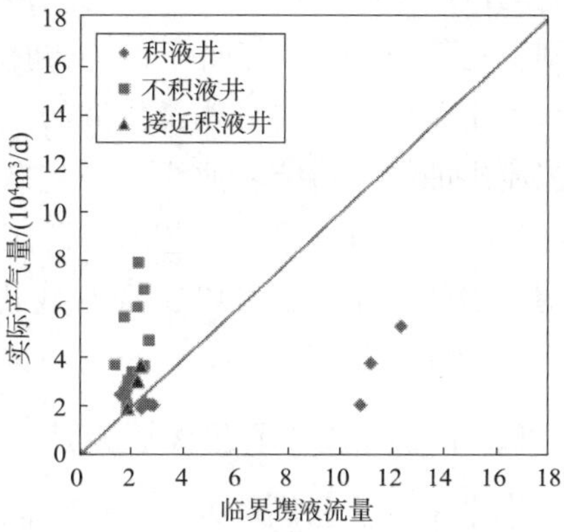

图 4-3-1　临界携液流量与实际产气量比较

三、排水采气工艺优化

（一）评价体系原理

根据压力供给原则和临界携液原则，结合节点分析方法，建立“一井一策”的页岩气水平井排水采气工艺综合评价体系，该方法综合考虑产气、产水、压力、携液、井身结构和生产阶段，可实现对增压、泡排、优选管柱、柱塞气举、补能工艺（气举、泵）等多种排水采气工艺的优选。排水采气工艺综合优选图版（2⅜in），如图4－3－2所示，图中的横坐标 Q_g 表示产气量，纵坐标 p 表示压力，其中 p_r 为地层压力。

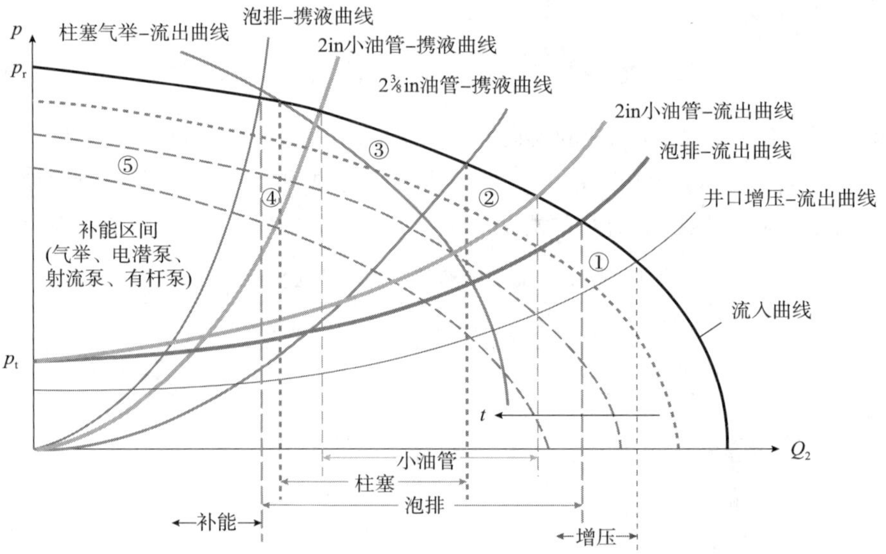

图4－3－2　排水采气工艺综合优选图版

图4－3－2中共包含三类曲线：地层流入曲线、排水采气工艺流出曲线、排水采气工艺携液曲线。其中，地层流入曲线表征地层能量供给，随着生产时间的延长，地层流入曲线不断向内侧移动，表明地层能量供给不断变小。排水采气工艺流出曲线表征应用工艺后的井筒压降，根据压力供给原则，使井口油压满足最小外输压力要求，得到不同排水采气工艺的流出曲线。排水采气工艺携液曲线表征应用工艺后的井筒携液能力，根据临界携液原则，计算不同压力条件下的临界携液（泡）流量，得到不同排水采气工艺的携液曲线。

对于利用气井自身能量排液的工艺（增压、泡排、优选管柱、柱塞气举），流入曲线、工艺流出曲线、过流入曲线与工艺携液曲线交点所作垂直线（虚线），这三条线所包络的三角区间，即该排水采气工艺的协调区间，在该区间内，能够同时满足压力供给原则和携液原则，表明应用工艺可以实现有效排液。如果所有利用气井自身能量排液的工艺均不适用，则须优选具有补充能量作用的排水采气工艺（气举、电潜泵、射流泵、有杆泵）。

（二）排水采气工艺优选方法

排水采气工艺优选方法流程如图4－3－3所示，具体包括以下内容：

（1）收集积液气井现场数据，根据工艺原理与适用性初选 n 种非补能排水采气工艺。

(2)在直角坐标系中，取横坐标为产气量，取纵坐标为压力，利用气井产能方程计算流入动态曲线；根据压力供给原则，取井口油压等于井口外输压力，利用 Mukherjee 和 Brill 多相流等方法计算非补能排水采气工艺的流出曲线。

(3)过第 $i(i=1, \cdots, n)$ 种工艺的流出曲线与流入动态曲线的交点作垂直于横坐标的直线，该直线与横坐标的交点产气量为第 i 种非补能排水采气工艺的压力适用界限 Q_{gpi}。

(4)根据临界携液原则，计算非补能排水采气工艺的临界携液曲线。

(5)过第 $i(i=1, \cdots, n)$ 种工艺的临界携液曲线与流入动态曲线的交点作垂直于横坐标的直线，该直线与横坐标的交点产气量为第 i 种非补能排水采气工艺的携液适用界限 Q_{gci}。

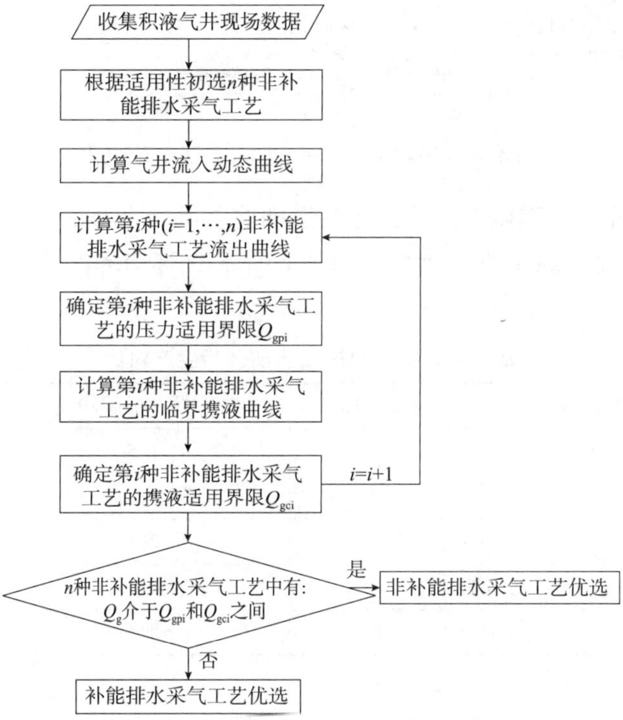

图 4－3－3　排水采气工艺综合优选流程

(6)如果实际产气量介于第 $i(i=1, \cdots, n)$ 种工艺的压力适用界限 Q_{gpi} 和携液适用界限 Q_{gci} 之间，则第 i 种非补能排水采气工艺具有适用区间，根据适用区间和经济性优选非补能排水采气工艺。如果实际产气量小于 n 种非补能排水采气工艺的压力适用界限和携液适用界限的最小值，即 $Q_g < \min(Q_{gci}, Q_{gpi})(i=1, \cdots, n)$，则非补能排水采气工艺不适用，根据适用性和经济性优选补能排水采气工艺。

(三)排水采气工艺优化应用

对 JY31－2HF 井下步排水采气工艺进行优化，在采取排水采气措施前，JY31－2HF 井套压 4.8MPa，油压 2.4MPa，日产气 $1.5\times10^4 m^3$，日产水 $2m^3$。利用多参数定量化排水采气工艺优选方法，优选出的工艺为泡沫排水采气工艺(图 4－3－4)。

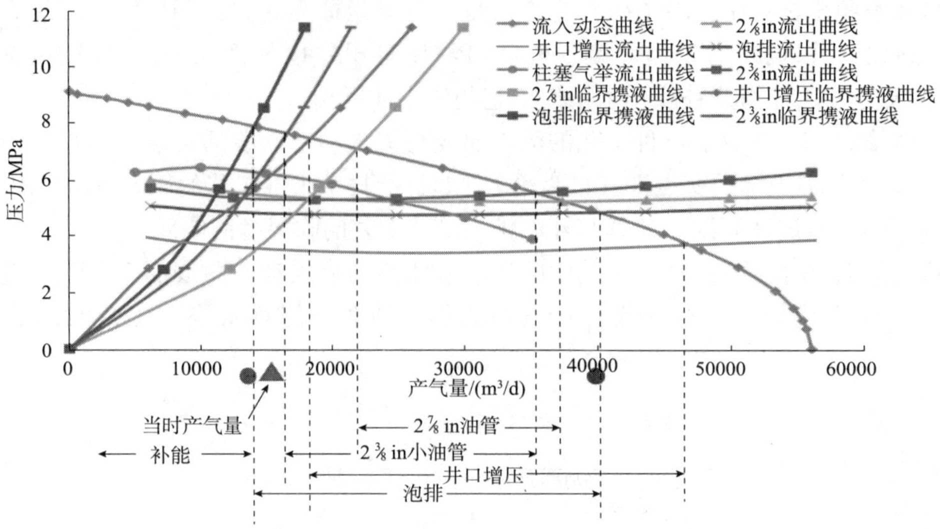

图 4－3－4　JY31－2HF 排水采气工艺优化

对 JY31－2HF 井应用泡排工艺后，选取泡排前、后一个月的生产动态数据进行对比，见表 4－3－3，产气量增加 40%，产液量增加 25%，优选出的泡排工艺具有良好的排液增产效果。

表 4－3－3　泡排工艺前、后生产对比

泡排前	套压/MPa	油压/MPa	产气/($10^4 m^3/d$)	产液/(m^3/d)
	4.8	2.4	1.5	2
泡排后	套压/MPa	油压/MPa	产气/($10^4 m^3/d$)	产液/(m^3/d)
	4.4	3.8	2.1	2.7
泡排效果	油套压差/MPa		产气/($10^4 m^3/d$)	产液/(m^3/d)
	下降 1.8		增加 0.6	增加 0.5

第五章　排水采气增产技术工程应用与跟踪评价

第一节　喷射旋流复合排液工具现场应用

喷射旋流复合排液工具在 JY54－5HF 等 3 口井中进行了应用，取得了较好的应用效果，措施后累计产气 $387.1\times10^4m^3$，每立方米天然气价格约 1.327 元，新增销售额约 513.68 万元，新增利润约 142.06 万元。

一、工艺参数设计

以 JY54－5HF 井为例，该井于 2015 年 6 月投产，利用套管进行生产，套压 29.38MPa，平均日产气 $6.76m^3$；自 2016 年 1 月开始利用油管进行生产，自 2019 年 1 月开始进行增压开采；截至 2021 年 4 月，累计产气 $9436\times10^4m^3$，累计产水 $6921m^3$。该井井身结构如图 5－1－1 所示。

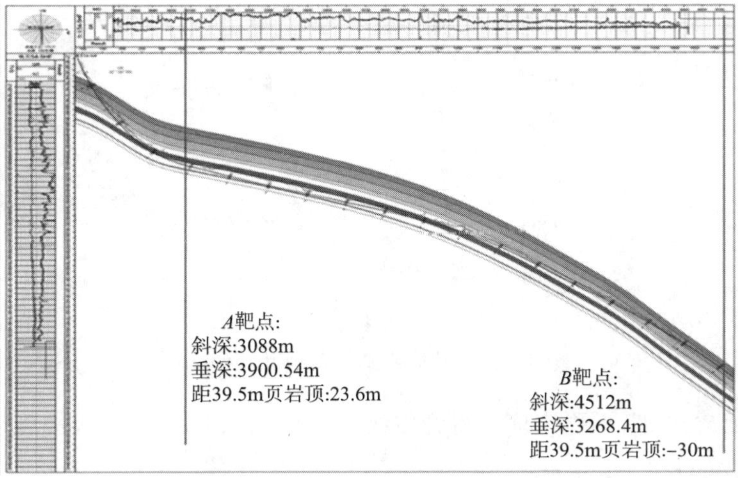

图 5－1－1　JY54－5HF 井井身结构

JY54－5HF 井平均日产气 $3.2\times10^4m^3$，平均日产水 $1.34m^3$，气体的相对密度 0.57，液体的相对密度 1.02，地层温度 104.4℃，通过井筒压降公式，得到每一种结构参数组合的工具所对应的总压降。不同结构参数组合的喷射旋流复合排液工具所对应的井筒总压降见表 5－1－1。

表 5-1-1　井筒总压降结果

工具序号	1	2	3	4	5	6	7	8	9	10	11	12	13	14	15	16
计算总压降/MPa	1.86	2.03	2.07	1.95	1.81	1.85	1.89	1.93	2.12	1.96	2.05	2.15	1.93	1.82	2.06	1.86
工具序号	17	18	19	20	21	22	23	24	25	26	27	28	29	30	31	32
计算总压降/MPa	1.87	1.83	1.81	2.11	1.92	2.12	2.16	1.92	2.09	2.06	1.82	1.83	1.89	2.13	2.03	1.94

以螺旋角、旋流槽宽度、旋流体中径等 7 个参数为固定因子，以井筒总压降为因变量，利用方差分析计算得到最优结构参数组合，见表 5-1-2。

表 5-1-2　工具最优结构参数组合

螺旋体长度/mm	螺旋角/(°)	螺旋体中径/mm	螺旋槽宽度/mm	喷射管内径/mm	喷射管长度/mm	吸入孔直径/mm
300	45	40	70	30	150	8

根据旋流场液膜动力学分析，得到沿 JY54-5HF 井井筒的最优螺旋角分布曲线，如图 5-1-2 所示。

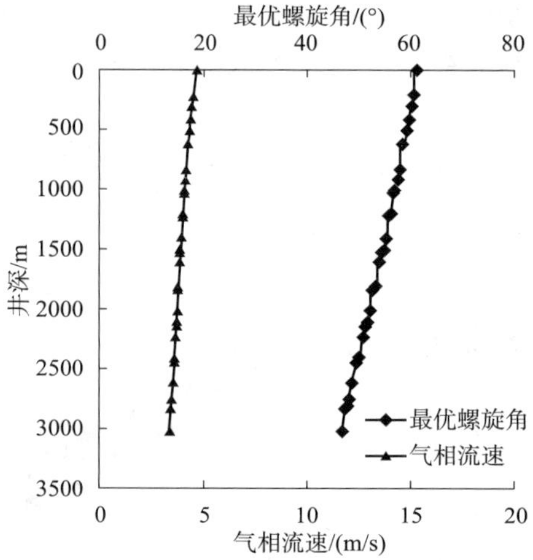

图 5-1-2　最优螺旋角随井深的变化

根据旋流衰减和 RT 不稳定理论得到各级工具的有效作用距离，进而确定工具的下入级数及位置(表 5-1-3)。

表 5-1-3　入井工具参数

工具级数	旋流距离(z_1)/m	扰动流距离(z_2)/m	有效作用距离/m	下入深度/m	螺旋角/(°)
一级工具	112	1304	1416	2800	45
二级工具	113	1918	2031	1400	55

二、应用效果评价

JY54－5HF 井在下入工具前、后(2021－4－1—2021－7－12)的日产气量、日产水量、油压、套压、外输压力约及日生产小时数如图 5－1－3 所示。

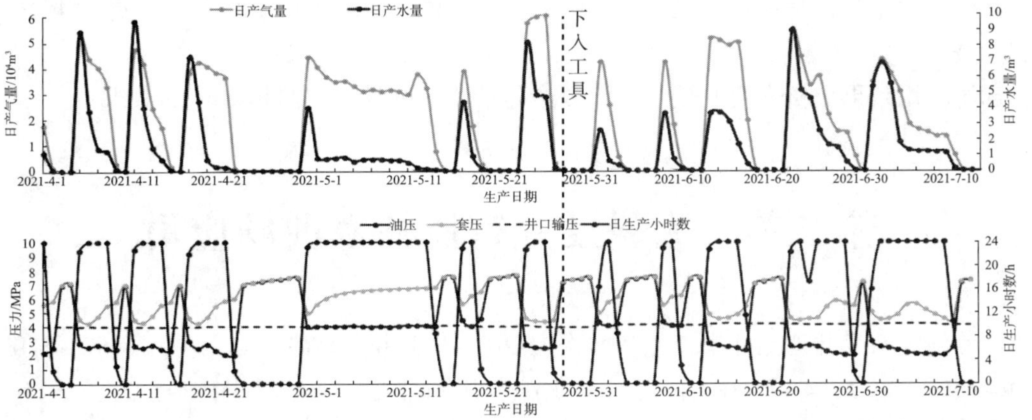

图 5－1－3　下入工具前、后生产动态曲线

喷射旋流复合排液工具入井后，采用增压开采生产了一个月(2021－6－13—2021－7－12)。与 2021 年 4 月连续增压开采的生产数据相比较，生产动态参数的变化如图 5－1－4～图 5－1－6 所示。

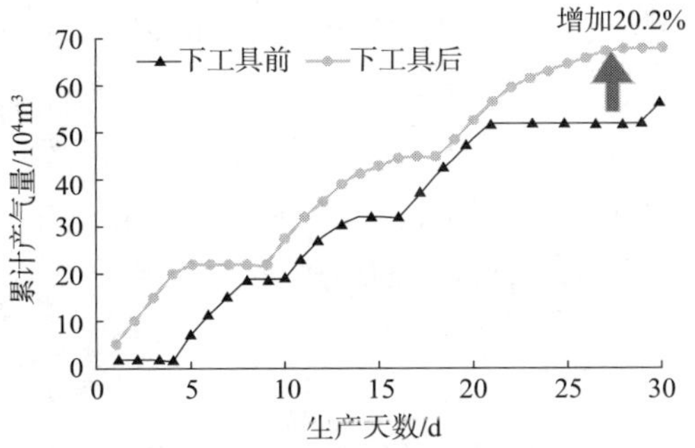

图 5－1－4　下入工具前、后累计产气量比较

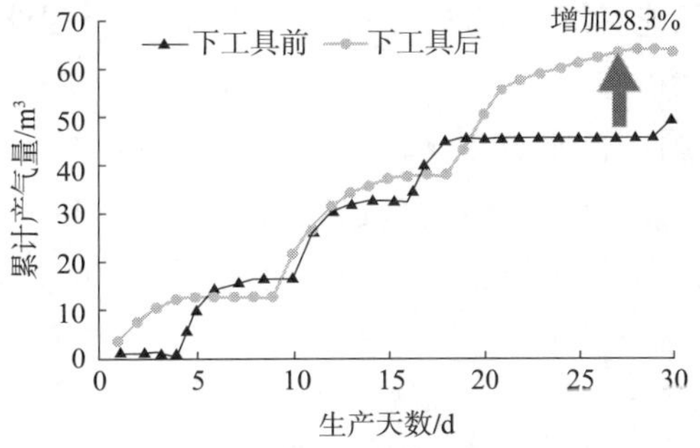

图 5－1－5　下入工具前、后累计产水量比较

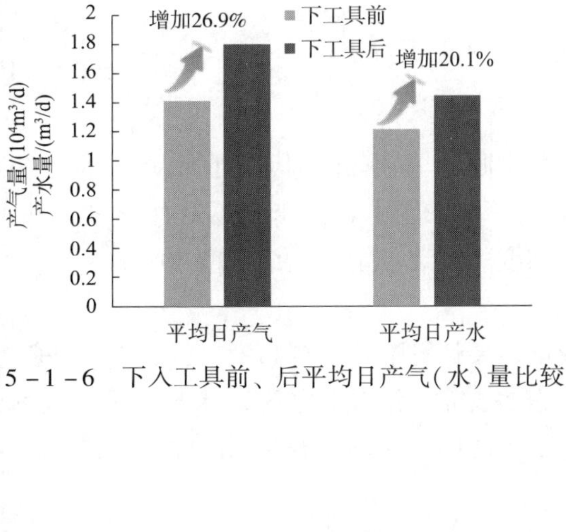

图5－1－6　下入工具前、后平均日产气(水)量比较

下入工具后，相同生产时间段(1 个月)，月累计产气量由 $56.46\times10^4\mathrm{m}^3$ 增加到 $67.88\times10^4\mathrm{m}^3$，增幅为 20.2%；月累计产水量由 $49.79\mathrm{m}^3$ 增加到 $63.89\mathrm{m}^3$，增幅为 28.3%。

下入工具前的平均日产气量为 $1.41\times10^4\mathrm{m}^3$，平均日产水量为 $1.21\mathrm{m}^3$。下入工具后，已正常生产 6 个月，平均日产气量 $1.79\times10^4\mathrm{m}^3$，增加 26.9%；平均日产水量 $1.46\mathrm{m}^3$，增加 20.1%。

现场应用效果分析表明，喷射旋流复合排液工具能够起到排液增产的效果。

第二节　大斜度井智能柱塞现场应用

已实施大斜度井智能柱塞工艺 7 井次(JY61－3HF 井、JY61－4HF 井、JY61－5HF 井、JY64－6HF 井、JY64－4HF 井、JY64－5HF 井和 JY64－6HF 井)，措施后累计产气 $961.3\times10^4\mathrm{m}^3$，每立方米天然气价格约 1.327 元，新增销售额约 1275.65 万元，新增利润约 352.80 万元。

一、工艺参数设计

以 JY61－6HF 井为例，该井采用间歇开井制度生产，关井后压力恢复慢，每关一次井只能持续生产 5～7d，生产时效低。因此，需要对生产工艺进行调整，并采取排水采气工艺措施。

1. 积液高度计算

井下管柱积液高度通过式(5－2－1)计算，由于 JY61－6HF 井未进行过关井测压，因此，本井油压和套压数据为结合前期生产及关井后压力情况的预估值。

$$H=\frac{p_\mathrm{c}-p_\mathrm{t}}{\rho g}\tag{5-2-1}$$

式中，p_c为气井转柱塞气举前关井套压，Pa；p_t为气井转柱塞气举前关井油压，Pa；ρ 为液体密度，$\mathrm{kg/m^3}$；H 为单循环举升高度，m。

JY61－6HF 井的液柱垂深高度：$H=\dfrac{p_\mathrm{c}-p_\mathrm{t}}{\rho g}=\dfrac{12.6\times10^6-9\times10^6}{1000\times10}=360(\mathrm{m})$。

2. 柱塞下入深度

根据 JY61－6HF 井井眼轨迹分析，其为下倾井，油管下入深度 3367m，井斜角 70.1°，垂深 3100m；对本井拟采用卡箍式卡定器对柱塞进行井下限位，并结合钢丝作业难度与井筒管柱内积液高度，设计卡定器坐放深度 3080m。

3. 柱塞单循环举升液量

柱塞单循环举升液量需要计算液柱测深高度，根据本井井斜数据可以得到油管液面所在位置对应的测深高度为 2855m，结合卡定器设计下入深度为 3080m，所以实际举升液柱高度 $H=225\mathrm{m}$，$V=H\times S=225\times3.14\times0.062\times0.062/4(\mathrm{m}^3)=0.68(\mathrm{m}^3)$。

4. 柱塞运行最小井口套压

柱塞运行最小套压指柱塞和液柱以一定速度到达井口时套管压力表的数值。该压力可通过式(5－2－2)计算。

$$p_{cmin}=[p_p+p_{tmin}+p_a+(p_{LH}+p_{LF})q_1]\times(1+H_z/K) \tag{5-2-2}$$

式中，p_{cmin}为最小井口套压，柱塞和液柱到达井口时的套压，MPa；p_p为举升柱塞本身所需压力，MPa；p_{LH}为举升 $1m^3$ 液体所需压力系数，MPa/m^3；p_{LF}为举升 $1m^3$ 液体产生的摩阻系数，MPa/m^3；q_1为单循环举升液量，m^3；p_{tmin}为柱塞到达井口后的油压(一般取回压)，MPa；p_a为当地大气压力，MPa；H_z为卡定器位置，m；K为与油管尺寸有关的常数。

$$p_{cmin}=[0.0445+3.2+0.1+4.424\times0.68]\times(1+3100/13716)(MPa)=7.79(MPa)$$

5. 柱塞运行最大套压

最大套压是套管环空膨胀之前的压强，是能将柱塞和液柱以一定速度带到井口所需要的最低开井套压。柱塞运行最大套压可由式(5－2－3)计算：

$$p_{cmax}=[(A_t+A_a)/A_a]\times P_{cavg} \tag{5-2-3}$$

式中，p_{cmax}为最大井口套压(通常为气井开井时的套压)，MPa；A_t为油管截面积，m^2；A_a为油套环空面积，m^2；p_{cavg}为平均井口套压，MPa。

$$p_{cmax}=[(0.003017+0.006237)/0.006237]\times7.79(MPa)=11.56(MPa)$$

6. 柱塞运动时间

已知 $H_z=3080m$，液面 $H_f=2855m$。根据所选柱塞，柱塞在气体中平均下落速度 v_{fg}取 40m/min，柱塞在液体中平均下落速度 v_{fl}取 15m/min，柱塞平均上升速度 v_r取 80m/min。

$t_{dl}=(H_z-H_f)/v_{fl}=(3080-2855)/15(min)=15(min)$

$t_{dg}=H_f/V_{fg}=2855/40(min)=71.38(min)$

$t_{dp}=H_z/V_r=3080/80(min)=38.5(min)$

柱塞下落时间：$t_{下}=t_{dl}+t_{dg}=15+71.38(min)=86.38(min)$

柱塞上行时间：$t_{上}=t_{dp}=38.5(min)$

7. 设计结果(表5－2－1)

表5－2－1　JY61－6HF 柱塞参数设计结果

柱塞上升时间	38.5min	单循环举升液量	$0.68m^3$
柱塞下落时间	86.38min	单循环所需气量	$1695m^3$
柱塞运行周期	1 循环/1d	开井时间	22h
最小套压	7.79MPa	关井时间	2h
最大套压	11.55MPa	平均套压	9.66MPa

二、应用效果评价

大斜度井智能柱塞的现场设计结果和生产动态数据比较见表5－2－2和表5－2－3。

表5-2-2 大斜度井智能柱塞的现场设计结果

序号	井号	管径/in	管柱下入深度/m	管柱底部井斜角/(°)	柱塞运行深度/m	柱塞下入深度井斜角/(°)	生产情况
1	JY61-3HF	2⅞	3451	85	3352	66.5	均由间歇生产变为柱塞连续稳定生产
2	JY61-4HF	2⅞	3489	84	3380	63	
3	JY61-5HF	2⅞	4103	73	4070	66	
4	JY61-6HF	2⅞	3364	82	3225	67	
5	JY64-4HF	2⅜	4010	82	3890	67	
6	JY64-5HF	2⅜	4103	73	4070	66	
7	JY64-6HF	2⅜	4018	86	3879	68	

表5-2-3 大斜度井智能柱塞的生产动态数据比较

序号	井号	之前日产水/m^3	之前日产气/10^4m^3	之后日产水/m^3	产水增幅/%	之后日产气/10^4m^3	产气增幅/%
1	JY61-3HF	4.1	1.98	5.2	26.83	2.41	21.72
2	JY61-4HF	7.8	1.66	9.1	25.64	2.02	21.69
3	JY61-5HF	9.6	1.47	11.3	17.71	1.86	26.53
4	JY61-6HF	9.1	0.88	10.4	18.68	1.13	28.41
5	JY64-4HF	8.2	1.35	9.7	18.29	2.11	26.67
6	JY64-5HF	8.9	1.51	10.5	22.47	1.91	26.49
7	JY64-6HF	9.4	0.82	11	19.82	1.01	23.17
下入工具后的效果				平均	21.30	平均	24.90

可以看出，使用大斜度井智能柱塞以后，日产水平均增幅21.30%，日产气平均增幅24.90%。柱塞运行深度由原最大井斜角46°位置加深至井斜角68°位置，7口页岩气井均由间歇生产变为柱塞连续稳定生产，取得了较好的效果。

第三节 排水采气工艺评价体系现场应用

排水采气工艺评价体系共实施43井次，措施后累计产气$8737.4\times10^4m^3$，每立方米天然气价格约1.327元，新增销售额约11594.53万元，新增利润约3206.62万元。

一、工艺参数设计

以涪陵页岩气田JY33-2HF井为例，该井于2015年下套管投产，投产初期产气量$12\times10^4m^3/d$，产液量$0.4m^3/d$，随后下入2⅞in油管生产，油管内径$\Phi62mm$，下入深度

2650m。目前该井存在井筒积液，处于间歇生产阶段，产气量 $1.5\times10^4m^3/d$，产液量 $2m^3/d$，井口油压 2.4MPa，井口套压 4.8MPa，压力梯度 0.31MPa/100m，根据适用性分析，该井初选的非补能排水采气工艺包括井口增压、泡排、柱塞气举和优选管柱，根据排水采气工艺综合优选方法进行定量优选，计算结果如图 5－3－1 所示。可以看出，在目前产气量条件下，$2\frac{7}{8}$in 油管无适用区间，无法正常生产。在 4 种非补能排水采气工艺中，柱塞气举无适用区间，井口增压、泡排和 $2\frac{3}{8}$in 小油管工艺具有适用区间，但是只有泡排的适用区间满足 $Q_{gp}<Q_g<Q_{gc}$，且泡排工艺的成本较低，因此优选泡排工艺。应用泡排工艺后的理论协调产气量可增加至 $4\times10^4m^3/d$。

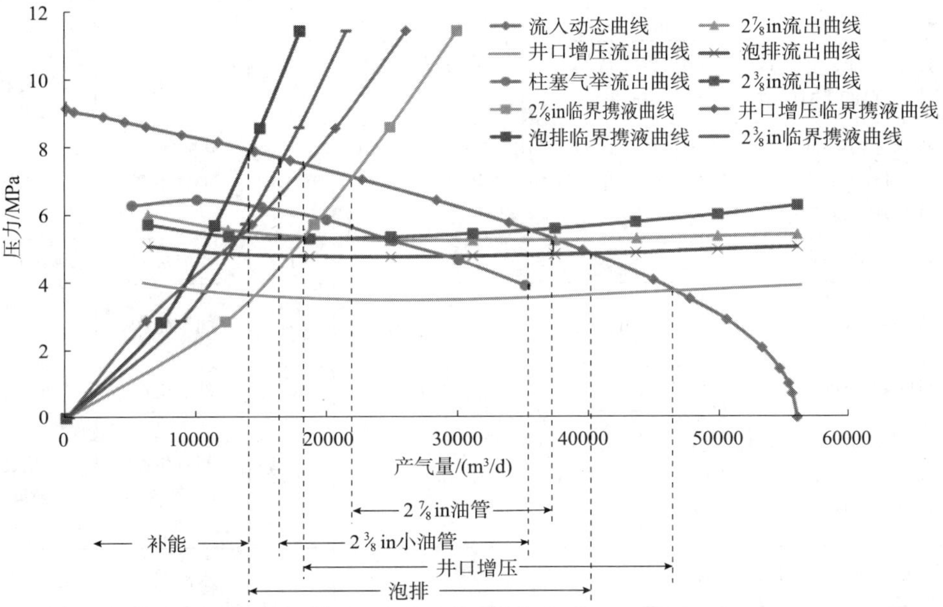

图 5－3－1　JY33－2HF 井排水采气工艺优选

泡排工艺应用效果见表 5－3－1，实施泡排工艺后，该井从间歇生产转变为连续生产，产气量增加至 $3.9\times10^4m^3/d$，同时产液量增大，油套压差减小，可知应用泡排工艺后取得了较好的排液效果，初步验证了排水采气工艺综合优选方法的有效性。

表 5－3－1　泡排工艺应用效果

泡排前				泡排后				泡排效果		
套压/MPa	油压/MPa	产气/($10^4m^3/d$)	产液/(m^3/d)	套压/MPa	油压/MPa	产气/($10^4m^3/d$)	产液/(m^3/d)	油套压差变化/MPa	产气变化/($10^4m^3/d$)	产液变化/(m^3/d)
4.8	2.4	1.5	2	4.4	3.8	3.9	2.5	降低 1.8	增加 2.4	增加 0.5

二、应用效果评价

应用多参数定量化排水采气工艺评价体系对三大类 43 口积液井开展“一井一策”定量化分析，制定了积液井排水采气工艺措施方案，为现场排水采气工艺选择提供了指导。其中，7 口井继续放喷排液，1 口井下入小油管，1 口井泡沫气举复产，2 口井实施增压开采，10 口井实施增压开采+泡排，1 口井下入电泵，6 口井下入射流泵。如表 5-3-2 所示，措施后平均日产气量增加 25.8%，平均日产水量增加 20.7%，达到了预期效果。

表 5-3-2　关停井下步排采工艺对策

类别	井号	井数/口	目前生产状态	下步工艺措施
高产水	JY82-4HF 井、JY83-1HF 井、JY83-2HF 井、JY83-3HF 井、JY86-1HF 井、JY109-3H 井、JY109-4HF 井	7	因出水量大关井	继续放喷携液
	JY82-2HF 井	1	水淹关井	下入电潜泵
	JY87-2HF 井	1	水淹关井	下入小油管
	JY82-1HF 井、JY82-3HF 井、JY86-5HF 井、JY86-6HF 井、JY182-4HF 井、JY87-1HF 井	6	间歇生产	下入射流泵
	JY38-2HF 井、JY38-3HF 井、JY84-1HF 井、JY84-3HF 井、JY86-2HF 井、JY90-1HF 井、JY91-3HF 井、JY92-3HF 井、JY92-5HF 井	9	油管生产	增压开采
中产水	JY44-6HF 井	1	水淹关井	泡沫气举复产
	JY50-4HF 井、JY50-5HF 井、JY50-6HF 井、JY64-1HF 井	4	间歇生产	增压开采+泡排
	JY68-S1HF 井、JY88-2HF 井	2	油管生产	增压开采
低产水	JY26-1HF 井、JY31-2HF 井、JY47-1HF 井、JY47-2HF 井、JY47-3HF 井、JY49-2HF 井、JY49-4HF 井、JY52-7HF 井、JY56-1HF 井、JY56-4HF 井	10	间歇生产或水淹关井	增压开采+泡排
	JY45-1HF 井、JY45-3HF 井	2	水淹关井	泡沫气举复产

附录　页岩气排采工艺技术规范 第1部分：导则

1　范围

本文件规定了页岩气排采工艺实施过程中的一般要求、排采工艺优选与设计、应用与维护及效果评价等环节的相关规则。

本文件适用于页岩气井压裂结束转入采气阶段后排采工艺的实施。

2　规范性引用文件

下列文件中的内容通过文中的规范性引用而构成本文件必不可少的条款。其中，注日期的引用文件，仅该日期对应的版本适用于本文件；不注日期的引用文件，其最新版本（包括所有的修改单）适用于本文件。

SY/T 5863《潜油电泵起下作业方法》。

SY/T 6525《泡沫排水采气推荐作法》。

SY/T 6989《带压作业技术规范》。

3　术语和定义

下列术语和定义适用于本文件。

3.1　排采工艺　drainage gas recovery technique

页岩气压裂结束转入采气阶段后，利用气井自身能量、并结合物理、化学等方法排出井筒积液，降低井底回压、维持气井正常生产的采气工艺方法及管理措施。

3.2　优选管柱　optimum pipe string

优选生产油管尺寸、材质和管柱结构，优化下入深度和时机，改善气水在井筒中的流动状态，使气井能够连续自喷生产的工艺方法。

4　一般要求

4.1　页岩气主体排采工艺选择应符合技术长期有效和经济的原则，综合气井生产动态、井筒及地面配套条件，以平台为单位实施，同一平台宜选用相同工艺。

4.2　页岩气场站设计宜考虑排采工艺自动化控制需求，预留信息传输线缆和数据接口。

4.3　地面流程应为排采工艺实施创造条件，宜预留气举气源接口及化学药剂加注口，采气井口主通径应与油管内径保持一致，生产翼阀宜配置四通，油套宜连通。

4.4　排采工艺实施前应监测气井生产参数变化，介入时机应适应页岩气井产量、压力快速递减的特征，实施后应开展工艺效果评价。

5 排采工艺优选与设计

5.1 工艺优选

5.1.1 推荐优选管柱、柱塞排采、泡沫排采工艺为主体工艺。

5.1.2 进入采气阶段且具备自喷能力的气井，待采用套管生产和气井自喷能力降低后，优先选用优选管柱排采工艺，随后采用柱塞排采、泡沫排采或涡流排采工艺。井口主通径与油管、短节内径一致的气井优先选用柱塞排采工艺。

5.1.3 进入采气阶段且不具备自喷能力的气井，选用气举、电潜泵或射流泵排采工艺进行强排，待见气后，根据产液量和产气量情况，再决定继续沿用现有工艺或选用柱塞、泡排、涡流工艺。

5.1.4 气井积液严重无法正常生产或水淹停产时，宜选用气举、电潜泵或射流泵排采工艺。

5.1.5 柱塞排采工艺选井原则如下：

5.1.5.1 生产管柱通畅无穿孔，不出砂或出砂较少。

5.1.5.2 井口主通径应与油管、短节内径一致。

5.1.5.3 产液量小、气液比高、地层压力充足。

5.1.6 泡沫排采工艺选井原则如下：

5.1.6.1 井口压力、气液产量出现周期性波动。

5.1.6.2 已下油管且油套连通，井下管柱结构完好。

5.1.6.3 产液量小、流体性质满足起泡要求。

5.1.7 气举排采工艺选井原则如下：

5.1.7.1 气井自喷带液困难。

5.1.7.2 水淹停产。

5.1.7.3 柱塞、泡沫、涡流等工艺措施运行困难。

5.1.8 涡流排采工艺选井原则如下：

5.1.8.1 气井处于积液状态但具有自喷能力。

5.1.8.2 页岩气井动液面应在工具设计深度以上。

5.1.8.3 油管为非气密封扣油管。

5.1.8.4 产液量小、气液比高。

5.2 工艺设计

5.2.1 优选管柱

5.2.1.1 工艺设计应包括油管尺寸、油管材质、油管下入深度、管柱结构等内容。

5.2.1.2 油管尺寸选择应综合考虑理论最大产气量、井筒压力损失、抗气体冲蚀能力、后续工艺实施、作业通道等因素。

5.2.1.3 油管材质应适应井内流体介质，并具备抗细菌腐蚀的能力。

5.2.1.4 油管下入深度应综合考虑长水平段携液和产能释放需求，同时避免砂埋等工程风险。

5.2.1.5 管柱结构应满足柱塞排采、泡沫排采、涡流排采等工艺实施要求，可预置回音标、工作筒等工具；柱塞卡定器坐放工作筒下入深度宜在井斜55°~60°，柱塞井下带缓冲弹簧工作筒下深宜在井斜70°左右；油管内径应保持一致。

5.2.1.6 推荐采用带压作业下入管柱，作业按照SY/T 6989的规定执行，作业前应开展井筒清洁作业。

5.2.2 柱塞排采

5.2.2.1 工艺设计应包括井下限位器类型与下入深度、柱塞类型、井口流程、控制器类型等内容。

5.2.2.2 柱塞类型选择应考虑气液比、出砂、偏磨、大斜度井段漏失等因素，适应页岩气井特点。

5.2.2.3 柱塞井口设备承压等级应不低于气井最高关井压力1.25倍，开关井控制阀、柱塞防喷管和捕捉器组成的生产流程宜采用整装式结构。

5.2.2.4 开关井控制阀宜优先选用电动阀，如选用气动薄膜阀，气源宜来自仪表风设备或采气树非化学药剂加注端。

5.2.2.5 平台实施柱塞排采工艺时宜优选多井集中控制器，控制器应具备防爆认证和根据压力、产量变化智能调整运行参数的功能。

5.2.2.6 投放井下限位器应使用大斜度投放工具。

5.2.3 泡沫排采

5.2.3.1 设计应包括起泡剂、消泡剂评价与选择、工艺流程设计、加注设备选择等内容。

5.2.3.2 起泡剂、消泡剂入井前应按照SY/T 6525的规定开展性能评价及配伍性评价，起泡剂、消泡剂应与杀菌缓蚀剂配伍。

5.2.3.3 综合考虑平台集输工艺及管理模式，起泡剂、消泡剂加注装置宜采用自动化撬装装置，具备自动配液、自动加注控制、自诊断报警、远传远控等功能，实现平台整体加注。

5.2.3.4 起泡剂、消泡剂加注装置应相互联动。

5.2.4 气举、电潜泵、射流泵、涡流排采

5.2.4.1 气举工艺设计应包括气源、注气方式、注气压力、注气量、地面配套等内容，气举设备宜选用车载式或撬装式压缩机。

5.2.4.2 电潜泵工艺设计应包括工作排量、总扬程、泵挂深度、额定功率等内容，电潜泵入井前应按照SY/T 5863的规定，对机组各部件进行测试、检查，并采用全尺寸模拟机组通井规通井至设计泵挂位置，入井过程中应严格控制油管下放速度。

5.2.4.3 射流泵工艺设计应包括管柱组合、泵挂深度、动力液性质、动力液排量与工作压力、泵芯喷喉比等内容，射流泵工艺管柱入井前应开展井筒清洁作业，如采用单管工艺管柱，应采用外径大于封隔器外径3~4mm、长度不小于封隔器长度的通井规通井至设计泵挂深度，并对封隔器设计坐封位置上下50m范围内刮管3次以上；动力液应加入杀菌缓蚀剂。

5.2.4.4 涡流排采工艺设计应收集井底气体密度、液体密度、产气量、产液量、井筒温度分布、井筒压力分布等数据，设计应包括不同结构参数的工具总压降、最优结构参数组合、工具作用距离、工具下入位置与级数等内容。

6 排采工艺应用与维护

6.1 优选管柱

6.1.1 套管生产初期，应分析预测生产动态变化，在生产波动前下入生产管柱。3500m以浅页岩气井口压力宜不低于10MPa，3500m以深页岩气井口压力宜不低于17MPa。
6.1.2 生产过程中除开展产量、压力监测外，还应监测硫酸还原菌含量，预防细菌腐蚀。

6.2 柱塞排采

6.2.1 监测气井产量、压力变化情况，当产量降至气井1.2倍临界携液流量时实施柱塞排采工艺。
6.2.2 工艺投运后，应监测柱塞上行及下行时间，优化柱塞开关井制度，同时避免井间干扰。
6.2.3 依据柱塞到达井口时油压变化情况，调整柱塞类型；同时，监测井口油套压差变化情况，调整井下限位器类型及深度。

6.3 泡沫排采

6.3.1 监测气井产量、压力变化情况，当产量降至气井1.2倍临界携液流量时实施泡沫排采工艺。
6.3.2 监测分析气井生产和消泡情况，调整起泡剂和消泡剂加注量和加注周期。

6.4 气举、射流泵排采

6.4.1 在需要频繁开展气举的平台，井间注气流程宜相互连通，满足切换气举井的要求。
6.4.2 开展射流泵排采工艺时，井口返出的动力液应经过沉淀、过滤、杀菌后才能二次利用。

7 排采工艺效果评价

7.1 工艺效果评价的目的是评价工艺应用整体情况，及时优化调整工艺类型和工艺参数，提高工艺应用效果。应全面考虑关井产能恢复、外输压力变化、井口节流控制变化、间歇气举实施情况及增压实施情况等对产量的影响。
7.2 工艺效果评价包括单井工艺效果评价和平台工艺整体效果评价。单井工艺效果应从油套压差、气井产气量递减率、增产气量等方面开展评价；平台工艺整体效果应从平台产气量递减率等方面开展评价。
7.3 对比评价期内工艺实施前后油套压差、产气量递减率变化情况，其一有效，则认为工艺有效。

7.4　评价期内平均油套压差低于工艺实施前同时长内平均油套压差，则说明工艺有效排出井筒积液，油套压差越低，工艺效果越好。

7.5　评价期内产气量递减率如果低于工艺实施前同时长内产气量递减率，则说明工艺有效，递减率越低，工艺效果越好。

7.6　增产气量计算方法如下：

7.6.1　增产气量按日计算，等于考虑递减条件下实施工艺后日产气量与基础产气量的差值，若差值小于0，不计增产气量，基础产气量等于措施前20d或设定时间内的日均产气量。

7.6.2　增产有效期为工艺实施后日产气量大于基础产气量的天数。

7.6.3　累计增产气量为工艺实施后有效生产天数所对应的日增产气量之和。

参考文献

[1]周际永，伊向艺，卢渊．国内外排水采气工艺综述[J]．太原理工大学学报，2005，(5)36：44－51.

[2]王熹颖，吴学安，翟丽娜，等．排水采气工艺技术发展及应用[J]．中国石油和化工，2012(8)：34－37.

[3]曹光强，姜晓华，李楠，等．产水气田排水采气技术的国内外研究现状及发展方向[J]．石油钻采工艺，2019，41(5)：614－623.

[4]Ali A J，Scott S L，Fehn B. investigation of a new tool to unload liquids from stripper gas wells[J]．SPE Production & Facilities，2005，20(4)：306－316.

[5]杨涛，余淑明，杨桦，等．气井涡流排水采气新技术及其应用[J]．天然气工业，2012，32(8)：63－66.

[6]Singh K A，Sarkar P，Praleya P，et al. Unconventional cyclone gas lift completion for offshore wells of cambay basin：a smart completion to optimize production and well intervention[C]．The SPE Annual Technical Conference and Exhibition，26－28 September 2016，Dubai，UAE.

[7]谢川．川西产水气井井下涡流工具模拟与优化[D]．成都：西南石油大学，2018.

[8]Bose R. Unloading using auger tool and foam and experiment identification of liquid loading of low－rate natural gas wells[D]．Texas A&M university，2007.

[9]周朝，吴晓东，张同义，等．井筒两相涡流场液膜动力学分析与涡流工具优化[J]．西安石油大学学报(自然科学版)，2020，35(2)：54－59.

[10]Surendra M，Falcone G，Teodoriu C. investigation of swirlflows applied to the oil and gas industry[R]．SPE 115938，2008.

[11]杨涛，余淑明，杨桦，等．气井涡流排水采气新技术及其应用[J]．天然气工业，2012，32(8)：63－66，131.

[12]杨旭东，卫亚明，肖述琴，等．井下涡流工具排水采气在苏里格气田探索研究[J]．钻采工艺，2013，36(6)：125－127.

[13]Veeken C A M，Belfroid S. New Perspective on Gas－Well Liquid Loading and Unloading[J]．SPE Production & Operations，2011，26(4)：343－356.

[14]Jones W P，Lettieri C，Marquis A J，et al. Large eddy simulation of the two－phase flow in an experiment swirl－stabilized burner[J]．international Journal of Heat&Fliud Flow，2012，38(12)：145－158.

[15]毛宇飞，郭烈锦，白博峰，等．螺旋管内气汽水两相流摩擦阻力特性实验研究[J]．工程热物理学报，2010，31(3)：443－446.

[16]杜汶浓．川西气田涡流排水采气工艺技术研究[D]．成都：西南石油大学，2015.

[17]徐建宁，邵乐，梁慧荣，等．基于正交实试验的涡流排水采气影响因素分析[J]．石油矿场机械，2014，43(11)：52－56.

[18]王树立，饶永超，张琳等．水平管内螺旋流流动特性研究现状与进展[J]．太原理工大学学报，2013，44(2)：232－235.

[19]邵乐．川西气田涡流排水采气工艺技术研究[D]．西安：西安石油大学，2015.

[20]徐建宁，晏显炜，邵乐．射流涡流排水采气模拟试验台研制与应用[J]．实验科学与技术，2015，13(1)：205－208.

[21]韩昊．气井涡流工具排水采气机理研究与参数优化[D]．青岛：中国石油大学(华东)，2015.
[22]陈德春，姚亚，韩昊，等．气井涡流工具排液效果及结构参数优化实验[J]．大庆石油地质与开发，2016，35(4)：109－112.
[23]周朝，吴晓东，张同义，等．排液采气涡流工具结构参数优化实验研究[J]．石油钻探技术，2018，46(6)：105－110.
[24]Zhou C，Wu X D，Zhang T Y，et al.，2019. Dynamic analysis for two－phase vortex flow and optimization of vortex tools to unload liquid from gas wells[J]. Journal of Petroleum Science and Engineering，173：965－974.
[25]周朝，吴晓东，张同义，等．井筒两相涡流场液膜动力学分析与涡流工具优化[J]．西安石油大学学报(自然科学版)，2020，35(2)：54－59.
[26]温正，石良辰，任毅如．FLUENT 流体计算应用教程[M]．北京：清华大学出版社，2011.
[27]朱红钧，林元华，谢龙汉．FLUENT 流体分析及仿真实用教程[M]．北京：人民邮电出版社，2010.
[28]周俊杰，徐国权，张华俊．FLUENT 工程技术与实例分析[M]．北京：中国水利水电出版社，2010.
[29]王瑞金，张凯，王刚．FLUENT 技术基础与应用实例[M]．北京：清华大学出版社，2007.
[30]Meher Surendra，Gloia Falcone，Catalin Teodoriu. investigation of swirl flows applied to the oil and gas industry[J]. SPE Projects，Facilities & Contraction，2009，4(1)：1－6.
[31]张翠婷．涡流工具在天然气井井底排液中的应用[D]．大庆：东北石油大学，2012.
[32]王晓萍．井下分离系统中气液两相流动特性及应用研究[D]．大庆：大庆石油学院，2010.
[33]李隽，李楠，李佳宜，等．涡流排水采气技术数值模拟研究[J]．石油钻采工艺，2013，35(6)：65－68.
[34]吴丹，颜廷俊，谢双喜，等．气井涡流排液采气工具参数仿真及结构优化[J]．石油机械，2014，42(8)：111－115.
[35]陈德春，姚亚，韩昊，等．气井涡流携液机理和携液效率数值模拟研究[J]．石油机械，2015，43(9)：91－94.
[36]王云．涡流助排机理及井下工具研发[D]．北京：中国地质大学(北京)，2015. PH
[37]孙亚茹．涡排井筒内气液两相螺旋涡流特性的数值模拟研究[D]．西安：西安石油大学，2016.
[38]陈杰，杨志，耿凤康，等．井下涡流工具结构参数优化[J]．科学技术与工程，2020，20(30)：12385－12396.
[39]孙秉宇．密封式涡流排水采气工具的设计及优化研究[D]．青岛：中国石油大学(华东)，2018.
[40]刘传刚，邵明仁，郭志全，等．井下工具系统固液耦合动力特性研究[J]．天津科技大学学报，2011，26(4)：53－56.
[41]刘超，王博．浅谈给排水节水新技术的应用[J]．科技创新与应用，2012(1)：83－83.
[42]崔玉海．分层注水封隔器密封性配套技术研究[D]．上海：上海交通大学，2008.
[43]王涛．水平井非金属材料可钻桥塞设计与研究[D]．西安：西安石油大学，2016.
[44]郭志平，李冠孚，王燕飞，等．基于 ANSYS 的封隔器接触应力分析及结构优化[J]．机械设计与制造，2012(10)：268－270.
[45]王岩．新型可洗井封隔器密封元件结构设计及有限元分析[D]．大庆：东北石油大学，2010.
[46]刘永辉．封隔器胶筒性能有限元分析及结构改进[D]．成都：西南石油大学，2006.
[47]李长宇．铝合金蒙皮件多点成形数值模拟及实验研究[D]．长春：吉林大学，2010.
[48]郭鸯鸯．电磁铆接铆钉变形及铆模结构优化的研究[D]．哈尔滨：哈尔滨工业大学，2013.
[49]张志伟，刘建军．各种湍流模型在 FLUENT 中的应用[J]．河北水利，2008(10)：25－26.
[50]赵传伟，李增亮，董祥伟．螺杆泵井下油水分离系统设计及地面试验[J]．中国石油大学学报：自然

科学版，2013，37(1)：129－133.
[51]高素娟．井下满眼涡流工具优化设计及模拟仿真研究[D]．西安：西安石油大学，2018.
[52]李娟，常志强，孙雷，等．凝析气井井筒动态分析方法及软件研制[J]．天然气工业，2005，25(7)：92－95.
[53]谭晓华，李晓平．考虑气体连续携液及液滴直径影响的气井新模型[J]．水动力学研究与进展，2013(1)：41－47.
[54]王志彬，李颖川．气井连续携液机理[J]．石油学报，2012，33(4)：681－686.
[55]朱武．某重型卡车叠层橡胶弹簧有限元分析及稳健设计[D]．湖南：湖南大学，2011.
[56]郭燕楠．苏里格气田射流涡流排水采气工具的研制[D]．西安：西安石油大学，2018.
[57]杨旭东，于志刚，肖述琴，等．苏里格气田井下节流气井积液规律研究[J]．石油机械，2013，41(9)：105－107.
[58]陆宏圻．射流泵技术的理论及应用[M]．北京：水利电力出版社，1989：57－148.
[59]常永峰，李凯，常森，等．射流涡流排水采气装置携水数值模拟研究[J]．石油机械，2017，45(11)：50－55.
[60]王红霞．气体喷射器的设计及数值模拟研究[D]．南京：南京理工大学，2009.
[61]庄礼贤，尹协远，马晖扬．流体力学[M]．合肥：中国科学技术大学出版社，2009.
[62]朱红钧．FLUENT 15.0 流场分析实战指南[M]．北京：人民邮电出版社，2015.
[63]李庆东．试验优化设计[M]．重庆：西南师范大学出版社，2016.
[64]席鹏超．井下自力式强制涡流排水采气装置优化设计研究[D]．西安：西安石油大学，2019.
[65]刘通．产液气井两相流机理模型研究[D]．成都：西南石油大学，2014.
[66]于淑珍，胡康，宋渊娟，等．涡流排水采气技术机理研究及应用[J]．钻采工艺，2015，38(3)：49－51.
[67]张涵信．分离流与旋涡运动的结构分析[M]．北京：国防工业出版社，2005：38－49.
[68]段中喆．ANSYS FLUENT 流体分析与工程实例[M]．北京：电子工业出版社，2015.
[69]金卓．偏心环空中气液两相螺旋流的应用研究[D]．大庆：东北石油大学，2013.
[70]王武杰．气井涡流排液采气工具有效作用长度研究[D]．西安：西安石油大学，2018.
[71]赵明，王刚，冯永兵，等．苏里格气田东区组合式排水采气应用浅析[J]．石油化工应用，2014，33(11)：43－46.
[72]廖锐全，曾庆恒，杨玲．采气工程[M]．北京：石油工业出版社，2012.